JN193873

◆新数学講座◆

位相幾何学

一樂重雄
［著］

朝倉書店

本書は，新数学講座 第8巻『位相幾何学』（1993年刊行）を
再刊行したものです．

まえがき

本書は，位相幾何学の入門書である．扱った内容は，位相空間論，フラクタル，基本群，被覆空間，ジョルダンの閉曲線定理，閉曲面の分類，ホモロジー群，力学系とカオス，と比較的広範囲にわたる．反面，上の話題のそれぞれについて理論的に掘り下げたわけではない．例えば，被覆空間についてはジョルダンの閉曲線定理に必要とされる範囲で述べ，普遍被覆空間などについては述べなかった．また，多様体の理論も述べなかった．この点物足りない向きもあろうが，入門書ということから考えて，これもひとつの行き方と思う．早い段階で成就感をもつことはとても重要であり，1冊の本を読み上げることによって読者は大きな自信がつくからである．本書を読み終えてから，興味に応じてそれぞれ進んだ段階の本に進まれることを期待している．

位相幾何学の入門だけでなく，数学の入門書としても使うことができるように，本書で必要とされることは，その範囲で本書の中にすべて記述した．例外は，アーベル群の基本定理であるが，これは結果を理解することは容易なので証明を知らなくても通読には差し支えない．

数学は難しいものか，易しいものか，これは簡単には結論は出せない．しかし，大学の学部で学ぶ範囲の数学は，分かりやすいテキストがあって，ゆっくり丁寧に学ぶとすれば本当はそう難しくはない，と思う．勿論，実際には，なかなか，そうは行かない．特に，分かりやすいテキストを書くことは，案外難しい．すでに，ある程度数学を学んでいて，数学の考え方や記述のスタイルに慣れている人ならば，少々の説明不足やミスプリントもさして問題にならないが，初めて数学を学ぶ人に取っては，ちょっとしたミスプリントや著者のウッカリミスが大変な障害となってしまう．実際に思うようにでき上がったかどうかは別であるが，著者としてはこの点にも配慮したつもりである．

本文中の問題は，ほとんど，非常に易しいものであり，読者が解答を与えることを期待している．章末の演習問題は，理解を確認するためのものと，本文中で書ききれなかったことを問題の形にしたものと両方あり，必ず解答しなければならないといったものではない．しかし，巻末の略解を参考にすれば，解答を与えることは困難でないと思う．ただし，略解はあくまで略解であって，解答のポイントとなる点，あるいは，ヒントだけを書いてある．

最後に，本書を私が書くことになったいきさつに触れなければならない．当初，本書はこのシリーズの1冊として，シリーズの監修者の一人である田村一郎先生がお書きになる予定で，私はそのお手伝いをするはずであった．位相空間論の部分は私が，その後は田村先生が最初の草稿を書き，その後，相談しながら私が原稿を仕上げる手筈であった．おおよそ，全体の構想もまとまり，これから本格的にこの仕事が始まるという矢先に，田村先生は病に倒れられた．'90年の夏ICMの国際会議の後，お見舞いをかねて，ホモロジー群の書き方についてご相談に病院に伺ったのが，私が先生にお会いした最後となってしまった．先生は，つねに日本の数学の発展ということを考えておられ，このときも，この本のことの他に，ICM国際会議のお話しなどをされた．

その後，この本を書くことは私にとって容易ならざる大仕事になった．しばらくの逡巡の後に，全体の構想，考え方は田村先生の方針を貫くとして，内容の細部，書き方については，私の方法でやることにした．当初からのねらいどおり，分かりやすさを重点に比較的広い話題をとりあげた．

私としては，本書によって多くの方々が位相幾何学に親しみをもち，ひいては日本の数学の発展につながるならば，望外の幸せである．

本書の成立にあたっては，朝倉書店諸氏のご尽力に負う所大であり，心から感謝申し上げる．また，横浜市立大学数学科の学生の多くのかたがたから，本書の一部について有益なご注意を頂いた，ここに改めて感謝の意を表する．

1993年11月

一 樂 重 雄

目　　次

第1章

集合と位相

§1. 集合

何かの集まりを**集合**という．この集まりに属するものをその集合の**要素**という．Aを集合としたときには，どんなものについても，それがAに属するか属さないかの一方だけである．

xが集合Aに属することを$x \in A$，xがAに属さないことを$x \notin A$と書く．

集合を表すのに，$A = \{1, 2, 3\}$ のように，属する要素をすべて書いたり，

$$A = \{x \mid x \text{ は整数，} 1 \leqq x \leqq 3\}$$

のように，縦棒の後に要素の満たすべき条件を書く．一般的にいえば，$P(x)$を変数xに関する性質としたとき，$P(x)$ を成り立たせるx全部の集合を

$$A = \{x \mid P(x)\}$$

と書く．ただし，xが実数であることなどの簡単な条件は縦棒の前にも書く．

このとき，"$x \in A$ である" と "$P(x)$ が成り立つ" とは同じことである．

集合A, Bに対して，$A \subset B$は "$x \in A$ ならば $x \in B$ である" が成り立つことを表す．このとき，AをBの**部分集合**，あるいは，**AはBに含まれる**という．

注意　ここでの $A \subset B$ の代りに $A \subseteqq B$ の記号を用いることもある．その場合には $A \subset B$ が，ここでの $A \subsetneqq B$ を表す．

2つの集合 A, B が $A \subset B$ かつ $B \subset A$ であるとき $A = B$ と表す．したがって，$A = B$ ならばAとBは全く同じ要素からなり，このとき，AとBは**等しい**，あるいは**同じ集合**であるという．$A \subset B$ の代りに$B \supset A$ とも表す．

例題 1.1.　$A \subset B$かつ$B \subset C$ならば$A \subset C$が成り立つ．

証明　定義から，"$x \in A$ ならば $x \in C$" が成り立てばよい．$A \subset B$ より，"x

$\in A$ ならば $x\in B$" が，また $B\subset C$ より，"$x\in B$ ならば $x\in C$" が成り立つ．結局，"$x\in A$ ならば $x\in B$" で，"$x\in B$ ならば $x\in C$" であるから，"$x\in A$ ならば $x\in C$" が成り立つ．

横の顔のマークは証明の終りを示す．3種あるが意味は同じである．

$B\subset A$ で $A\neq B$ であるとき，B を A の**真部分集合**といい，$B\subsetneq A$ と書く．全く要素をもたない集合も考える．すなわち，どんな x に対しても $x\notin A$ が成り立つ集合 A を**空集合**といい，ϕ で表す．

例題 1.2. 任意の集合 A に対して，$\phi\subset A$ が成り立つ．

証明 "$x\in\phi$ ならば $x\in A$" を示せばよいが，$x\in\phi$ はつねに成り立たないから，$x\in A$ が成り立つかどうか考えるまでもなく，この命題は成り立つ．

2つの集合 A, B から新しい集合を次のようにして決める．

集合 A, B の**和集合**，$A\cup B$ を

$$A\cup B=\{x \mid x\in A \text{ または } x\in B\},$$

集合 A, B の**共通部分**，$A\cap B$ を

$$A\cap B=\{x \mid x\in A \text{ かつ } x\in B\}$$

によって定義する．和集合，共通部分に対しては，次のことが成り立つ．

(交換律) $A\cup B=B\cup A$, $A\cap B=B\cap A$,

(結合律) $A\cup(B\cup C)=(A\cup B)\cup C$, $A\cap(B\cap C)=(A\cap B)\cap C$,

(分配律) $A\cap(B\cup C)=(A\cap B)\cup(A\cap C)$,

$A\cup(B\cap C)=(A\cup B)\cap(A\cup C)$.

交換律，結合律が成り立つことは定義からすぐわかる．例えば，$A\cup B=B\cup A$ を示すには，$A\cup B\subset B\cup A$ と $B\cup A\subset A\cup B$ をいえばよい．$x\in A\cup B\Leftrightarrow(x\in A$ または $x\in B)\Leftrightarrow(x\in B$ または $x\in A)\Leftrightarrow x\in B\cup A$.

例題 1.3. 分配律 $A\cap(B\cup C)=(A\cap B)\cup(A\cap C)$ が成り立つ．

証明 集合が等しいことの定義より，$A\cap(B\cup C)\subset(A\cap B)\cup(A\cap C)$ かつ $A\cap(B\cup C)\supset(A\cap B)\cup(A\cap C)$ を示せばよい．次が成り立つ．

$$\begin{aligned} x\in A\cap(B\cup C) &\Leftrightarrow x\in A \text{ かつ } x\in B\cup C \quad (\cap\text{の定義}) \\ &\Leftrightarrow x\in A \text{ かつ } (x\in B \text{ または } x\in C) \quad (\cup\text{の定義}) \\ &\Leftrightarrow (x\in A \text{ かつ } x\in B) \text{ または } (x\in A \text{ かつ } x\in C) \\ &\Leftrightarrow x\in(A\cap B)\cup(A\cap C). \end{aligned}$$

これで，$A\cap(B\cup C)=(A\cap B)\cup(A\cap C)$ がいえた．

問題 1.1.　$A\cup(B\cap C)=(A\cup B)\cap(A\cup C)$ を証明せよ.

集合 A, B に対して，**差集合** $A-B$ を $A-B=\{x\mid x\in A$ かつ $x\notin B\}$ によって定義する.

集合 A, B に対して，A と B の**直積集合** $A\times B$ を次の式で定義する.

$$A\times B=\{(a,b)\mid a\in A \text{ かつ } b\in B\}.$$

ただし，ここで，(a,b) は順序のついた組を表す．すなわち，$(a,b)=(a',b')$ は "$a=a'$，$b=b'$" のときとする.

n 個の集合 $A_1, A_2, \cdots, A_n$ の直積集合 $A_1\times A_2\times\cdots\times A_n$ を，$A_1\times A_2\times\cdots\times A_n=\{(a_1,a_2,\cdots,a_n)\mid a_1\in A_1, a_2\in A_2, \cdots, a_n\in A_n\}$ とし，$(a_1,a_2,\cdots,a_n)=(a_1',a_2',\cdots,a_n')$ は $a_1=a_1', a_2=a_2', \cdots, a_n=a_n'$ のときと定める.

例 1.1.　$A=\{1,2\}$，$B=\{a,b,c\}$ のとき,

$$A\times B=\{(1,a),(1,b),(1,c),(2,a),(2,b),(2,c)\}.$$

問題 1.2.　$(A\cap B)\times C=(A\times C)\cap(B\times C)$ を証明せよ.

数学では，一度に無限個の集合を考えることがよくある．例えば，閉区間 $[n,n+1]=\{x\mid n\leqq x\leqq n+1\}$ を，各整数 n に対して一度に考える．このとき，$A_n=[n,n+1]$，$\boldsymbol{Z}=\{n\mid n$ は整数$\}$ とおいて，A_n，$n\in\boldsymbol{Z}$ と表す.

一般に，集合 Λ の各要素 $\alpha\in\Lambda$ に対して，集合 A_α が与えられているとき，A_α 全部の**和集合** $\bigcup_{\alpha\in\Lambda}A_\alpha$，**共通部分** $\bigcap_{\alpha\in\Lambda}A_\alpha$ を次のように定義する.

$$\begin{aligned}\bigcup_{\alpha\in\Lambda}A_\alpha&=\{x\mid x\in A_\alpha \text{ である } \alpha\in\Lambda \text{ が存在する}\}\\&=\{x\mid \exists\alpha\in\Lambda;\ x\in A_\alpha\},\\\bigcap_{\alpha\in\Lambda}A_\alpha&=\{x\mid \text{すべての } \alpha\in\Lambda \text{ に対して，} x\in A_\alpha\}\\&=\{x\mid \forall\alpha\in\Lambda,\ x\in A_\alpha\}.\end{aligned}$$

ここで，"$\exists x\in A;\ P(x)$" は "$P(x)$ が成り立つような A の要素 x が存在する" ことを意味し，$\exists$ を**存在記号**とよぶ．また，"$\forall x\in A, P(x)$" は，すべての A の要素 x に対して，$P(x)$ が成り立つことを意味し，$\forall$ を**全称記号**とよぶ．また，"$\forall x\in A,\ P(x)\Rightarrow Q(x)$" は $P(x)$ を成り立たせるすべての $x\in A$ に対して，$Q(x)$ が成り立つことを意味する.

例題 1.4.　自然数 n に対して，$A_n=\{x\mid 0\leqq x\leqq 1/n\}$ とする．自然数全体の集合を $\boldsymbol{N}$ とするとき，$\bigcap_{n\in\boldsymbol{N}}A_n$ を求めよ.

解答　$\forall n\in\boldsymbol{N}$，$0\leqq 0\leqq 1/n$ だから，$0\in\bigcap_{n\in\boldsymbol{N}}A_n$．つまり，$\{0\}\subset\bigcap_{n\in\boldsymbol{N}}A_n$．もし,

$x>0$ ならば十分大きな自然数 N をとれば $1/N<x$ となり $x\notin A_N$. したがって，$x\in\bigcap_{n\in N}A_n$ ならば $x=0$. 結局，$\bigcap_{n\in N}A_n\subset\{0\}$. ☹

問題 1.3.　自然数 n に対して，$B_n=\{x|0<x<\frac{1}{n}\}$ とするとき，$\bigcap_{n\in N}B_n$ を求めよ．

問題 1.4.　自然数 n に対して，$C_n=\{x|\frac{1}{n}\leqq x<1-\frac{1}{n}\}$ とするとき，$\bigcup_{n\in N}C_n$ を求めよ．

例題 1.5.　A_α, $\alpha\in\Lambda$ を集合の集まり，B を集合とするとき，次が成り立つ．

$$(\bigcup_{\alpha\in\Lambda}A_\alpha)\cap B=\bigcup_{\alpha\in\Lambda}(A_\alpha\cap B).$$

証明　$x\in(\bigcup_{\alpha\in\Lambda}A_\alpha)\cap B\Leftrightarrow x\in\bigcup_{\alpha\in\Lambda}A_\alpha$ かつ $x\in B$

$\Leftrightarrow$ $(\exists\alpha\in\Lambda;\ x\in A_\alpha)$ かつ $x\in B$

$\Leftrightarrow\exists\alpha\in\Lambda;\ x\in A_\alpha$ かつ $x\in B$

$\Leftrightarrow x\in\bigcup_{\alpha\in\Lambda}(A_\alpha\cap B)$. ☺

問題 1.5.　A を集合，B_α, $\alpha\in\Lambda$ を集合の集まりとしたとき，次を証明せよ．

$$A\cup(\bigcap_{\alpha\in\Lambda}B_\alpha)=\bigcap_{\alpha\in\Lambda}(A\cup B_\alpha).$$

数学では，普通考えている対象をある範囲に限っている．そこで以下，ある集合 X を1つ固定し，その部分集合だけを考えることにする．このとき，X を**全体集合**あるいは**普遍集合**とよぶ．$A\subset X$ に対して，A の**補集合** A^c を $A^c=X-A$ と定義する．

問題 1.6.　$A\subset B$ ならば $B^c\subset A^c$ が成り立つこと，およびその逆を証明せよ．

定理 1.1.（ド・モルガンの公式）　集合 X の部分集合 A, B および X の部分集合の集まり A_α, $\alpha\in\Lambda$ について，次のことが成り立つ．

（1）　$(A\cup B)^c=A^c\cap B^c$.　　　　（2）　$(A\cap B)^c=A^c\cup B^c$.

（3）　$(\bigcup_{\alpha\in\Lambda}A_\alpha)^c=\bigcap_{\alpha\in\Lambda}A_\alpha{}^c$.　　　　（4）　$(\bigcap_{\alpha\in\Lambda}A_\alpha)^c=\bigcup_{\alpha\in\Lambda}A_\alpha{}^c$.

証明　（1）　$(A\cup B)^c=A^c\cap B^c$ を証明する．

$x\in(A\cup B)^c\Leftrightarrow x\in X$ かつ（$x\in A\cup B$ でない）$\Leftrightarrow$ $x\in X$ かつ（$x\in A$ でも $x\in B$ でもない）$\Leftrightarrow x\in A^c$ かつ $x\in B^c$. ☺

（2）と（3）の証明は問題とする．

次に，（4）$(\bigcap_{\alpha\in\Lambda}A_\alpha)^c=\bigcup_{\alpha\in\Lambda}A_\alpha{}^c$ を証明する．

$x\in(\bigcap_{\alpha\in\Lambda}A_\alpha)^c\Leftrightarrow(\forall\alpha\in\Lambda,\ x\in A_\alpha)$ でない $\Leftrightarrow(\exists\alpha\in\Lambda;\ x\notin A_\alpha)\Leftrightarrow x\in\bigcup_{\alpha\in\Lambda}A_\alpha{}^c$. ☺

問題 1.7.　（2）　$(A\cap B)^c=A^c\cup B^c$ を示せ．

問題 1.8.　（3）　$(\bigcup_{\alpha\in\Lambda}A_\alpha)^c=\bigcap_{\alpha\in\Lambda}A_\alpha{}^c$ を示せ．

§2. 写　像

集合 A, B について，A の各要素 $a\in A$ に対して，B の１つの要素 $b\in B$ が決められているとき，この決まり方を，**写像**，あるいは，**関数**という．a に対して決まる b を $f(a)$ と書き，写像 $f: A\to B$ と表す．$f(a)$ を f による a の**値**または**像**といい．A を f の**定義域**または**始集合**，B を f の**終集合**という．

例 2.1.　$f: \boldsymbol{R}\to\boldsymbol{R}$ を，$x\in\boldsymbol{R}$ に対して，$f(x)=x^2$ と決めれば，f は写像である．しかし，$x=y^2$ のとき，$g(x)=y$ と決めても，$g: \boldsymbol{R}\to\boldsymbol{R}$ は写像ではない．なぜなら，$g: \boldsymbol{R}\to\boldsymbol{R}$ が写像であるなら，すべての実数 x に対して実数 y が決まらなければならないが，$x<0$ に対しては y は存在しない．

では，定義域を正または０の実数に限ればどうか．すなわち，$\boldsymbol{R}^+=\{x\mid x\geqq 0\}$ として，$h: \boldsymbol{R}^+\to\boldsymbol{R}$ を $x=y^2$ のとき，$h(x)=y$ と決める．これでも，h は写像ではない．x に対して y が１つに決まらないからである．次に，$k: \boldsymbol{R}^+\to\boldsymbol{R}^+$ を $x=y^2$ のとき，$k(x)=y$ と決める(図 1)．終集合も正または０の実数に限れば，y は１つに決まり k は写像となる．

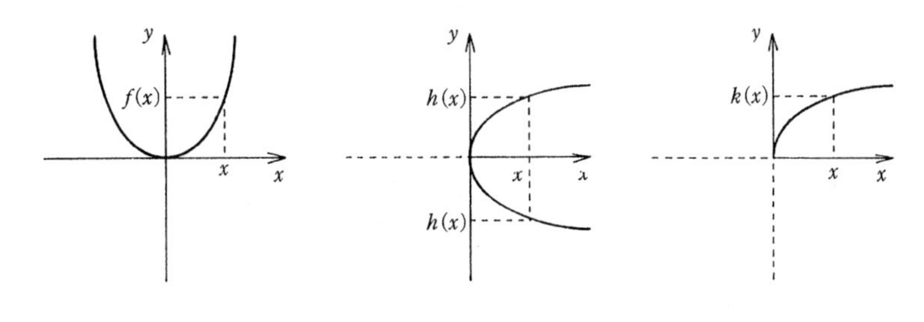

図 1

この例でわかるように，写像にとって，どこで定義されているか，どこに値をもつかは重要である．写像の定義において，“x に対して y が決められている”といった場合，y が x の整式，三角関数とかの具体的な関数で書けているという必要はない．定義域のすべての要素に終集合の要素が１つ決まると考えられればよい．

写像 $f: A\to B$ が**全射**とは，$\forall b\in B,\ \exists a\in A;\ b=f(a)$ が成り立つことをいう．

写像 $f: A\to B$ が**単射**とは，$\forall a_1, a_2\in A,\ f(a_1)=f(a_2) \Rightarrow a_1=a_2$ が成り立つことをいう．

(“$\forall a_1, a_2\in A$” は “$\forall a_1\in A, \forall a_2\in A$” を略して書いたものである．)

例 2.2. 写像$f: A\to B$を，$A=\boldsymbol{R}$, $B=\boldsymbol{R}$として，$f(x)=x^2$と決める．このとき，負の数bに対しては，$b=f(a)$となる実数aは存在しないから，全射ではない．また，$f(+1)=1=f(-1)$だから，単射でもない．しかし，$B=\boldsymbol{R}^+(=\{x|0\leqq x\})$とした場合には，同じ式$f(x)=x^2$で決まる写像$f: \boldsymbol{R}\to\boldsymbol{R}^+$は全射になる．

また，$A=\boldsymbol{R}^+$とした場合には，同じ式$f(x)=x^2$で決まる写像$f: \boldsymbol{R}^+\to\boldsymbol{R}$は単射になる．

写像$f: A\to B$が全射かつ単射であるとき**全単射**という．

例 2.3. 写像$f: A\to B$を$A=\boldsymbol{R}^+$, $B=\boldsymbol{R}^+$として，$f(x)=x^2$と決める．このとき，$f: A\to B$は全単射である．

2つの写像$f: A\to B$, $g: B\to C$に対して，fとgの**結合写像** $g\circ f: A\to C$を$g\circ f(x)=g(f(x))$と決める．結合写像を**合成写像**ともいう．

例題 2.1. $f: A\to B$, $g: B\to C$をともに単射の写像とするとき，$g\circ f: A\to C$も単射である．

証明 $g\circ f$が単射であることを示すには，$g\circ f(a_1)=g\circ f(a_2)$ならば$a_1=a_2$を示せばよい．結合写像の定義より，$g\circ f(a_1)=g\circ f(a_2)$とすれば，$g(f(a_1))=g(f(a_2))$が成り立ち，$g$が単射より，$f(a_1)=f(a_2)$．また，$f$も単射であるから，$a_1=a_2$である．😁

例題 2.2. 写像$f: A\to B$, $g: B\to C$, $h: C\to D$の結合について，$h\circ(g\circ f)=(h\circ g)\circ f$が成り立つ．

証明 結合写像の定義から，任意の$x\in A$に対して，

$$(h\circ(g\circ f))(x)=h(g\circ f(x))=h(g(f(x))),$$
$$((h\circ g)\circ f)(x)=(h\circ g)(f(x))=h(g(f(x)))$$

だから，$h\circ(g\circ f)=(h\circ g)\circ f$が成り立つ．😁

各集合に対して，恒等写像とよばれる特別な写像が1つずつ存在する．集合Aに対して，A上の**恒等写像** $id_A: A\to A$を，任意の$x\in A$に対して，$id_A(x)=x$によって定める．

注意 idは identity の略であって，"id_A"全体でfとかgと同じように1つの写像を表す記号である．単に，iとしたときは inclusion の略で，$A\subset B$のとき，$i: A\to B$, $i(x)=x$を表し，**包含写像**という．

写像$f: A\to B$が全単射であるときは，全射という条件より任意の$y\in B$に対

して，$f(x)=y$ となる $x\in A$ が存在する．また，単射という条件より，このような x は唯一つであるから，y に対して x を対応させることによって B から A への新しい写像が定義できる．この写像を $f^{-1}: B\to A$ で表し，f の**逆写像**という．このとき，$f^{-1}(y)=x \Leftrightarrow f(x)=y$ である．

例 2.4. （1） $f: \boldsymbol{R}\to\boldsymbol{R}$, $f(x)=x^3$ のとき，$f^{-1}(x)=\sqrt[3]{x}$．

（2） $f: \boldsymbol{R}\to\boldsymbol{R}^+-\{0\}$, $f(x)=\exp(x)$ のとき，$f^{-1}(x)=\log(x)$．

写像 $f: A\to B$ と $S\subset A$, $T\subset B$ があるとき，S の f による**像**，$f(S)\subset B$ と T の f に関する**逆像** $f^{-1}(T)\subset A$ を次のように決める．

$$f(S)=\{f(a)\,|\,a\in S\},$$
$$f^{-1}(T)=\{a\in A\,|\,f(a)\in T\},$$

正確には，$f(S)$ は

$$f(S)=\{b\in B\,|\,\exists a\in S;\ b=f(a)\}$$

で与えられる．

注意　逆像と逆写像とを混同しないこと．逆像は "$f^{-1}(T)$" 全部で１つの集合を表す記号として意味をもつのであり，f が全単射でないときは f^{-1} だけ取り出しては意味をもたない．

例題 2.3.　写像 $f: A\to B$ を，$A=B=\boldsymbol{R}$, $f(x)=x^2$ とする．$S=T=\{x\,|\,-1\leqq x\leqq 2\}$ としたとき，$f(S)$ と $f^{-1}(T)$ を求めよ．

解答　定義より，$f(S)=\{y\,|\,\exists x;-1\leqq x\leqq 2, y=x^2\}=\{y\,|\,0\leqq y\leqq 4\}$．また，定義より $f^{-1}(T)=\{x\,|\,-1\leqq x^2\leqq 2\}=\{x\,|\,-\sqrt{2}\leqq x\leqq\sqrt{2}\}$．😁

問題 2.1.　写像 $f: A\to B$ を，$A=B=R$, $f(x)=\sin x$ とする．$S=R$, $T=\{1\}$ のとき，$f(S)$ と $f^{-1}(T)$ を求めよ．

定理 2.1.　写像 $f: A\to B$ と，A の部分集合 A_1, A_2, B の部分集合 B_1, B_2 について，次が成り立つ．

（1） $f(A_1\cup A_2)=f(A_1)\cup f(A_2)$．

（2） $f(A_1\cap A_2)\subset f(A_1)\cap f(A_2)$．

（3） $f^{-1}(B_1\cup B_2)=f^{-1}(B_1)\cup f^{-1}(B_2)$．

（4） $f^{-1}(B_1\cap B_2)=f^{-1}(B_1)\cap f^{-1}(B_2)$．

証明　（1）を証明する．$y\in f(A_1\cup A_2)$ とすると，像の定義から，$\exists x\in A_1\cup A_2$; $y=f(x)$．このとき，$x\in A_1$ または $x\in A_2$ だから，$y\in f(A_1)$ かまたは $y\in f(A_2)$，すなわち，$y\in f(A_1)\cup f(A_2)$ である．

逆に，$y \in f(A_1) \cup f(A_2)$ とすると，$y \in f(A_1)$ か $y \in f(A_2)$ であり，$y \in f(A_1)$ のとき，$\exists x_1 \in A_1$; $y = f(x_1)$．$x_1 \in A_1 \cup A_2$ だから，$y = f(x_1) \in f(A_1 \cup A_2)$ である．$y \in f(A_2)$ のときも同様にして，$y \in f(A_1 \cup A_2)$ がいえる．😁

問題 2.2. （2）を証明せよ．

（3）の証明．$x \in f^{-1}(B_1 \cup B_2) \Leftrightarrow f(x) \in B_1 \cup B_2$（逆像の定義）
$\Leftrightarrow f(x) \in B_1$ または $f(x) \in B_2 \Leftrightarrow x \in f^{-1}(B_1)$ または $x \in f^{-1}(B_2)$
$\Leftrightarrow x \in f^{-1}(B_1) \cup f^{-1}(B_2)$．😁

問題 2.3. （4）を証明せよ．

例題 2.4. $f(A_1 \cap A_2) \neq f(A_1) \cap f(A_2)$ となる例を与えよ．

解答 $f: R \to R$ を $f(x) = x^2$ とする．$A_1 = [-1, 2]$，$A_2 = [-2, 1]$ とすると，$A_1 \cap A_2 = [-1, 1]$ であり，$f(A_1) = [0, 4]$，$f(A_2) = [0, 4]$．また $f(A_1 \cap A_2) = [0, 1]$ だから $f(A_1 \cap A_2) \neq f(A_1) \cap f(A_2)$ である．（この答えは一例であり，他にもいろいろ考えられる．）😁

問題 2.4. $f: A \to B$ が単射のときは，$A_1, A_2 \subset A$ に対して，$f(A_1 \cap A_2) = f(A_1) \cap f(A_2)$ が成り立つことを証明せよ．

一般に，写像 $f: X \to Y$，$A_\alpha \subset Y$，$\alpha \in \Lambda$ に対して，次が成り立つ．

定理 2.2. （1） $f^{-1}(\bigcup_{\alpha \in \Lambda} A_\alpha) = \bigcup_{\alpha \in \Lambda} f^{-1}(A_\alpha)$．

（2） $f^{-1}(\bigcap_{\alpha \in \Lambda} A_\alpha) = \bigcap_{\alpha \in \Lambda} f^{-1}(A_\alpha)$．

証明 （1）まず，$f^{-1}(\bigcup_{\alpha \in \Lambda} A_\alpha) \subset \bigcup_{\alpha \in \Lambda} f^{-1}(A_\alpha)$ を示す．

$x \in f^{-1}(\bigcup_{\alpha \in \Lambda} A_\alpha) \Rightarrow f(x) \in \bigcup_{\alpha \in \Lambda} A_\alpha. \Rightarrow \exists \alpha(0) \in \Lambda$; $f(x) \in A_{\alpha(0)}$
$\Rightarrow \exists \alpha(0) \in \Lambda$; $x \in f^{-1}(A_{\alpha(0)}) \subset \bigcup_{\alpha \in \Lambda} f^{-1}(A_\alpha)$．

逆の包含関係を示す．

$x \in \bigcup_{\alpha \in \Lambda} f^{-1}(A_\alpha) \Rightarrow \exists \alpha(0) \in \Lambda$; $x \in f^{-1}(A_{\alpha(0)}) \Rightarrow f(x) \in A_{\alpha(0)} \subset \bigcup_{\alpha \in \Lambda} A_\alpha$
$\Rightarrow x \in f^{-1}(\bigcup_{\alpha \in \Lambda} A_\alpha)$．😁

問題 2.5. 上の（2）を証明せよ．

問題 2.6. $f: A \to B$，$g: B \to C$ をともに全射の写像とするとき，$g \circ f: A \to C$ も全射であることを証明せよ．

数学では無限個の要素の集合についても個数の比較をする．例えば，実数全体の方が整数全体より数が多いことが証明できる．個数という言葉はいかにも有限のような感じがするので濃度という言葉を使う．

2つの集合 A, B に対して，A と B の**濃度が等しい**とは，A から B への全単射の写像 $f: A \to B$ が存在するときをいう．

例題 2.5.　$\boldsymbol{N}$ を自然数全体の集合とする．また，$\boldsymbol{N}' = \{2, 4, 6, \cdots\}$ を偶数の自然数全体としたとき，$\boldsymbol{N}$ と $\boldsymbol{N}'$ の濃度は等しい．

証明　写像 $f: \boldsymbol{N} \to \boldsymbol{N}'$ を $f(x) = 2x$ と決めると f は全単射である．なぜなら，任意の $m \in \boldsymbol{N}'$ をとると m は偶数だから，$\exists n \in \boldsymbol{N}$; $m = 2n$，この n に対して，$m = f(n)$ となり f は全射である．また，$f(x) = f(x')$ とすれば，$2x = 2x'$ だから $x = x'$ が成り立ち，f は単射である．😁

問題 2.7.　$(0, 1/2) = \{x \mid 0 < x < 1/2\}$ と $(0, 1) = \{x \mid 0 < x < 1\}$ の濃度が等しいことを証明せよ．

自然数全体 $\boldsymbol{N}$ と同じ濃度をもつ集合を**可算の濃度**をもつ集合あるいは**可算集合**という．$(0, 1)$ と同じ濃度をもつ集合を**連続体の濃度**をもつ集合という．無限だが可算でない集合を**非可算集合**という．

連続体の濃度が非可算であることを示す．

定理 2.3.　開区間 $(0, 1) = \{x \mid 0 < x < 1\}$ は可算集合ではない．

証明（カントールの対角線論法）　まず，準備をする．$0 < x < 1$ である x を無限小数に展開したものを

$$x = 0.x_1x_2x_3\cdots \quad (x_i \text{ は } 0 \text{ から } 9 \text{ までの整数})$$

と表す．正確には，上の表現は次の無限級数を表している．

$$x = x_1(1/10) + x_2(1/10)^2 + x_3(1/10)^3 + \cdots + x_i(1/10)^i + \cdots$$

有限で終わる小数，例えば，0.902 のような場合には，0.9019999… のように‘無限小数’に展開することにする．そうすると展開の仕方は一通りになる．任意の写像 $f: \boldsymbol{N} \to (0, 1)$ が全射でないことを示せばよい．f の像 $f(\boldsymbol{N})$ の要素すべてを次のように書き並べる．

$$\begin{aligned} f(1) &= a_1 = 0.a_{11}a_{12}a_{13}a_{14}\cdots \\ f(2) &= a_2 = 0.a_{21}a_{22}a_{23}a_{24}\cdots \\ f(3) &= a_3 = 0.a_{31}a_{32}a_{33}a_{34}\cdots \\ &\vdots \qquad \vdots \qquad \vdots \end{aligned}$$

各 $i = 1, 2, 3\cdots$ に対して，整数 b_i を

$$b_i = \begin{cases} 1 & a_{ii} \neq 1 \text{ のとき}, \\ 2 & a_{ii} = 1 \text{ のとき}, \end{cases}$$

と定め，

$$b = 0.b_1b_2b_3\cdots$$

と決めると $b \in (0, 1)$ である．b_i の決め方から，どんな $n \in \boldsymbol{N}$ に対しても $a_{nn} \neq b_n$ である．無限小数への展開の仕方は一通りだから，これはどの n に対しても $b \neq f(n)$ を意味する．

したがって，f は全射でない．☹

有理数全体は可算集合である．

例題 2.6.　正の有理数全体 $\boldsymbol{Q}^+$ は $\boldsymbol{N}$ と同じ濃度である．

証明　$\boldsymbol{Q}^+$ の各要素を次のように並べ，左下から右上へと順番をつける．

$$
\begin{array}{lllll}
n_1=1/1 & n_3=1/2 & n_6=1/3 & n_{10}=1/4 & \cdots \\
n_2=2/1 & n_5=2/2 & n_9=2/3 & \cdots & \\
n_4=3/1 & n_8=3/2 & \cdots & & \\
n_7=4/1 & \cdots & & & \\
\vdots & \vdots & \vdots & \vdots & \vdots
\end{array}
$$

このようにしたとき，$f:\boldsymbol{N}\to\boldsymbol{Q}^+$ を $f(1)=n_1$, $f(2)=n_2$, $f(3)=n_3$, $f(4)=n_4$ と決める．$n_5=2/2$ は n_1 と等しいから飛ばして，$f(5)=n_6$ と決める．以下，前に出てきたところは飛ばして上の図のような順番で $f(i)$ を次々に決める．この表に正の有理数はすべて出てくるから f は全射であり，約分して等しいものは飛ばして決めたから f は単射でもある．☺

問題 2.8.　2つの可算集合の和集合も可算であることを示せ．

§3.　同値関係

数学では本来違うものをある基準で同じとみなすことがよくある．これを一般的に考えたのが同値関係である．

$\mathscr{R}\subset A\times A$ が次の3つの条件を満たすとき $\mathscr{R}$ を A 上の**同値関係**という．

(E_1)　$\forall a\in A$, $(a,a)\in\mathscr{R}$.

(E_2)　$\forall a$, $b\in A$, $(a,b)\in\mathscr{R}\Rightarrow(b,a)\in\mathscr{R}$.

(E_3)　$\forall a$, b, $c\in A$, $(a,b)\in\mathscr{R}$, $(b,c)\in\mathscr{R}\Rightarrow(a,c)\in\mathscr{R}$.

このとき，簡単のため $(a,b)\in\mathscr{R}$ の代りに $a\sim b$ とも書く．

例 3.1.　$A=\boldsymbol{N}$ として，$\mathscr{R}\subset\boldsymbol{N}\times\boldsymbol{N}$ を $\mathscr{R}=\{(m,n)\mid m-n$ は5の倍数$\}$ とする．これは同値関係である．実際，

（1）　すべての n に対して，$n-n=0$ で，0は5の倍数だから，$n\sim n$.

（2）　$m\sim n$ とすると，ある整数 k に対して，$m-n=5k$, $n-m=5(-k)$ だから，$n\sim m$.

（3）　$m\sim n$, $n\sim l$ とすると，$\exists k,k'$; $m-n=5k$, $n-l=5k'$.

この2つの式を足して，$m-l=5(k+k')$. したがって，$m\sim l$. ☺

このとき，mとnが同値なのは5で割った余りが等しいときである．したがって，同値なものどうしを集めると自然数が5つのクラスに分けられる．

例 3.2. $B \subset A$のとき，$a, b \in A$に対して，$a \sim b$を（$a \in B$かつ$b \in B$）または$a=b$のとき，と定めると$\sim$はA上の同値関係である．

問題 3.1. 次のように$\sim$を決めたとき，それぞれ同値関係になることを示せ．

（1） $A=\boldsymbol{R}$, $a, b \in A$に対して，$a \sim b \Leftrightarrow a-b \in \boldsymbol{Z}$と決める．

（2） $A=\boldsymbol{R} \times \boldsymbol{R}-\{(0,0)\}$とし，$a, b \in A$に対して，$a \sim b \Leftrightarrow \exists t \in \boldsymbol{R};\ b=ta$と決める．

集合A上に同値関係があると，同値な要素どうしを集めることによって，Aをクラス分けすることができる．

定理 3.1. A上に同値関係$\sim$があるとき，$a \in A$に対して，$C(a)=\{b \mid a \sim b\}$とする．このとき，次が成り立つ．

（1） $A=\bigcup_{a \in A} C(a)$.

（2） $C(a) \cap C(a') \neq \phi$ならば$C(a)=C(a')$.

証明 まず，(E_2) より，$C(a)=\{b \mid b \sim a\}$に注意する．

（1） (E_1) より，$\forall x \in A$, $x \in C(x) \subset \bigcup_{a \in A} C(a)$. 逆に，$x \in \bigcup_{a \in A} C(a)$とすると，$\bigcup_{a \in A} C(a)$の定義より，$\exists a_0 \in A$; $x \in C(a_0)$. $C(a_0) \subset A$だから$x \in A$となり，$\bigcup_{a \in A} C(a) \subset A$である．

（2） $C(a) \cap C(a') \neq \phi$より，$\exists x$; $x \in C(a)$, $x \in C(a')$. したがって，$a \sim x$かつ$x \sim a'$. 任意に$y \in C(a)$をとると，$y \sim a$. $a \sim x$と(E_3)より$y \sim x$. $x \sim a'$と(E_3)より，$y \sim a'$. したがって，$y \in C(a')$. すなわち，$C(a) \subset C(a')$. 今の議論で，aとa'の立場を逆にすれば，逆の包含関係$C(a') \subset C(a)$が出る．したがって，$C(a)=C(a')$. ☹

問題 3.2. $C(a)=C(a') \Leftrightarrow a \sim a'$が成り立つことを示せ．

A上に同値関係$\sim$があるとき，$C(a)$をaの**同値類**，逆に，$C(a)$の要素を$C(a)$の**代表元**という．

$$A/\sim=\{C(a) \mid a \in A\}$$

をAを$\sim$で割った**商空間**という．$p: A \to A/\sim$を$a \in A$に対して$p(a)=C(a)$と決め，pを**自然な射影**という．

同値類の概念を用いて，自然数から負の数，整数から有理数を作ろう．$A=\boldsymbol{N} \times \boldsymbol{N}$上に同値関係$\sim$を次のように決める．

$$(a, b) \sim (a', b') \Leftrightarrow a+b'=a'+b.$$

上の関係は同値関係である．同値関係の条件（1），（2）は，明白だから，（3）だけを示す．$(a_1, b_1) \sim (a_2, b_2)$，$(a_2, b_2) \sim (a_3, b_3)$ のとき，$(a_1, b_1) \sim (a_3, b_3)$ を示せばよい．定義より，今の条件を書き直すと，$a_1 + b_2 = a_2 + b_1$，$a_2 + b_3 = a_3 + b_2$．この2つの式の両辺を加えると，$a_1 + b_3 = a_3 + b_1$ が得られ，$(a_1, b_1) \sim (a_3, b_3)$ である．☹

負の数とは「“答えが同じである引き算”の同値類」であるといえる．このような考え方は数学では一般的で，答えがない問題は問題自身の同値類を答えとする．足し算の代りに掛け算を使うと整数から有理数を作ることができる．

$A = (Z - \{0\}) \times \boldsymbol{Z}$ として，A 上に次のように同値関係を決める．

$$(p, q) \sim (p', q') \Leftrightarrow pq' = p'q$$

問題 3.3.　上の決め方は A 上の同値関係を与えることを証明せよ．

通常 q/p と書いているのは，$C(p, q)$ のことなのである．

演習問題 1

1.　自然数 n に対して，$A_n = \{(x, y) \mid y \leqq x^n\} \subset \boldsymbol{R}^2$，$n \in \boldsymbol{N}$ と決める．このとき，$\bigcup_{n \in N} A_n$ および $\bigcap_{n \in N} A_n$ を求めよ．

2.　写像 $f : A \to B$，$g : B \to C$ に関して次を証明せよ．

（1）　$g \circ f$ が単射ならば f も単射である．

（2）　$g \circ f$ が全射ならば g も全射である．

3.　写像 $f : A \to B$ が全射のとき，$B_1 \subset B$ に対して，$f(f^{-1}(B_1)) = B_1$ を示せ．

4.　写像 $f : A \to B$，$g : A \to C$ があるとき，写像 $h : A \to B \times C$ を $h(x) = (f(x), g(x))$ で定義する．

（1）　f, g のいずれかが単射ならば，h も単射であることを証明せよ．

（2）　f, g がともに単射でないが，h が単射である例をあげよ．

（3）　h が全射であるなら，f, g も全射であることを証明せよ．

（4）　f, g がともに全射であるが，h が全射でない例をあげよ．

5.　写像 $f : A \to B$ があるとき，A 上の同値関係 $\sim$ を $a, b \in A$ に対して，$f(a) = f(b)$ のとき $a \sim b$ と決める．

（1）　$\sim$ が A 上の同値関係であることを証明せよ．

（2）　$p : A \to A/\sim$ を自然な射影とするとき，写像 $\tilde{f} : A/\sim \to B$ で $f = \tilde{f} \circ p$ が成り立つものがただ1つ存在することを示せ．

（3）　$\tilde{f}$ は単射であることを示せ．

（4）　f が全射ならば，$\tilde{f}$ が全単射であることを示せ．

6.　写像 $f : A \to \boldsymbol{R}$ に対して，集合 $f(A) \subset \boldsymbol{R}$ の最大値が存在するとき，それを $\max f$ と書く．

（1）　$\max(f+g) \leqq \max f + \max g$ を証明せよ．

（2）　$\max(f+g) < \max f + \max g$ となる f, g の例をあげよ．

第2章

ユークリッド空間と距離空間の位相

写像が連続とは“近くの点を近くに写す”ことであるが，その“近さ”がどう決められるかということを考える．また，空間の性質のうち連続写像で保存されるものについて調べる．

§4. 連続性

高等学校では，$\boldsymbol{R}$を実数全体の集合としたとき，関数 $f:\boldsymbol{R}\to\boldsymbol{R}$ が a で**連続**であることを，$\lim_{x\to a} f(x)=f(a)$ が成り立つときと定義した．この式の意味は，“x が a に限りなく近づくとき，$f(x)$ は $f(a)$ に限りなく近づく”とされた．正確には，上の式は極限の定義から，

$$(*)\qquad \forall\varepsilon>0, \exists\delta>0;\ \forall x, |x-a|<\delta \Rightarrow |f(x)-f(a)|<\varepsilon$$

を意味する．これを読み下すと“どんな正の数 ε をとっても，正の数 δ が存在して，x と a の距離が δ より小さいならば $f(x)$ と $f(a)$ の距離は ε より小さい”となる．(*)がある ε に対して成り立てば，それより大きい ε に対しては当然成り立つ．また，ある δ に対して(*)が成り立たなければ，それより大きい δ に対しても当然成り立たない．したがって，“どんなに小さな $\varepsilon>0$ に対しても十分小さな $\delta>0$ をとれば，x と a の距離が δ より小さいならば $f(x)$ と $f(a)$ の距離は ε より小さい．”といい換えてもよい．

例題 4.1. $f:\boldsymbol{R}\to\boldsymbol{R}$, $f(x)=x^2$ は任意の $a\in\boldsymbol{R}$ において連続である．

証明 $\varepsilon>0$ に対して，$\delta=\min\{\varepsilon/(2|a|+1), 1\}$ とする．このとき，$|x-a|<\delta$ ならば $|x^2-a^2|=|(x+a)||(x-a)|\leqq(|x|+|a|)\delta\leqq(|a|+1+|a|)\cdot\varepsilon/(2|a|+1)=\varepsilon$ となり題意が示された． 😁

例題 4.2. （1） $f: \boldsymbol{R}\to\boldsymbol{R}$, $g: \boldsymbol{R}\to\boldsymbol{R}$ がともに $a\in\boldsymbol{R}$ で連続のとき，$(f+g)(x)=f(x)+g(x)$ と決めると $(f+g)$ も a で連続であることを示せ．

（2） $f: \boldsymbol{R}\to\boldsymbol{R}$, $g: \boldsymbol{R}\to\boldsymbol{R}$ がともに $a\in\boldsymbol{R}$ で連続のとき，$f\cdot g(x)=f(x)\cdot g(x)$ で定義される写像 $f\cdot g$ は a で連続であることを証明せよ．

証明 （1） f の a での連続性から，

① $\quad \forall\varepsilon>0, \exists\delta>0;\ \forall x, |x-a|<\delta \Rightarrow |f(x)-f(a)|<\varepsilon/2.$

g の a での連続性から，上の ε に対して，

② $\quad \exists\delta'>0;\ |x-a|<\delta' \Rightarrow |g(x)-g(a)|<\varepsilon/2.$

$\delta''=\min\{\delta,\delta'\}>0$ とすれば，①, ②が成り立つから，

$$|x-a|<\delta'' \Rightarrow |(f+g)(x)-(f+g)(a)|$$
$$\leqq |f(x)-f(a)|+|g(x)-g(a)|<\varepsilon/2+\varepsilon/2=\varepsilon$$

が成り立ち，$f+g$ は a で連続である． 😁

（2） （1）と同じように，δ'' を決める．ただし，$\varepsilon/2<1$ としておく．

$$\begin{aligned}|x-a|<\delta'' \Rightarrow\ & |(f\cdot g)(x)-(f\cdot g)(a)| \\ &= |f(x)g(x)-f(a)g(a)| \\ &\leqq |f(x)g(x)-f(a)g(x)|+|f(a)g(x)-f(a)g(a)| \\ &\leqq |f(x)-f(a)||g(x)|+|f(a)||g(x)-g(a)| \\ &\leqq |f(x)-f(a)|(|g(a)|+\varepsilon/2)+|f(a)||g(x)-g(a)| \\ &< \varepsilon/2(|g(a)|+\varepsilon/2)+|f(a)|\varepsilon/2 \\ &< \varepsilon/2(|g(a)|+1+|f(a)|)=K\varepsilon/2.\end{aligned}$$

ここで，$K=(|g(a)|+1+|f(a)|)$ は x によらない定数だから，ε を小さくすると，$K\varepsilon/2$ もいくらでも小さくできるから，$f\cdot g$ は a で連続である．（証明の形を整えるには，最初に δ, δ' を決めるときに，①, ② の右辺を $\varepsilon/2$ でなく，ε/K としておけばよい．） ☹

写像 f が，$A\subset\boldsymbol{R}$ 上で定義されている場合には，f が a で連続とは，

$$\forall\varepsilon>0, \exists\delta>0;\ \forall x, \underline{x\in A}, |x-a|<\delta \Rightarrow |f(x)-f(a)|<\varepsilon$$

と定義する．

大体においてそのグラフがつながっている写像が連続で，グラフが切れているのが不連続であると考えてよい．しかし，次の例題のように複雑な写像も存在するので直感だけに頼るのは危険である．

例題 4.3. $f: (0,1)\to\boldsymbol{R}$ を次のように決める．

$$f(x)=\begin{cases}0, & x\text{が無理数のとき},\\ 1/p, & x\text{が有理数で，既約分数 }x=q/p,\ (p>0)\text{ のとき}\end{cases}$$

このとき，fは無理数で連続，有理数で不連続である．

証明　aを無理数とする．与えられた$\varepsilon>0$に対して，$1/n<\varepsilon$となる自然数nがとれる．$A=\{x|f(x)\geqq 1/n\}$ とすれば，fの決め方からAの要素は分母がn以下の分数として表せるから，Aは有限集合である．$\delta=\min\{d(a,x)|x\in A\}$ とすれば，$\delta>0$．このとき，$|x-a|<\delta$ならば$x\notin A$だから$f(x)<1/n<\varepsilon$となり，fはaで連続である．

aを有理数とすると，$f(a)>0$．$\varepsilon=f(a)/2$とする．このεに対して，どんなにδを小さくとったとしても$\delta>0$であるかぎり，$|x-a|<\delta$である無理数xが存在し，このxに対しては，

$$|f(x)-f(a)|=|0-f(a)|=|f(a)|>\varepsilon$$

となり，fはaで連続でない．☹

平面 $\boldsymbol{R}^2=\{(x_1,x_2)|x_1,x_2\in\boldsymbol{R}\}$ から $\boldsymbol{R}^2$ への写像$f:\boldsymbol{R}^2\to\boldsymbol{R}^2$によって点 (x_1,x_2) が点 (y_1,y_2) に写されるとき，$f(x_1,x_2)=(y_1,y_2)$ と書く．このfが$a=(a_1,a_2)\in\boldsymbol{R}^2$で連続であることを定義する．2点$x=(x_1,x_2)$，$y=(y_1,y_2)$ の距離$d(x,y)$ を次のように決める．

$$d(x,y)=\sqrt{(x_1-y_1)^2+(x_2-y_2)^2}.$$

1次元の場合の $|x-y|$ の代りに$d(x,y)$ を用いれば，2次元の場合の連続性が定義できる．すなわち，

$$\forall\varepsilon>0,\exists\delta>0;\ \forall x,d(x,a)<\delta\Rightarrow d(f(x),f(a))<\varepsilon.$$

結局，距離dが決まっていれば，写像の連続性が定義される．

n次元の数空間　$\boldsymbol{R}^n=\{(x_1,x_2,\cdots,x_n)|x_i\in\boldsymbol{R},i=1,2,\cdots,n\}$　の中の2点，$x=(x_1,x_2,\cdots,x_n)$，$y=(y_1,y_2,\cdots y_n)\in\boldsymbol{R}^n$ の距離を

$$d(x,y)=\sqrt{(x_1-y_1)^2+(x_2-y_2)^2+\cdots+(x_n-y_n)^2}$$

と決める．このとき，dを$\boldsymbol{R}^n$の**通常の距離**といい，距離dを考えた$\boldsymbol{R}^n$を"n次元**ユークリッド空間**"という．

任意の3点$x=(x_1,\cdots,x_n),y=(y_1,\cdots,y_n),z=(z_1,\cdots,z_n)\in\boldsymbol{R}^n$に対して，**三角不等式**

$$d(x,z)\leqq d(x,y)+d(y,z)$$

が成り立つ．（この証明は§10で行うが，ここでは認めて先に進む．）

ユークリッド空間においては距離が定まっているから，ある点の"近く"を次のように決めることができる．$a\in\boldsymbol{R}^n$，$r>0$に対して，

$$B_r(a)=\{x\in\boldsymbol{R}^n|d(x,a)<r\}$$

とし，これを，**半径 r 中心 a の開球**，あるいは，**r-開球**という．$B_r(a)$ は，a の“まわり”を表している．

写像 $f: \boldsymbol{R}^n \to \boldsymbol{R}^m$ が $a \in \boldsymbol{R}^n$ で連続とは，次が成り立つことをいう．

$$\forall \varepsilon > 0, \exists \delta > 0;\ \forall x, x \in B_\delta(a) \Rightarrow f(x) \in B'_\varepsilon(f(a)),$$

ただし，ここで

$$B_\delta(a) = \{x \in \boldsymbol{R}^n \mid d(x, a) < \delta\} \subset \boldsymbol{R}^n,$$

$$B'_\varepsilon(f(a)) = \{y \in \boldsymbol{R}^m \mid d'(y, f(a)) < \varepsilon\} \subset \boldsymbol{R}^m$$

であり，d' は $\boldsymbol{R}^m$ での通常の距離である．

f が任意の点 $a \in \boldsymbol{R}^n$ で連続のとき，f を**連続写像**という．

問題 4.1.　$f: \boldsymbol{R}^n \to \boldsymbol{R}^m$ が $a \in \boldsymbol{R}^n$ で連続，$g: \boldsymbol{R}^m \to \boldsymbol{R}^l$ が $f(a) \in \boldsymbol{R}^m$ で連続なとき，$g \circ f: \boldsymbol{R}^n \to \boldsymbol{R}^l$ が a で連続であることを示せ．

問題 4.2.　$f: \boldsymbol{R}^n \to \boldsymbol{R}$，$g: \boldsymbol{R}^n \to \boldsymbol{R}$ が連続なとき，$(f+g)(x) = f(x) + g(x)$，$f \cdot g(x) = f(x) \cdot g(x)$ としたとき，$f+g$，$f \cdot g$ も連続であることを示せ．

上の定義は，“像”と“$\subset$”の定義により次のように書き換えられる．

写像 $f: \boldsymbol{R}^n \to \boldsymbol{R}^m$ が $a \in \boldsymbol{R}^n$ で連続とは，次が成り立つことをいう．

$$\forall \varepsilon > 0,\ \exists \delta > 0;\ f(B_\delta(a)) \subset B'_\varepsilon(f(a)).$$

f の定義域が $A \subset \boldsymbol{R}^n$ のときは，$a \in A$ で連続の定義を次のように変更する．

$$\forall \varepsilon > 0,\ \exists \delta > 0;\ f(B_\delta(a) \underline{\cap A}) \subset B'_\varepsilon(f(a)).$$

以下，簡単のため $\boldsymbol{R}^n, \boldsymbol{R}^m$ のどちらの距離も d で表し，どちらの開球も $B_r(a)$ と表す．

任意の点 $a \in A$ で連続のとき f を**連続写像**という．

例題 4.4.　$f: \boldsymbol{R}^2 \to \boldsymbol{R}$，$f(x_1, x_2) = x_1 + x_2$ とすると f は連続写像である．

証明　$f_1(x_1, x_2) = x_1$，$f_2(x_1, x_2) = x_2$ とする．f_1, f_2 がともに，$a = (a_1, a_2)$ で連続なことを示せば，前の例題 4.2 により，$f = f_1 + f_2$ も a で連続である．f_1 が a で連続なことを示す．

与えられた $\varepsilon > 0$ に対して，$\delta = \varepsilon$ とする．$d(x, a) < \delta$ とすれば，

$$\begin{aligned} d(f_1(x), f_1(a)) &= |f_1(x) - f_1(a)| = |x_1 - a_1| \\ &\leqq \sqrt{(x_1 - a_1)^2 + (x_2 - a_2)^2} = d(x, a) \leqq \delta = \varepsilon \end{aligned}$$

となり，f_1 は a で連続である．f_2 についても同様である．また，今の議論で a は任意でよいから f_1, f_2，したがって，$f_1 + f_2$ も連続である．😁

問題 4.3.　$f: \boldsymbol{R}^2 \to \boldsymbol{R}$，$f(x_1, x_2) = a{x_1}^2 + bx_1x_2 + c{x_2}^2$，（$a, b, c$ は定数）としたとき，f は連続写像であることを証明せよ．（Hint：f を連続な写像の和，積に分解せよ．）

§5. 開集合と閉集合

$A\subset\boldsymbol{R}^n$ のとき，A が**開集合**とは次が成り立つときをいう．

$$\forall a\in A,\ \exists\delta>0;\ B_\delta(a)\subset A$$

直感的にいえば，点 a が A に属するなら a の十分小さな“まわり”も A に属するとき，A を開集合という（図 2）．

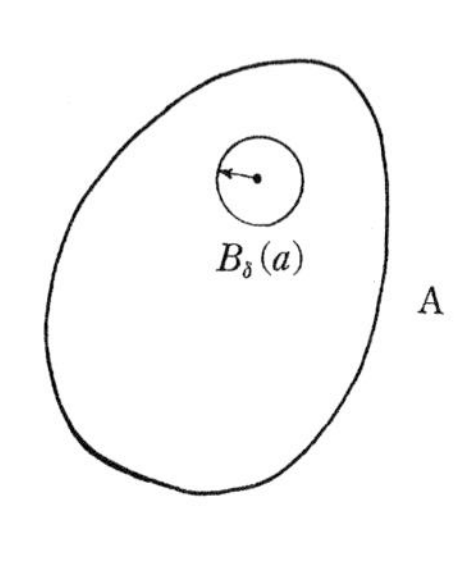

図 2

例 5.1. （1） $\forall a,\ \forall\varepsilon>0,\ B_\varepsilon(a)\subset\boldsymbol{R}^n$ だから $\boldsymbol{R}^n$ は開集合である．

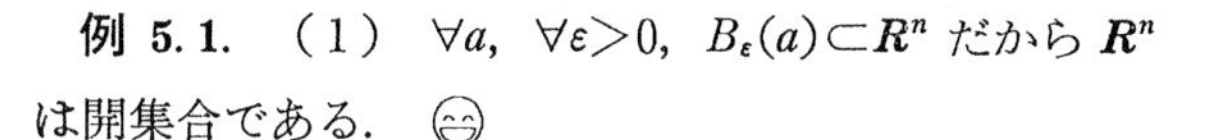

（2） $a\in\phi$ を満たす a は存在しないから，$\exists\delta>0;\ B_\delta(a)\subset\phi$ が成り立つかどうか考えるまでもなく ϕ も開集合である．

（3） 開球 $B_r(x)$ も開集合である．$a\in B_r(x)$ に対して，$\delta=r-d(a,x)$ とすれば，$\delta>0$ で，$B_\delta(a)\subset B_r(x)$．なぜなら，任意に $y\in B_\delta(a)$ をとると，三角不等式により，$d(y,x)\leqq d(y,a)+d(a,x)<\delta+d(a,x)=r$ となり $y\in B_r(x)$．

問題 5.1. $\{x\mid d(x,a)>r\}$ が開集合であることを証明せよ．

問題 5.2. $(a_1,b_1)\times(a_2,b_2)\times\cdots\times(a_n,b_n)$ が開集合であることを示せ．

開集合と対の概念として閉集合がある．$A\subset\boldsymbol{R}^n$ が**閉集合**とは，A の補集合 A^c が開集合のときをいう．

注意 A が開集合でないときに A を閉集合というわけではない．

問題 5.3. $A=\{x\mid 0<x\leqq 1\}$ は開集合でも閉集合でもないことを示せ．

例 5.2. （1） $\phi,\boldsymbol{R}^n$ は閉集合である．なぜなら，$\phi^c=\boldsymbol{R}^n$，$(\boldsymbol{R}^n)^c=\phi$．

（2） 閉球 $D_r(a)=\{x\mid d(x,a)\leqq r\}$ は，問題 5.1 より閉集合である．

例題 5.1. （1） $A_i,\ (i\in I)$ が開集合ならば $\bigcup_{i\in I}A_i$ も開集合である．

（2） $A_1,A_2,\cdots,A_n$ が開集合ならば $A_1\cap A_2\cap\cdots\cap A_n$ も開集合である．

証明 （1） $a\in\bigcup_{i\in I}A_i$ とすると，$\exists i(0)\in I;\ a\in A_{i(0)}$．$A_{i(0)}$ は開集合だから，$\exists\delta>0;\ B_\delta(a)\subset A_{i(0)}$．$A_{i(0)}\subset\bigcup_{i\in I}A_i$ だから $B_\delta(a)\subset\bigcup_{i\in I}A_i$ となる．

（2） $a\in A_1\cap A_2\cap\cdots\cap A_n$ とすると，$\forall i,\ a\in A_i$．A_i は開集合だから，$\exists\delta(i)>0;\ B_{\delta(i)}(a)\subset A_i$．$\delta=\min\{\delta(1),\cdots,\delta(n)\}$ とすると，$\forall i,\ B_\delta(a)\subset B_{\delta(i)}(a)\subset A_i$．したがって，$B_\delta(a)\subset A_1\cap A_2\cap\cdots\cap A_n$．

問題 5.4. 次の命題を証明せよ．（Hint：ド・モルガンの公式を用いよ．）

（1） $A_1,A_2,\cdots,A_n$ が閉集合ならば $A_1\cup A_2\cup\cdots\cup A_n$ も閉集合である．

（2）　$A_i, i\in I$ が閉集合ならば $\bigcap_{i\in I} A_i$ も閉集合である．

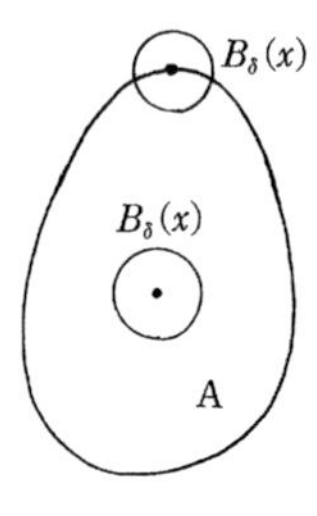

図 3

$A\subset \boldsymbol{R}^n$ と点 $x\in \boldsymbol{R}^n$ があるとき，x と A の位置関係を3種類に分ける．$B_\delta(x)\subset A$ となる $\delta>0$ が存在するとき，x を A の**内点**といい，$B_\delta(x)\subset A^c$ となる $\delta>0$ が存在するとき，x を A の**外点**という．x が A の内点でも外点でもないとき，x を A の**境界点**という（図 3）．

また，A の内点全体の集合を A の**内部**といい，$\mathrm{Int}\,A$ と表す．すなわち，$a\in \mathrm{Int}\,A$ は $\exists\delta>0$, $B_\delta(a)\subset A$ を意味する．A が開集合であることと $A=\mathrm{Int}\,A$ とは同値である．

例題 5.2.　$\mathrm{Int}\,A$ は A に含まれる最大の開集合である．

証明　まず，$\mathrm{Int}\,A$ が開集合であることを示す．$a\in \mathrm{Int}\,A$ とすると，$\exists\delta>0$; $B_\delta(a)\subset A$．例 5.1．より $B_\delta(a)$ は開集合だから，$\forall x\in B_\delta(a)$，$\exists\varepsilon>0$; $B_\varepsilon(x)\subset B_\delta(a)\subset A$．したがって，$B_\delta(a)\subset \mathrm{Int}\,A$．$a$ は $\mathrm{Int}\,A$ の任意の点だから，$\mathrm{Int}\,A$ は開集合である．次に，$\mathrm{Int}\,A$ は A に含まれる最大の開集合であること，すなわち，B：開集合，$B\subset A$ ならば $B\subset \mathrm{Int}\,A$ を示そう．

$b\in B$ とすると B が開集合であることから，$\exists\delta>0$; $B_\delta(b)\subset B$．$B\subset A$ より，$B_\delta(b)\subset A$．したがって，$b\in \mathrm{Int}\,A$．すなわち，$B\subset \mathrm{Int}\,A$．😄

問題 5.5.　$A, B\subset \boldsymbol{R}^n$ とするとき，

（1）　$\mathrm{Int}(A\cap B)=\mathrm{Int}\,A\cap \mathrm{Int}\,B$ を証明せよ．

（2）　$\mathrm{Int}(A\cup B)=\mathrm{Int}\,A\cup \mathrm{Int}\,B$ は成り立たない．反例をあげよ．

連続写像を開集合の言葉を用いて表現した次の定理は基本的である．

定理 5.1.　$f:\boldsymbol{R}^n\to \boldsymbol{R}^m$ が連続であるための必要十分条件は，$\boldsymbol{R}^m$ の任意の開集合 U の f による逆像 $f^{-1}(U)$ も開集合であることである．

証明（必要性）　$f^{-1}(U)$ が内点だけからなることを示す．$a\in f^{-1}(U)$ とすると，逆像の定義から $f(a)\in U$. U は開集合だから，$\exists\varepsilon>0$; $B_\varepsilon(f(a))\subset U$. f は連続だから f は a で連続であり，（この ε に対して）$\exists\delta>0$; $f(B_\delta(a))\subset B_\varepsilon(f(a))$．これは逆像の定義から，$B_\delta(a)\subset f^{-1}(B_\varepsilon(f(a)))\subset f^{-1}(U)$ を意味し，a は $f^{-1}(U)$ の内点である．😄

（十分性）　f が任意の点 a で連続をいう．$\varepsilon>0$ に対して，$B_\varepsilon(f(a))$ は開集合であるから，仮定より $f^{-1}(B_\varepsilon(f(a)))$ は開集合である．$f(a)\in B_\varepsilon(f(a))$ より $a\in f^{-1}(B_\varepsilon(f(a)))$．したがって，$\exists\delta>0$; $B_\delta(a)\subset f^{-1}(B_\varepsilon(f(a)))$，すなわち，

$f(B_\delta(a)) \subset B_\varepsilon(f(a))$. f は a で連続である. 😁

上の定理は "開集合の連続写像による引き戻しは開集合" といい表される.

問題 5.6. 次のことを示せ.

（1） $f: \boldsymbol{R}^n \to \boldsymbol{R}^m$ が連続であるための必要十分条件は, $\boldsymbol{R}^m$ の任意の閉集合 F に対して, F の f による逆像 $f^{-1}(F)$ も閉集合であることである.

(Hint : $f^{-1}(F^c) = (f^{-1}(F))^c$ を用いよ.)

（2） $f: \boldsymbol{R}^n \to \boldsymbol{R}^m$, $g: \boldsymbol{R}^m \to \boldsymbol{R}^l$ が連続のとき, $g \circ f: \boldsymbol{R}^n \to \boldsymbol{R}^l$ も連続である.

§6. 閉　包

点列 $x_1, x_2, x_3, \cdots \in \boldsymbol{R}^n$ が点 x_0 に**収束する**とは, 任意の $\varepsilon > 0$ に対して, 十分大きな N をとると, $n \geqq N$ ならば $d(x_n, x_0) < \varepsilon$ が成り立つことをいう. このとき, $x_n \to x_0$ と書く.

例 6.1. ある $x_0 \in \boldsymbol{R}^n$ に対して, 点列 x_i をすべての i に対して $x_i = x_0$ と定めると, 点列 x_i は x_0 に収束する.

点列 $x_1, x_2, x_3, \cdots$ に対して, $i(1) < i(2) < i(3) < \cdots$ なる自然数の列をとり, $y_1 = x_{i(1)}, y_2 = x_{i(2)}, y_3 = x_{i(3)}, \cdots$ なる数列を作ったとき, $y_1, y_2, y_3, \cdots$ を点列 $x_1, x_2, x_3, \cdots$ の**部分列**という.

問題 6.1. 点列 $x_1, x_2, x_3, \cdots$ が x_0 に収束するとき, その任意の部分列も x_0 に収束することを示せ.

例 6.2. $\boldsymbol{R}$ の中の点列 $x_i = 1/i$, $i \in \boldsymbol{N}$ は 0 に収束する.

$A \subset \boldsymbol{R}^n$ の**閉包** $\bar{A}$ を次のように決める(図 4).

$$\bar{A} = \{x \in \boldsymbol{R}^n \mid \exists x_i \in A,\ i \in \boldsymbol{N};\ x_i \to x\}.$$

閉包と閉集合に関して次が成り立つ.

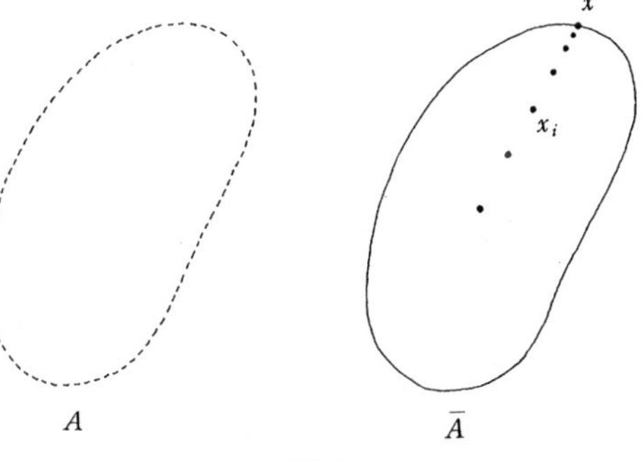

図 4

定理 6.1. $A \subset \boldsymbol{R}^n$ が閉集合であるための必要十分条件は, $\bar{A} = A$ である.

証明 A を閉集合として, $A = \bar{A}$ を示す. $x \in A$ に対して, 点列 $\boldsymbol{x_i = x}$, $(i \in \boldsymbol{N})$ を考えれば, $x_i \in A$, $x_i \to x$ であるから, $x \in \bar{A}$ となり $A \subset \bar{A}$. 次に, $x \in \bar{A}$ とすると, $\bar{A}$ の定義から $\exists x_i \in A, i \in \boldsymbol{N}$; $x_i \to x$. 仮に, $x \in A^c$ とすると, A^c は開

集合だから $\exists\varepsilon>0$; $B_\varepsilon(x)\subset A^c$. $x_i\to x$ より，$\exists N$; $n\geqq N\Rightarrow d(x_n,x)<\varepsilon$. これは，$x_n\in B_\varepsilon(x)\subset A^c$ を意味し，$x_n\in A$ に反する．したがって，$x\in A$ となり $\bar{A}\subset A$がいえた．

$A=\bar{A}$ ならば A が閉集合である，の対偶を示す．A^c が開集合でないとすると，$\exists x\in A^c$; $\forall\varepsilon>0$, $B_\varepsilon(x)\cap A\neq\phi$. ε は任意にとれるから，$\varepsilon=1/n$ として，$x_n\in B_{1/n}(x)\cap A$ が存在する．$d(x_n,x)<1/n$ だから，$x_n\to x$，すなわち，$x\in\bar{A}$. 一方，$x\in A^c$ だから，$A\neq\bar{A}$. ☹

例題 6.1.　$\bar{A}$ は Aを含む最小の閉集合である，すなわち，Bが $A\subset B$ なる閉集合ならば，$\bar{A}\subset B$ である．

証明　$x\in\bar{A}$ とすると，$\exists x_i\in A$, $i\in\boldsymbol{N}$; $x_i\to x$. $A\subset B$ だから，$x_i\in B$. したがって，$x\in\bar{B}$ となり，$\bar{A}\subset\bar{B}$ である．定理6.1より，Bが閉集合だから $\bar{B}=B$ である．結局，$\bar{A}\subset B$. ☺

bA で Aの境界点全体の集合，すなわち A の**境界**を表す．$x\in bA$ は $\forall\delta>0$, $B_\delta(x)\cap A\neq\phi$, $B_\delta(x)\cap A^c\neq\phi$ を意味する．

例題 6.2.　$A\subset\boldsymbol{R}^n$ とするとき，$\bar{A}=\mathrm{Int}\,A\cup bA$ が成り立つ．

証明　$x\in\bar{A}$ とする．閉包の定義から，$\exists x_i\in A$, $i\in\boldsymbol{N}$; $x_i\to x$. もし，x が外点とすると，$\exists\delta>0$; $B_\delta(x)\subset A^c$. $x_i\to x$ より，$\exists N$; $n\geqq N$ ならば $x_n\in B_\delta(x)\subset A^c$ となり矛盾である．したがって，$A\subset\mathrm{Int}\,A\cup bA$.

次に，$x\in\mathrm{Int}\,A\cup bA$ とする．$x\in\mathrm{Int}\,A$ なら，$x\in A\subset\bar{A}$. $x\in bA$ とすると，どの自然数 n に対しても，$B_{1/n}(x)\cap A\neq\phi$ が成り立つ．各 n に対して，$x_n\in B_{1/n}(x)\cap A$ をとれば，$x_n\in A$, $x_n\to x$ だから $x\in\bar{A}$. ☹

問題 6.2.　$A_i\subset\boldsymbol{R}^n$, $i=1,\cdots,k$ に対して，$(\overline{A_1\cup\cdots\cup A_k})=\bar{A}_1\cup\cdots\cup\bar{A}_k$ を示せ．

問題 6.3.　$bA=\phi$ なら Aは開集合かつ閉集合であること，また，この逆も成り立つことを示せ．

上の問題6.2は無限個の A_i に対しては成り立たない．

例 6.3.　$A_i=\{1/i\}\subset\boldsymbol{R}$, $i\in\boldsymbol{N}$ とすると，$\overline{A_i}=A_i$ であるが，$(\overline{\bigcup_{i\in N}A_i})=\bigcup_{i\in N}\overline{A_i}\cup\{0\}$ である．

$A\subset\boldsymbol{R}^n$, $B\subset A$ で，$\bar{B}=A$ が成り立っているとき，B は A の中で**稠密**(ちゅうみつ)であるという．

例題 6.3.　$\boldsymbol{Q}$を有理数全体の集合とする．このとき，$\boldsymbol{Q}$は $\boldsymbol{R}$ の中で稠密である．

証明　$\bar{Q}=\boldsymbol{R}$ を示す．$a\in\boldsymbol{R}$ とすると，$\exists n\in\boldsymbol{Z}$; $a\in[n,n+1]$．$x_1=n+(1/2)$ とすれば，$|a-x_1|<1$．次に，$a\in[n,n+(1/2)]$ なら，$x_2=n+(1/4)$，そうでないなら，$x_2=n+(1/2)+(1/4)$ と決めると，$|a-x_2|<1/2$ となる．以下，これを繰り返して，有理数の点列 x_i, $i\in\boldsymbol{N}$ で，$|a-x_i|<1/2^{i-1}$ となるものを得る．結局，$a\in\bar{Q}$，したがって，$\boldsymbol{R}\subset\bar{Q}$ である．😁

問題 6.4.　無理数全体の集合 $\boldsymbol{R}-\boldsymbol{Q}$ も $\boldsymbol{R}$ の中で稠密であることを示せ．(Hint：0 に収束する無理数の点列 x_i があれば，任意の有理数 q に対して，x_i+q は q に収束する．)

§7.　連結性

連結性とは一言でいえば図形が 1 つであることである．これは簡単なことのようであるが実はそれほど単純ではない．連結を定義する前に，"連結でない" を定義する．直感的にいえば，連結でないとは 2 つ以上の部分に隙間をもって分けられることである．

$A\subset\boldsymbol{R}^n$ が**連結でない**とは，次の条件を満たす開集合 U, V が存在することである．

(DC_1)　$A\subset U\cup V$,

(DC_2)　$U\cap V=\phi$,

(DC_3)　$U\cap A\neq\phi$,　$V\cap A\neq\phi$.

このような U, V を **A を分離する開集合**とよぶ．

この否定が "連結" ということである．$A\subset\boldsymbol{R}^n$ が**連結**とは，次の条件を満たすときをいう．

開集合 U, V が，

(C_1)　$A\subset U\cup V$,

(C_2)　$U\cap V=\phi$

を満たすなら，

(C_3')　$U\cap A=\phi$ または $V\cap A=\phi$ である．

(C_1) が成り立っているとすれば，(C_3') は次のように書き換えてもよい．

(C_3'')　$A\subset V$ または $A\subset U$ が成り立つ．

例 7.1.　$A=\{0,1\}\subset\boldsymbol{R}$ は連結でない．

証明　$U=(-1/2,1/2)$，$V=(1/2,3/2)$ とすれば，U, V は A を分離する開集合である．すなわち，条件 (DC_1)，(DC_2)，(DC_3) を満たす．😁

定理 7.1.　$A\subset\boldsymbol{R}^n$ を連結とする．$f:A\to\boldsymbol{R}^m$ が連続写像ならば $f(A)\subset\boldsymbol{R}^m$ も連結である．すなわち，連結性は連続写像によって保存される．

証明　$f(A)$ が連結でないとすると，A も連結でないことを示す．$f(A)$ が連結でないことより，$\exists U, V$; 開集合，（1）$f(A)\subset U\cup V$，（2）$U\cap V=\phi$，（3）$U\cap f(A)\neq\phi$, $V\cap f(A)\neq\phi$ となる．$a\in f^{-1}(U)$ のとき，定理5.1の必要性の証明と同様にして，$\exists\delta(a)>0$; $f(B_{\delta(a)}(a)\cap A)\subset U$ がいえる．$f(a)\in V$ のときも，$\exists\delta(a)>0$; $f(B_{\delta(a)}(a)\cap A)\subset V$. $U_0=\bigcup_{a\in f^{-1}(U)}B_{\delta(a)}(a)$, $V_0=\bigcup_{a\in f^{-1}(V)}B_{\delta(a)}(a)$ とすると，U_0, V_0 は開集合であり，(1_0) $A\subset U_0\cup V_0$, (2_0) $U_0\cap V_0\cap A=\phi$, (3_0) $U_0\cap A\neq\phi$, $V_0\cap A\neq\phi$ が成り立つ．演習問題2の6によって，Aを分離する開集合が得られ，Aは連結でない．☹

問題 7.1.　上の (1_0)，(2_0)，(3_0) を確かめよ．

定理 7.2.　$A\subset\boldsymbol{R}^n$ が連結であるための必要十分条件は，Aから $\boldsymbol{R}$ への多くとも2つの値しかとらない連続写像は定値写像に限ることである．

証明　A を連結とし，$f:A\to\boldsymbol{R}$ を連続，$f(A)\subset\{a, b\}$，$(a\neq b)$ とする．定理7.1より $f(A)$ も連結，$\{a, b\}$ は連結でないから $f(A)\subset\{a\}$ または $f(A)\subset\{b\}$.

逆を示す．Aが連結でないと仮定して，開集合 U, V がAを分離しているとする．このとき，写像$f:A\to\boldsymbol{R}$ を

$$f(x)=\begin{cases} a, & x\in A\cap U \text{ のとき}, \\ b, & x\in A\cap V \text{ のとき}, \end{cases}$$

と決める．$x\in U\cap A$ のとき，Uは開集合だから $\exists r>0$; $B_r(x)\subset U$. したがって，$y\in A$, $|y-x|<r$ なら $y\in U$ で$f(y)=a$ となり，f は x で連続．$x\in V\cap A$ のときも同様にしてfはxで連続．$A\cap U\neq\phi$, $A\cap V\neq\phi$ だから，f は a, b の2つの値をとる A 上の連続写像となり仮定に反する．☺

例題 7.1.　A, B が連結で，$A\cap B\neq\phi$ ならば $A\cup B$ も連結である．

証明　定理7.2を用いる．$f:A\cup B\to\boldsymbol{R}$ を$f(A\cup B)\subset\{a, b\}$ を満たす連続写像とする．fをAに制限した写像 $f|_A:A\to\boldsymbol{R}$ も連続だからAの連結性より，$f(A)\subset\{a\}$ または $f(A)\subset\{b\}$．Bについても同様で，$f(B)\subset\{a\}$ または $f(B)\subset\{b\}$．$x\in A\cap B$ が存在するから，$f(x)=a$ ならば $f(A)\subset\{a\}$ かつ $f(B)\subset\{a\}$ であり，$f(A\cup B)\subset\{a\}$．同様に，$f(x)=b$ の場合は$f(A\cup B)\subset\{b\}$．☺

問題 7.2.　A_α, $\alpha\in\Lambda$ を連結な集合の集まりとし，$\bigcap_{\alpha\in\Lambda}A_\alpha\neq\phi$ とする．このとき，$\bigcup_{\alpha\in\Lambda}A_\alpha$ も連結であることを証明せよ．

例題 7.2. $A \subset \boldsymbol{R}^n$ を連結とすると，A の閉包 $\bar{A}$ も連結である．

証明 $\bar{A}$ が連結でないなら A も連結でないことを示す．$\bar{A}$ を分離する開集合を U, V とする．$A \subset \bar{A} \subset U \cup V$, $U \cap V = \phi$ であるから $U \cap A \neq \phi$, $V \cap A \neq \phi$ を示せばよい．$U \cap \bar{A} \neq \phi$ より，$x \in U \cap \bar{A}$ とする．$x \in \bar{A}$ より，$\exists x_i \in A$, $i \in \boldsymbol{N}$; $x_i \to x$. U は開集合だから，$\exists \delta > 0$; $B_\delta(x) \subset U$. $x_i \to x$ より，$\exists N > 0$; $d(x_N, x) < \delta$ となり，$x_N \in B_\delta(x) \subset U$. したがって，$x_N \in U \cap A$ となり $U \cap A \neq \phi$. 同様に，$V \cap A \neq \phi$. ☺

問題 7.3. $A \subset \boldsymbol{R}^n$ が連結で，$A \subset B \subset \bar{A}$ ならば，B も連結であることを示せ．

$A \subset \boldsymbol{R}^n$, $x \in A$ のとき，x を含む最大な A の連結部分集合を x を含む A の**連結成分**という．これは必ず存在する．実際，x を含む A の連結部分集合すべての和集合をとれば，これは問題 7.2 より連結であり，x を含む A の連結部分集合をすべて含む．任意の集合は連結成分の和に分けられる．すなわち，次が成り立つ．

定理 7.3. x を含む A の連結成分を A_x と表すとき，次が成り立つ．

（1） $A = \bigcup_{x \in A} A_x$

（2） $A_x \cap A_y \neq \phi$ ならば $A_x = A_y$ である．

証明 $x \in A_x$, $A_x \subset A$ だから，（1）は当然成り立つ．（2）を示す．$A_x \cap A_y \neq \phi$ だから，例題 7.1 より $A_x \cup A_y$ も連結である．A_x は x を含む最大の連結集合だから，$A_x \cup A_y \subset A_x$ が成り立つ．すなわち，$A_y \subset A_x$. 同様に，$A_x \subset A_y$ も成り立つから，$A_x = A_y$. ☺

例題 7.3. $A \subset \boldsymbol{R}^n$ を連結集合とし，$B \subset A$ とする．B が開かつ閉で，$B \neq \phi$ であれば $B = A$ である．

証明 B は閉集合であるから B^c は開集合である．また，$A \subset \boldsymbol{R}^n = B \cup B^c$ で，$B \cap B^c = \phi$. A は連結だから，$A \cap B = \phi$ または $A \cap B^c = \phi$, すなわち，$A \subset B^c$ か $A \subset B$. 仮定より，$B \subset A$ で $B \neq \phi$ だから，$A \subset B^c$ は成り立たない．したがって，$A \subset B$, 仮定と合わせて，$A = B$ となる．☺

問題 7.4. 例題 7.3 において，A が連結の仮定がない場合には，B は連結成分の和集合となる，すなわち，$B \subset A \subset \boldsymbol{R}^n$ で，B が開集合かつ閉集合であるならば，

$$B = \bigcup_{x \in B} A_x$$

が成り立つことを証明せよ．

§8.　実数の連続性

連結集合で最も簡単なのは1点からなる集合である．次に簡単なものは$\boldsymbol{R}$の中の区間であるが，区間が連結であることの証明はそれほど簡単ではない．このことは“実数の連続性”とよばれる実数の重要な性質に基づくものなのである．“実数の連続性”はいろいろな形で表現されるが，ここでは**区間縮小法**とよばれる命題を公理として採用しよう．

8.1.　実数の連続性の公理(区間縮小法)

閉区間の列，$A_i=[a_i, b_i]\subset\boldsymbol{R}$，$(a_i<b_i)$，$i\in\boldsymbol{N}$ が縮小，すなわち，$A_1\supset A_2\supset A_3\supset\cdots\supset A_i\supset A_{i+1}\supset\cdots$，のとき，$\bigcap_{i\in N}A_i\neq\phi$が成り立つ．

直感的にいえば，この公理は実数直線に隙間がないことを表現している．この公理を用いて区間が連結であることを示す．次のように区間の記号を決める．

$$(-\infty, b]=\{x\in\boldsymbol{R}\,|\,x\leqq b\},\qquad (-\infty, b)=\{x\in\boldsymbol{R}\,|\,x<b\},$$
$$[a, b]=\{x\in\boldsymbol{R}\,|\,a\leqq x\leqq b\},\qquad (a, b]=\{x\in\boldsymbol{R}\,|\,a<x\leqq b\},$$
$$(a, b)=\{x\in\boldsymbol{R}\,|\,a<x<b\},\qquad [a, b)=\{x\in\boldsymbol{R}\,|\,a\leqq x<b\},$$
$$[a, \infty)=\{x\in\boldsymbol{R}\,|\,a\leqq x\},\qquad (a, \infty)=\{x\in\boldsymbol{R}\,|\,a<x\}.$$

これらの集合Aに共通した次の性質に注目する．“$r, s\in A, (r\leqq s)$ ならば $[r, s]\subset A$ である．” このことをAが**凸**であるという．

定理 8.1.　区間は連結である．

証明　区間$A\subset\boldsymbol{R}$が連結でないと仮定すると，定義からAを分離する開集合U, Vが存在する．(DC_3)より，$\exists a_0\in U\cap A$，$\exists b_0\in V\cap A$．$a_0<b_0$とする．$(a_0>b_0$ のときも同様である)．Aが凸だから，$c_0=(a_0+b_0)/2\in A$．したがって(DC_1)より $c_0\in U$ か $c_0\in V$．$c_0\in U$ のとき，$a_1=c_0$，$b_1=b_0$，$c_0\in V$ のとき，$a_1=a_0$，$b_1=c_0$ とする．どちらの場合も，$a_1\in U\cap A$，$b_1\in V\cap A$ である．$c_1=(a_1+b_1)/2\in A$ より $c_1\in U$ または $c_1\in V$．$c_1\in U$ のとき，$a_2=c_1$，$b_2=b_1$ とする．$c_1\in V$ のとき，$a_2=a_1$，$b_2=c_1$ とする．

以下，この議論を繰り返すと縮小する閉区間の列，$A_i=[a_i, b_i]$，$i\in\boldsymbol{N}$ が得られる．区間縮小法から，すべての A_i に属する点dが存在する．勿論，$d\in A$ だから $d\in U$ かまたは $d\in V$ である．

$d\in U$ の場合，Uは開集合だから $\exists\delta>0$；$(d-\delta, d+\delta)\subset U$．区間 A_i の長さ (b_i-a_i) は $(b_0-a_0)/2^i$ だから十分大きなNをとれば，(区間 A_N の長さ)$<\delta$ と

なる．$d\in A_N$ だから $A_N=[a_N, b_N]\subset(d-\delta, d+\delta)\subset U$．特に，$b_N\in U$．しかし，$b_N$ の決め方から $b_N\in V$ であったから，これは (DC_2) に反する．

$d\in V$ の場合も，同様に議論ができて矛盾が出るので，区間は連結である．

この定理の逆も成り立つ．

定理 8.2.　$A\subset \boldsymbol{R}$ が連結ならば A は凸である．

証明　$r, s\in A$ かつ $[r, s]\subset A$ でないとすると，$\exists t\in[r, s]-A$．$U=(-\infty, t)$，$V=(t, \infty)$ とおくと，U, V は開集合である．$U\cup V=\boldsymbol{R}-\{t\}$ で，A は t を含まないから $A\subset U\cup V$．$U\cap V=\phi$，$r\in A\cap U$，$s\in A\cap V$ だから U, V は A を分離する開集合となり A の連結性に反する．

連結性の応用として中間値の定理を証明する．

定理 8.3.（中間値の定理）　連続写像 $f:[a, b]\to\boldsymbol{R}$ が $f(a)<0$，$f(b)>0$ となるならば，ある $a<c<b$ に対して $f(c)=0$ となる．

証明　定理 8.1 により $[a, b]$ は連結であり，定理 7.1 より $f([a, b])$ も連結である．$f(a), f(b)\in f([a, b])$ だから，定理 8.2 により $[f(a), f(b)]\subset f([a, b])$ となる．ところが，$0\in[f(a), f(b)]$ だから $0\in f([a, b])$．すなわち，$\exists c\in[a, b]$; $f(c)=0$．また，仮定より，$a<c<b$．

問題 8.1.　任意の連続写像 $f:[a, b]\to[a, b]$ に対して，$f(c)=c$ となる $c\in[a, b]$ が存在することを証明せよ．
（これは，Brouwer の不動点定理とよばれる有名な定理の 1 次元の場合である．）
(Hint：$g(x)=f(x)-x$ に対して中間値の定理を適用せよ．)

§9.　点列コンパクト

$A\subset\boldsymbol{R}^n$ が**点列コンパクト**とは，A の中の任意の点列が A の中の点に収束する部分列をもつときをいう．

問題 9.1.　有限集合 $A\subset\boldsymbol{R}^n$ は点列コンパクトであることを示せ．

例題 9.1.　$\boldsymbol{R}$ は点列コンパクトでない．

証明　$\boldsymbol{R}$ の中の点列として，$x_i=i$，$i\in\boldsymbol{N}$ をとると，x_i のどの部分列も収束しないから $\boldsymbol{R}$ は点列コンパクトでない．

$A\subset\boldsymbol{R}^n$ が**有界**とは，A が各座標に関して有界であること，すなわち，実数 $a_1, \cdots, a_n$，$b_1, \cdots, b_n$ が存在して，$A\subset[a_1, b_1]\times\cdots\times[a_n, b_n](=\{x=(x_1, \cdots, x_n)\mid a_i\leqq x_i\leqq b_i, i=1, \cdots, n\})$ となることをいう．

問題 9.2.　$A\subset \boldsymbol{R}^n$ が有界でないなら点列コンパクトでないことを証明せよ.

例題 9.2.　$(0,1]$ は点列コンパクトでない.

証明　$x_i=1/i,\ i\in \boldsymbol{N}$ を考えると，　$x_i\in(0,1]$，$x_i\to 0$. したがって，x_i のどの部分列も 0 に収束する. $0\notin(0,1]$ だから，$(0,1]$ は点列コンパクトでない. ☺

問題 9.3.　$A\subset \boldsymbol{R}^n$ が点列コンパクトなら A は閉集合であることを示せ.

上で見たように区間は連結だが，点列コンパクトとは限らない. 有界な閉区間は点列コンパクトである. この事実も実数の連続性に基づいて証明される.

定理 9.1.　閉区間 $[a,b]$ は点列コンパクトである. すなわち，閉区間 $[a,b]$ の中の点列 $x_i,\ i\in \boldsymbol{N}$ は収束する部分列をもつ.

証明　2つの閉区間 $[a,(a+b)/2]$，$[(a+b)/2,b]$ を考えると，少なくともどちらか一方は無限個の x_i を含む. 無限個の x_i を含む区間を改めて $[a_1,b_1]$ と書く. このとき，$[a_1,(a_1+b_1)/2]$，$[(a_1+b_1)/2,b_1]$ の少なくともどちらか一方はやはり無限個の x_i を含む. 無限個の x_i を含む区間を $[a_2,b_2]$ と書く. 以下，この議論を繰り返すと，無限個の x_i を含む区間の列 $[a_k,b_k]$ ができる. 各区間に含まれる $x_i\in[a_k,b_k]$ の中から，1つずつ点 $x_{i(k)}\in[a_k,b_k]$ をとる. 区間縮小法により，$\bigcap_{k\in N}[a_k,b_k]\neq\phi$ だから，$x_0\in\bigcap_{k\in N}[a_k,b_k]$ とする. このとき，$d(x_{i(k)},x_0)\leqq(b_k-a_k)=(b-a)/2^k$ が成り立つ. $k\to\infty$ のとき $d(x_{i(k)},x_0)\to 0$ となり $x_{i(k)}\to x_0$（図 5）. ☺

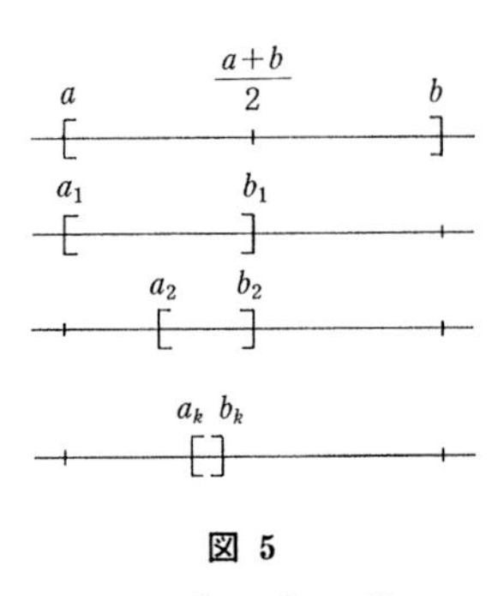

図 5

系 9.1.　閉直方体 $[a_1,b_1]\times\cdots\times[a_n,b_n]$ は点列コンパクトである.

証明　$[a_1,b_1]\times\cdots\times[a_n,b_n]$ の中の点列を $x_i=(x_i^1,x_i^2,\cdots,x_i^n)$，$i\in \boldsymbol{N}$ とする. x_i^1 は閉区間 $[a_1,b_1]$ の中の点列だから，定理 9.1 より $x_0^1\in[a_1,b_1]$ に収束する部分列 $x_{i(k)}^1$，$k\in \boldsymbol{N}$ をもつ. 次に $x_{i(k)}^2$ を考えると，これは閉区間 $[a_2,b_2]$ の中の点列だから，やはり $x_0^2\in[a_2,b_2]$ に収束する $x_{i(k)}^2$ の部分列をもつ. 記号が繁雑になるので，この収束する部分列を改めて $x_{i(k)}^2$ と書く. 次に，$x_{i(k)}^3$ は $[a_3,b_3]$ の中の点 x_0^3 に収束する部分列をもつ. これを改めて $x_{i(k)}^3$ と書く. この議論を繰り返して，最後に $[a_n,b_n]$ の中の点 x_0^n に収束する点列 $x_{i(k)}^n$ が得られる. このようにして得られた x_i の部分列 $x_{i(k)}=(x_{i(k)}^1,x_{i(k)}^2,\cdots,x_{i(k)}^n)$ は $x_0=(x_0^1,x_0^2,$

$\cdots, x_0^n) \in [a_1, b_1] \times \cdots \times [a_n, b_n]$ に収束する. ☹

系 9.2. $A \subset \boldsymbol{R}^n$ が有界な閉集合ならば点列コンパクトである.

証明 有界の定義から, A を含む閉直方体 $[a_1, b_1] \times [a_2, b_2] \times \cdots \times [a_n, b_n]$ が存在する. A の中の点列を $x_i, i \in \boldsymbol{N}$ とすると, x_i は $[a_1, b_1] \times [a_2, b_2] \times \cdots \times [a_n, b_n]$ の中の点列とも考えられるから, $x_i, i \in \boldsymbol{N}$ は $[a_1, b_1] \times [a_2, b_2] \times \cdots \times [a_n, b_n]$ の点 x_0 に収束する部分列 $x_{i(k)}, k \in \boldsymbol{N}$ をもつ. 一方, A は閉集合だから, $\bar{A} = A$ であり, $x_0 \in \bar{A} = A$. したがって, A は点列コンパクトである. ☺

問題9.2, 9.3より系9.2の逆も成り立つから次が成り立つ.

定理 9.2. $A \subset \boldsymbol{R}^n$ が点列コンパクトであるための必要十分条件は A が有界閉集合であることである.

定理 9.3. $A \subset \boldsymbol{R}^n$ を点列コンパクトとし, $f: A \to \boldsymbol{R}^m$ を連続写像とする. このとき, $f(A)$ も点列コンパクトである.

証明 $y_1, y_2, y_3, \cdots \in f(A)$ を $f(A)$ の中の点列とする. 各 y_i に対して, $y_i \in f(A)$ より, $\exists x_i \in A$; $y_i = f(x_i)$. A は点列コンパクトだから, 点列 x_i はある $x_0 \in A$ に収束する部分列 $x_{i(k)}$, $k \in \boldsymbol{N}$ をもつ. f の連続性より, $f(x_{i(k)}) = y_{i(k)}$ も $f(x_0) \in f(A)$ に収束する. したがって, $f(A)$ は点列コンパクトである. ☺

問題 9.4. $A \subset \boldsymbol{R}^n$ が点列コンパクトで, $B \subset A$ が閉集合ならば, B も点列コンパクトであることを示せ.

系 9.3. (最大値定理) $A \subset \boldsymbol{R}^n$ を空でない点列コンパクト集合, $f: A \to \boldsymbol{R}$ を連続写像とすると, f は A 上で最大値, 最小値をとる.

上の系を証明する前に上界, 上限について述べる. $a \in \boldsymbol{R}$ が集合 $X \subset \boldsymbol{R}$ の**上界**とは, $\forall x \in X$, $x \leqq a$ が成り立つときをいう. 上界をもつ集合を**上に有界**という. X の最小の上界を**上限**といい, $\sup X$ と表す (図 6). $\alpha = \sup X$ であることは論理記号では次のように表される.

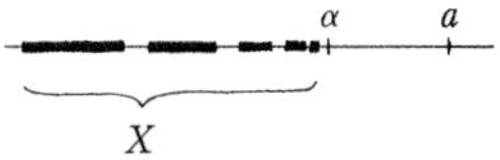

図 6

(1) $\forall x \in X$, $x \leqq \alpha$, (2) $\forall \varepsilon > 0$, $\exists x \in X$; $\alpha - \varepsilon < x$.

空でない上に有界な集合 $A \subset \boldsymbol{R}$ はつねに上限をもつことが実数の連続性から示される. (演習問題2の1)

不等号の向きを逆にすれば, **下界**(かかい), **下限**(かげん)の概念が得られる. X の下限を $\inf X$ と表す.

問題 9.5. $\beta = \inf X$ であることを, 論理記号を用いて表せ.

(系9.3の) **証明** 定理9.3, 9.2より, $f(A)$は有界となり, $M=\sup f(A)$ が存在する. supの定義から, $\forall n, \exists y_n \in f(A)$; $|M-y_n|<1/n$. $y_n=f(x_n), x_n \in A$ とすると, Aの点列コンパクト性より, x_n の部分列 $x_{n(i)}$, $i \in \boldsymbol{N}$ でAの中の点に収束するものがとれる. $x_{n(i)} \to x_0$ とすれば $x_0 \in A$. fの連続性より, $\lim_{i\to\infty} f(x_{n(i)})=f(\lim_{i\to\infty} x_{n(i)})=f(x_0)$. 一方, $M=\lim_{n\to\infty} y_n=\lim_{i\to\infty} y_{n(i)}=\lim_{i\to\infty} f(x_{n(i)})$ だから, $M=f(x_0)$, $x_0 \in A$ となり, M はfのA上での最大値である. 最小値についても, supの代りにinfを用いて議論すればよい. 😄

問題 9.6. $\boldsymbol{R}$の中の上に有界な単調増大列a_i, $i \in \boldsymbol{N}$, すなわち, $\exists M$; $\forall i \in \boldsymbol{N}, a_i \leqq M$ かつ $a_i \leqq a_{i+1}$ が成り立つならa_i, $i \in \boldsymbol{N}$は収束することを証明せよ.

§10. 距離空間

ユークリッド空間 $\boldsymbol{R}^n$ の位相について論じてきたが, この議論は距離空間へ一般化される.

Xを集合とする. 写像 $d: X \times X \to \boldsymbol{R}$ が次の条件を満たすとき, dをX上の**距離**といい, (X, d) を**距離空間**という.

(D_1) 任意の $x, y \in X$ に対して, $d(x, y) \geqq 0$ である. また, $d(x, x)=0$ であり, 逆に $d(x, y)=0$ ならば $x=y$ である.

(D_2) 任意の $x, y \in X$ に対して, $d(x, y)=d(y, x)$ である.

(D_3) 任意の $x, y, z \in X$ に対して, $d(x, z) \leqq d(x, y)+d(y, z)$ が成り立つ.

(D_3) を**三角不等式**とよぶ. dがわかるときは, 単にXを距離空間ともいう.

例 10.1. $\boldsymbol{R}^n$ において, $d: \boldsymbol{R}^n \times \boldsymbol{R}^n \to \boldsymbol{R}$ を

$$d(x, y)=\sqrt{(x_1-y_1)^2+\cdots+(x_n-y_n)^2}$$

と決めると, $(\boldsymbol{R}^n, d)$ は距離空間になる. (D_1), (D_2) はdの決め方から当然成り立つ. (D_3) を証明しよう.

$x=(x_1, \cdots, x_n)$ と $y=(y_1, \cdots, y_n) \in \boldsymbol{R}^n$ の (通常の) 内積を $(x, y)=x_1y_1+\cdots+x_ny_n$ とし, xのノルムを $|x|=\sqrt{(x, x)}$ と決める. このとき,

$$d(x, y)=|x-y|=\sqrt{(x-y, x-y)}.$$

まず, シュヴァルツの不等式 $|(x, y)| \leqq |x||y|$ を示す. $x=0$ のときは, 左辺=右辺=0. そこで, $x \neq 0$ として, tを変数とする2次式

$$(tx-y, tx-y)=(x, x)t^2-2(x, y)t+(y, y)$$

を考える. $(x, x)>0$, 左辺$\geqq 0$ だから, この2次式の判別式をDとすれば,

$$D/4=(x,y)^2-(x,x)(y,y)\leqq 0.$$

したがって，$|(x,y)|^2\leqq|x|^2|y|^2$，すなわち，$|(x,y)|\leqq|x||y|$.

さて，(D_3) を，$x-y=a$，$y-z=b$ とおいて，内積の形で書くと，

$$\sqrt{(a+b,a+b)}\leqq\sqrt{(a,a)}+\sqrt{(b,b)}$$

となる．左辺の平方根の中を展開すると，

$$\begin{aligned}(a+b,a+b)&=(a,a)+2(a,b)+(b,b)\\&\leqq(a,a)+2|(a,b)|+(b,b)\\&\leqq|a|^2+2|a||b|+|b|^2\\&=(|a|+|b|)^2\end{aligned}$$

となり，両辺の平方根をとれば求める三角不等式が得られる．☹

例 10.2.　$X=\{f|f:[0,1]\to\boldsymbol{R}$, 連続写像$\}$ とする．$f,g\in X$ に対して，$d(f,g)=\max\{|f(x)-g(x)||x\in[0,1]\}$ とおくと，(X,d) は距離空間になる．系9.3より，連続関数は閉区間上で最大値をとるから，d が定義できて，明らかに (D_1)，(D_2) を満足する．(D_3) を示す．$f,g,h\in X$ とする．任意の $x\in[0,1]$ に対して，

$$\begin{aligned}|f(x)-h(x)|&\leqq|f(x)-g(x)|+|g(x)-h(x)|\\&\leqq\max_{x\in[0,1]}\{|f(x)-g(x)|\}+\max_{x\in[0,1]}\{|g(x)-h(x)|\}\\&=d(f,g)+d(g,h)\end{aligned}$$

が成り立つから，左辺の最大値も右辺を越えない．したがって，

$$d(f,h)\leqq d(f,g)+d(g,h)$$

が成り立つ．☺

例題 10.1.　例10.2において，X の中の点列 $f_1,f_2,f_3,\cdots$ が距離 d に関して f に収束するなら，任意の点 $x\in[0,1]$ において，実数の点列 $f_1(x),f_2(x),f_3(x),\cdots$ は $f(x)$ に収束する．

証明　距離 d に関して $f_n\to f$ だから，$\forall\varepsilon>0$，$\exists N$; $n\geqq N\Rightarrow d(f_n,f)<\varepsilon$ が成り立つ．d の決め方から，各 $x\in[0,1]$ に対して，$|f_n(x)-f(x)|\leqq d(f_n,f)<\varepsilon$ となり，$f_n(x)$ は $f(x)$ に収束する．☺

一般には例題10.1の逆は成り立たない．例えば，$f_n:[0,1]\to\boldsymbol{R}$ を，$f_n(x)=x^n$ とすれば，$x\neq1$ では $f_n(x)=x^n$ は0に，$x=1$ では $f_n(x)=1$ は1に収束する．しかし，f_n は d に関しては X の中では収束しない．なぜなら，仮にある $f\in X$ に収束するとすれば，例題10.1より，各 x について，$f_n(x)$ は

$$f(x)=\begin{cases}0, & x\neq 1,\\ 1, & x=1\end{cases}$$

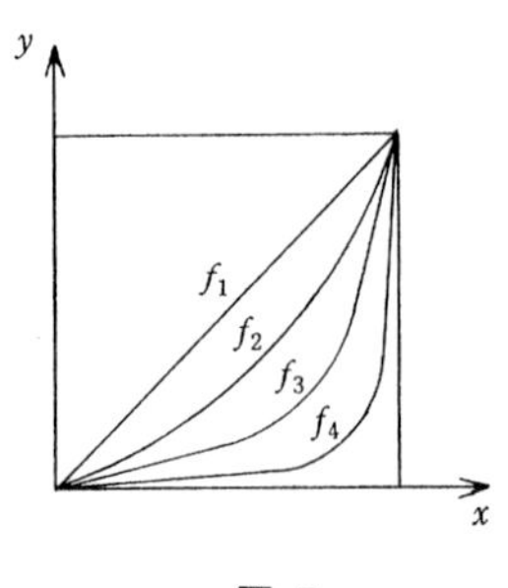

図 7

に収束する．ところが，f は連続ではないから $f\notin X$ である（図 7）．

例 10.1 によって $[0,1]$ 上の連続関数全体を"距離空間"として考えることができることがわかった．このように抽象的に距離を考えることによって空間の概念は大きく一般化される．今までの議論は，実数の連続性を用いた所以外は一般の距離空間で成り立つ．

実際，開集合と閉集合の概念は，開球 $B_r(a)=\{x\,|\,d(x,a)<r\}$ を用いて定義したのだから距離 d があれば同じように決められる．点列の収束も距離が考えられればよい．さらに，連結性は開集合の言葉で定義されたのだから，距離空間においても同様に議論することができる．ただし，定理 8.1，定理 9.1 などは，実数の連続性を用いているので，そのままでは一般の距離空間には拡張できない．

例 10.3 同じ集合上にもいろいろな距離があり得る．例えば，$\boldsymbol{R}^n$ 上でも次のようなものが考えられる．

（0） $d(x,y)=\sqrt{(x_1-y_1)^2+\cdots+(x_n-y_n)^2}$.

（1） $d_1(x,y)=\max\{|x_i-y_i|\,|\,i=1,\cdots,n\}$.

（2） $d_2(x,y)=|x_1-y_1|+\cdots+|x_n-y_n|$.

（3） $d_3(x,y)=\begin{cases}1, & x\neq y \text{ のとき},\\ 0, & x=y \text{ のとき}.\end{cases}$

d が距離の公理 (D_1), (D_2), (D_3) を満たすことはすでに調べた．

問題 10.1. d_1, d_2, d_3 が距離の公理を満たすことを確かめよ．

問題 10.2. 上の（3）においては，任意の $A\subset\boldsymbol{R}^n$ が開集合であること，したがってまた，任意の $A\subset\boldsymbol{R}^n$ が閉集合であることを示せ．

問題 10.3. $n=2$ のとき，上のそれぞれの距離，d, d_1, d_2, d_3 に関する開球 $B_\varepsilon(a)$ を図示せよ．

例題 10.2. 上の距離 d によって決まる開集合と d_1 によって決まる開集合が一致する（このとき，d と d_1 による位相が一致するともいう．）．

証明 まず，任意の x, y について，d_1 の決め方から，

$$d(x, y)=\sqrt{(x_1-y_1)^2+\cdots+(x_n-y_n)^2}$$
$$\leqq\sqrt{d_1(x, y)^2+\cdots+d_1(x, y)^2}$$
$$\leqq\sqrt{n}\,d_1(x, y)$$

となり，$d(x, y)\leqq\sqrt{n}\,d_1(x, y)$ が成り立つ．また，$d_1(x, y)\leqq d(x, y)$ も成り立つ．

さて，$A\subset\boldsymbol{R}^n$ が距離 d に関して開集合であるとすると，各点 $a\in A$ に対して，ある δ が存在して，$B_\delta(a)\subset A$ が成り立つ．距離 d_1 に関する開球を $B'_\delta(a)=\{x\,|\,d_1(a, x)<\delta\}$ とする．$d(x, y)\leqq\sqrt{n}\,d_1(x, y)$ より，$\delta'=\delta/\sqrt{n}$ とすると，$B'_{\delta'}(a)\subset B_\delta(a)\subset A$ が成り立つ．したがって，A は距離 d_1 に関しても開集合である．

逆に，$A\subset\boldsymbol{R}^n$ が d_1 に関して開集合であるとすると，任意の $a\in A$ に対して，$\delta>0$ が存在して，$B'_\delta(a)\subset A$ が成り立つ．$d_1(x, y)\leqq d(x, y)$ より，$B_\delta(a)\subset B'_\delta(a)\subset A$ となり，A は距離 d に関しても開集合である．

結局，d と d_1 に関する開集合は一致する．😄

問題 10.4. 集合 X 上に，距離 d と d_1 があるとき，d と d_1 から決まる X 上の開集合が一致するための必要十分条件は，例題 10.2 と同じ記号を用いて，各 $a\in X$ に対して，

（1） $\forall\delta>0,\ \exists\delta'>0;\ B'_{\delta'}(a)\subset B_\delta(a)$,

（2） $\forall\delta'>0,\ \exists\delta>0;\ B_\delta(a)\subset B'_{\delta'}(a)$

が成り立つことであることを示せ．

問題 10.5. 例 10.3 において，距離 d_1 に関する開集合と距離 d_2 に関する位相が一致することを示せ．

例 10.4. $X=\{(x_1, x_2, x_3, \cdots)\,|\,x_i\in\boldsymbol{R},\ \sum_{i=1}^{\infty}x_i{}^2<\infty\}$ とする．この空間上に内積を次のようにして決める．

$x=(x_1, x_2, x_3, \cdots)$，$y=(y_1, y_2, y_3, \cdots)$ に対して，

$$(x, y)=\sum_{i=1}^{\infty}x_iy_i$$

とする．まず，この無限級数が収束することを示す．

$$(x, y)_n=\sum_{i=1}^{n}x_iy_i,\qquad |(x, y)|_n=\sum_{i=1}^{n}|x_iy_i|$$

とすると，シュヴァルツの不等式より，

$$|(x, y)|_n=\sum_{i=1}^{n}|x_i||y_i|\leqq\left(\sqrt{\sum_{i=1}^{n}x_i{}^2}\right)\cdot\left(\sqrt{\sum_{i=1}^{n}y_i{}^2}\right)$$
$$\leqq\left(\sqrt{\sum_{i=1}^{\infty}x_i{}^2}\right)\cdot\left(\sqrt{\sum_{i=1}^{\infty}y_i{}^2}\right)<\infty.$$

したがって，$|(x, y)|_n$ は有界な単調増大列となり収束する（問題 9.6）．もとの級数 $(x, y)=\sum_{i=1}^{\infty}x_iy_i$ は絶対収束する．そこで，

$$d(x, y)=\sqrt{(x-y, x-y)}=\sqrt{\sum_{i=1}^{\infty}(x_i-y_i)^2}$$

とおくと，例10.1と全く同様にして，距離の公理 (D_1), (D_2), (D_3) を満たす．したがって，d は X 上の距離である．

問題 10.6.　距離空間 (X,d) において，$x_0\in X$ に対して，写像 $f: X\to \boldsymbol{R}$ を $f(x)=d(x_0,x)$ と決めたとき，f は連続写像であることを証明せよ．

一般に，写像（ ， ）: $\boldsymbol{R}^n\times\boldsymbol{R}^n\to\boldsymbol{R}$ に対して，

(I_1)　$\forall x\in\boldsymbol{R}^n$, $(x,x)\geqq 0$, $(x,x)=0\Leftrightarrow x=0$,

(I_2)　$\forall x$, $y\in\boldsymbol{R}^n$, $(x,y)=(y,x)$,

(I_3)　$\forall x_1$, x_2, $y\in\boldsymbol{R}^n$, $(x_1+x_2,y)=(x_1,y)+(x_2,y)$,

　　$\forall x$, $y\in\boldsymbol{R}^n$, $\forall\lambda\in\boldsymbol{R}$, $(\lambda x,y)=\lambda(x,y)$

が成り立つとき，（ ， ）を $\boldsymbol{R}^n$ 上の（一般の）**内積**という．

また，写像 $\|\ \|: \boldsymbol{R}^n\to\boldsymbol{R}$ に対して，

(N_1)　$\forall x\in\boldsymbol{R}^n$, $\|x\|\geqq 0$, かつ $\|x\|=0\Leftrightarrow x=0$,

(N_2)　$\forall\lambda\in\boldsymbol{R}$, $\forall x\in\boldsymbol{R}^n$, $\|\lambda x\|=|\lambda|\|x\|$,

(N_3)　$\forall x$, $y\in\boldsymbol{R}^n$, $\|x+y\|\leqq\|x\|+\|y\|$

が成り立つとき，$\|\ \|$ を $\boldsymbol{R}^n$ 上の（一般の）**ノルム**という．($\boldsymbol{R}^n$ の代りに一般のベクトル空間を考えてもよい．)

問題 10.7.　$\|\ \|$ を $\boldsymbol{R}^n$ 上のノルムとしたとき，$x,y\in\boldsymbol{R}^n$ に対して，$|\|x\|-\|y\||\leqq\|x-y\|$ を示せ．(Hint : $x=x-y+y$ に (N_3) を用いよ．)

問題 10.8.　一般の内積（ ， ）があるとき，$x\in\boldsymbol{R}^n$ に対して，$\|x\|=\sqrt{(x,x)}$ とすると，$\|\ \|: \boldsymbol{R}^n\to\boldsymbol{R}$ はノルムになることを示せ．

通常の内積から上のようにして決まるノルムを**通常のノルム**とよび，$|\ \ |$ によって表す．

問題 10.9.　ノルム $\|\ \|: \boldsymbol{R}^n\to\boldsymbol{R}$ があるとき，$d(x,y)=\|x-y\|$ として，$d: \boldsymbol{R}^n\times\boldsymbol{R}^n\to\boldsymbol{R}$ を決めると，d が $\boldsymbol{R}^n$ 上の距離になることを示せ．

例題 10.3.　$F: \boldsymbol{R}^n\times\boldsymbol{R}\to\boldsymbol{R}^n$ を $F(x,s)=sx$ とすると F は連続写像である．

証明　$d((x,s),(x',s'))=\sqrt{d(x,x')^2+(s-s')^2}$ だから，

$d(x,x')\leqq d((x,s),(x',s'))$, $|s-s'|\leqq d((x,s),(x,s'))$ である．

$d((x,s),(x',s'))<\delta$ とすれば，$d(F(x',s'),F(x,s))=d(s'x',sx)\leqq d(s'x',s'x)+d(s'x,sx)=|s'|d(x',x)+|s'-s|\|x\|<(|s|+\delta)\delta+\delta\|x\|=(|s|+\delta+\|x\|)\delta$ となる．そこで，任意の $\varepsilon>0$ に対して，$\delta=\min\{\varepsilon/(|s|+\|x\|+1),1\}$ とすれば，$d((x,s),(x',s'))<\delta\Rightarrow d(F(x',s'),F(x,s))<(|s|+\delta+\|x\|)\{\varepsilon/(|s|+\|x\|+1)\}<\varepsilon$ となり，F は連続である．　😁

定理 10.1. $\boldsymbol{R}^n$ 上の2つのノルム $\|\ \|$, $\|\ \|'$ に対して，次が成り立つ．

$$\exists m,\ M>0\ ;\ \forall x\in\boldsymbol{R}^n,\ m\|x\|\leqq\|x\|'\leqq M\|x\|.$$

補題 10.1. $\boldsymbol{R}^n$ 上の一般のノルム $\|\ \|:\boldsymbol{R}^n\to\boldsymbol{R}$ は連続である．ただし，$\boldsymbol{R}^n$ の位相は $\boldsymbol{R}^n$ 上の通常の距離によるものとする．

（補題 10.1 の）**証明**　$e_i, i=1,\cdots,n$ を $\boldsymbol{R}^n$ の標準基底とする．すなわち，e_i は i 番目の成分が1でほかは0の成分をもつベクトルである．$x=(x_1,\cdots,x_n)=x_1e_1+\cdots+x_ne_n$ とすると $|x_i|\leqq|x|$ が成り立つ．ノルムの公理 (N_1), (N_2), (N_3) を用いて，

$$\begin{aligned}\|x\|&=\|x_1e_1+\cdots+x_ne_n\|\\&\leqq\|x_1e_1\|+\cdots+\|x_ne_n\|\\&\leqq|x_1|\|e_1\|+\cdots+|x_n|\|e_n\|\\&\leqq|x|(\|e_1\|+\cdots+\|e_n\|)\\&\leqq K|x|\end{aligned}$$

が成り立つ．ここで，$K=\|e_1\|+\cdots+\|e_n\|$ である．したがって，$x, a\in\boldsymbol{R}^n$ に対して，問題 10.7 を用いると，$|\|x\|-\|a\||\leqq\|x-a\|\leqq K|x-a|$ が成り立つから，$\|\ \|$ は連続である．😁

（定理 10.1 の）**証明**　まず，ノルムの一方が通常のノルムの場合を示す．補題により，一般のノルム $\|\ \|$ は $\boldsymbol{R}^n$ 上の連続関数で，単位球面 $S=\{x\,|\,|x|=1\}$ は有界閉集合，したがって，点列コンパクトだから $\|\ \|$ は S 上で最大値 $M>0$, 最小値 $m>0$ をとる．$x\in\boldsymbol{R}^n$, $x\neq0$ とすると，$x/|x|\in S$ だから，$m\leqq\|x/|x|\|\leqq M$ が成り立つ．(N_2) より，これは $m|x|\leqq\|x\|\leqq M|x|$ を意味する．

一般の場合，与えられた2つのノルムを $\|\ \|$, $\|\ \|'$ とする．今述べたことから，正数 m, M, m', M' が存在して，$m|x|\leqq\|x\|\leqq M|x|$, $m'|x|\leqq\|x\|'\leqq M'|x|$ が成り立つ．したがって，$\|x\|\leqq M|x|\leqq(M/m')\|x\|'$, $\|x\|'\leqq M'|x|\leqq(M'/m)\|x\|$ が成り立つ．☹

系 10.1. $\boldsymbol{R}^n$ の任意のノルムから決まる位相は通常のノルムから決まる位相と一致する．

証明　問題 10.4 による．

演習問題 2

1.　$\boldsymbol{R}$の中の空でない有界な集合Aは，上限$\sup A$をもつことを次の手順で証明せよ．

（1）　仮定から$a_0 \in A$とAの上界b_0が存在する．

（2）　$(a_0+b_0)/2$がAの上界のとき，$b_1=(a_0+b_0)/2$, $a_1=a_0$, $(a_0+b_0)/2$がAの上界でないとき，$b_1=b_0$, $a_1=(a_0+b_0)/2$とする．

（3）　a_{k-1}, b_{k-1}が定義されたとして，a_k, b_kを次のように決める．$(a_{k-1}+b_{k-1})/2$がAの上界のとき，$b_k=(a_{k-1}+b_{k-1})/2$, $a_k=a_{k-1}$, そうでないとき，$b_k=b_{k-1}$, $a_k=(a_{k-1}+b_{k-1})/2$とする．このとき，

（i）　$A_k=[a_k, b_k]$とおくと，$A_1 \supset A_2 \supset \cdots \supset A_k \supset A_{k+1} \supset \cdots$が成り立ち，$\lim_{k\to\infty}(b_k-a_k)=0$であることを示せ．

（ii）　区間縮小法を用いて，$\sup A$が存在することを証明せよ．

2.　$A \subset \boldsymbol{R}^n$が**道連結**とは$A$の任意の2点が道で結べること，すなわち，任意の2点$x, y \in A$に対して，連続写像$p:[0,1]\to A$で，$p(0)=x$, $p(1)=y$となるものが存在することである．

（1）　Aが道連結ならば，連結であることを証明せよ．(Hint：定理7.1にならって証明せよ．)

（2）　$A_x=\{y \mid y$はxと道で結べる$\}$をxを含むAの道連結成分という．連結成分を道連結成分としたときも定理7.3が成り立つことを証明せよ．

3.　$A \subset \boldsymbol{R}^n$を開集合とする．

（1）　A_xをxを含むAの道連結成分としたとき，A_xが開集合であることを示せ．

（2）　Aが連結ならば道連結であることを証明せよ．

4.　$X=\{(x_1, x_2, \cdots) \mid x_i=0$または$1$, $i\in \boldsymbol{N}\}$とし，$x, y \in X$に対して，$x=y$なら$d(x,y)=0$, $x\neq y$のとき$d(x,y)=(1/2)^k$, ただし，kは$i \leqq k$ならば$x_i=y_i$, かつ，$x_{k+1} \neq y_{k+1}$で決まる整数とする．

（1）　(X, d)は距離空間であることを示せ．

（2）　任意の$x, y, z \in X$に対して，$\boldsymbol{d(x,z) \leqq \max\{d(x,y), d(y,z)\}}$が成り立つことを示せ．

（3）　開球$B_r(x)$は閉集合であること，閉球$D_r(x)=\{y\in X \mid d(x,y)\leqq r\}$は開集合であることを示せ．

（4）　$\forall a \in B_r(x)$, $B_r(x)=B_r(a)$が成り立つことを示せ．

（5）　aを含むXの連結成分を求めよ．

5.　$\Sigma=\{(\cdots, x_{-2}, x_{-1}, x_0, x_1, x_2, \cdots) \mid x_i=0$または$1$, $i\in \boldsymbol{Z}\}$とし，$x, y\in\Sigma$に対して，$x=y$のとき，$d(x,y)=0$. $x\neq y$に対して，$d(x,y)=(1/2)^k$, ただし，kは$|i|\leqq k$ならば$x_i=y_i$, かつ，$(x_{k+1}\neq y_{k+1}$または$x_{-(k+1)}\neq y_{-(k+1)})$で決まる負でない整数とする．

（1）　(Σ, d)は距離空間であることを示せ．

$x=(\cdots, x_{-2}, x_{-1}, x_0, x_1, x_2, \cdots)=(x_i)\in\Sigma$に対して，$y=(\cdots, y_{-2}, y_{-1}, y_0, y_1, y_2, \cdots)=$

(y_i) とし，$y_i = x_{i+1}$, $i \in Z$ と決めたとき，$\sigma(x) = y$ によって写像 $\sigma : \Sigma \to \Sigma$ を定める.

（2） このとき，σ は全単射で，σ^{-1} も連続であることを示せ.

（3） このとき，$\{\sigma^n(a) \mid n \in Z\}$ がΣの中で稠密な集合となるような $a \in \Sigma$ を求めよ.

6. Xを距離空間とし，$A \subset X$ とする．U, V を次のような開集合とする.

（1） $A \subset U \cup V$,（2） $U \cap V \cap A = \phi$,（3） $U \cap A \neq \phi$, $V \cap A \neq \phi$

このとき，次のようにして開集合 U', V' を作る．$a \in A$ とすると（1）より $a \in U$ または $a \in V$ であるが,（2）より，$a \in U$ か $a \in V$ のどちらか一方のみが成り立つ．$a \in U$ のとき，$B_{\delta(a)}(a) \subset U$ が成り立つ $\delta(a) > 0$ が存在する．$a \in V$ のとき，$B_{\delta(a)}(a) \subset V$ が成り立つ $\delta(a) > 0$ が存在する．このとき,

$$U' = \bigcup_{a \in A \cap U} B_{\delta(a)/2}(a), \quad V' = \bigcup_{a \in A \cap V} B_{\delta(a)/2}(a)$$

とおくと，U', V' は次の条件を満たす開集合となることを証明せよ.

(1′) $A \subset U' \cup V'$, (2′) $U' \cap V' = \phi$, (3) $U' \cap A \neq \phi$, $V' \cap A \neq \phi$

第3章

位　相　空　間

§11.　位相空間

前の節で，$\boldsymbol{R}^n$ での議論を距離空間にまで一般化した．連続性，連結性などの概念は“開集合”という言葉で表された．次の節で示すように点列の収束，したがって，点列コンパクトの概念も“開集合”という言葉で表すことができる．結局，“距離”が与えられていなくても，“開集合”さえ与えられていれば，今までと同じ議論をすることができる．

集合Xの部分集合からなる集合 $\mathcal{O}$ が決まっていて，次の条件を満たすとき，$\mathcal{O}$ を合わせて考えたXを**位相空間**という．あるいは，$\mathcal{O}$ を明示して $(X, \mathcal{O})$ を位相空間という．

(O_1)　ϕ，$X \in \mathcal{O}$，

(O_2)　$U_\alpha \in \mathcal{O}$，$\alpha \in \Lambda \Rightarrow \bigcup_{\alpha \in \Lambda} U_\alpha \in \mathcal{O}$，

(O_3)　$U_1, \cdots, U_n \in \mathcal{O} \Rightarrow U_1 \cap \cdots \cap U_n \in \mathcal{O}$．

$A \in \mathcal{O}$ のとき，Aを開集合といい，$\mathcal{O}$ をX上の**位相**，あるいは**開集合の属**という．（一般に集合を要素とする集合を属という．）条件 (O_1), (O_2), (O_3) を**開集合の公理**という．

例 11.1.　$(\boldsymbol{R}^n, d)$ は，例5.1，例題5.1により，位相空間であることがわかる．また，その証明ではdに関する距離の公理だけを用いているので，一般の距離空間も位相空間になる．

例 11.2.　$X = \{a, b, c\}$ とする．Xの開集合の属 $\mathcal{O}$ を，

（1）　$\mathcal{O} = \{X, \phi\}$，　（2）　$\mathcal{O} = \{X, \{a, b\}, \phi\}$，

（3）　$\mathcal{O} = \{X, \{a, b\}, \{a\}, \phi\}$，

（4） $\mathcal{O}=\{X, \{a,b\}, \{b,c\}, \{b\}, \phi\}$,

（5） $\mathcal{O}=\{X, \{a,b\}, \{b,c\}, \{c,a\}, \{a\}, \{b\}, \{c\}, \phi\}$

と決めると，それぞれ，(O_1), (O_2), (O_3) を満たす．このように1つの空間の上にもいろいろな位相を入れることができる．空間X上に位相$\mathcal{O}$, $\mathcal{O}'$があり，$\mathcal{O}\subset\mathcal{O}'$であるとき位相 $\mathcal{O}$ は位相 $\mathcal{O}'$ より**粗い**(あるいは**弱い**)という．逆に$\mathcal{O}'$は$\mathcal{O}$ より**細かい**(あるいは**強い**)位相という．上の例では，（5）の位相は他のどれよりも細かい．（3）と（4）の位相はどちらが細かいともいえない．

問題 11.1. $X=\{a,b,c\}$ とする．Xの中の開集合の属$\mathcal{O}$を，

（1） $\mathcal{O}=\{X, \{a\}, \{b\}, \phi\}$, （2） $\mathcal{O}=\{X, \{a,b\}, \{b,c\}, \phi\}$

と決めても，どちらの場合もXは位相空間にはならないことを確かめよ．

$\boldsymbol{R}^n$ 上では，普通，通常の距離dから決まる開集合によって位相を考えるが，例えば次の例のように別の位相を考えることもできる．

例 11.3. $\boldsymbol{R}^2$ において，$A\subset\boldsymbol{R}^2$ が次の条件を満たすとき，Aを開集合という．$\forall p=(a,b)\in A$, $\exists\varepsilon>0$; $\{(x,y)\,|\,a-\varepsilon<x<a+\varepsilon, y=b\}\subset A$.

このように決めたとき開集合の公理を満たすことは容易にわかる．この例では，ある点の“まわり”をx方向だけに決めているわけであり，y方向はすぐそばも離れていると考えているのである(図 8).

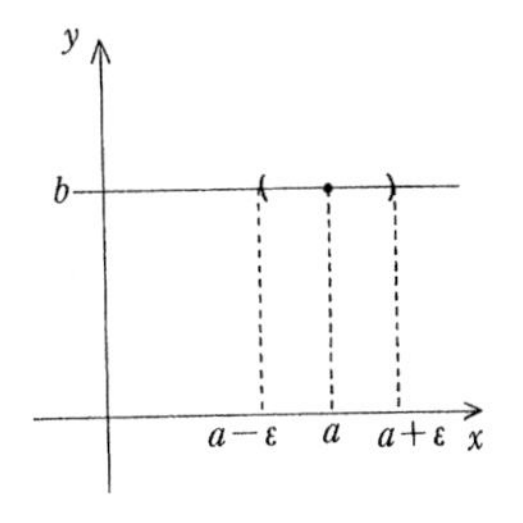

図 8

集合Xにおいて開集合の属が与えられれば，開集合の補集合からなる属として閉集合の属も決まる．

点xを含む開集合Uをxの**開近傍**という．このように開近傍を決めれば，今までの $\boldsymbol{R}^n$ 上の議論を位相空間上に拡張できる．$\boldsymbol{R}^n$ での“開球$B_r(a)$”を位相空間では“aの開近傍”に置き換えればよい．

例えば，写像$f:\boldsymbol{R}^n\to\boldsymbol{R}^m$ が $a\in\boldsymbol{R}^n$ で**連続**とは，

$$\forall\varepsilon>0,\ \exists\delta>0;\ \forall x,\ x\in B_\delta(a)\Rightarrow f(x)\in B_\varepsilon(f(a))$$

であった．これは一般の位相空間X, Yでは，次が成り立つこととなる．

$$\forall U;\ f(a)\text{の開近傍},\ \exists V;\ a\text{の開近傍},\ f(V)\subset U.$$

定理 11.1. 写像$f:X\to Y$が連続であるための必要十分条件は，任意の開集合$U\subset Y$に対して$f^{-1}(U)\subset X$も開集合である．

証明 定理5.1の証明の中で,

“$\exists\gamma>0, B_\gamma(x)$” を “$\exists V$; x の開近傍” に,

“$\forall\gamma>0, B_\gamma(x)$” を “$\forall U$; x の開近傍” に,

置き換えて書き直せばよい.（ここで, γ は δ または ε である.）😄

系 11.1. $f: X\to Y$ が連続のための必要十分条件は, 任意の閉集合 $F\subset Y$ に対して, $f^{-1}(F)\subset X$ も閉集合であることである.

証明 $f^{-1}(Y-F)=X-f^{-1}(F)$ が成り立つから, 定理11.1より系も成り立つ. 😄

この置き換えによって, “点列の収束” も一般の位相空間で定義することができる. 点列 $x_1, x_2, x_3, \cdots\in \boldsymbol{R}^n$ が点 $x_0\in\boldsymbol{R}^n$ に**収束する**とは,

$$\forall\varepsilon>0,\ \exists N;\ n\geqq N\Rightarrow x_n\in B_\varepsilon(x_0)$$

であった. 一般の位相空間では, $x_i\to x_0$ の定義は次のようになる.

$$\forall U;\ x_0 \text{ の開近傍},\ \exists N;\ n\geqq N\Rightarrow x_n\in U.$$

問題 11.2. 定理11.1の証明を詳しく行ってみよ.

収束の概念は空間の位相に依存する.

例 11.4. $\boldsymbol{R}^2$ 上に通常の距離から導かれる位相と例11.3による位相を考える. 2つの点列 $p_i=(0, 1/i)$, $q_i=(1/i, 0)$ を考えると通常の位相では, どちらも点 $(0,0)$ に収束する. しかし, 例11.3の位相では, q_i は $(0,0)$ に収束するが p_i は $(0,0)$ に収束しない. 実際, $U_\varepsilon=\{(x, y)\,|\,y=0, -\varepsilon<x<\varepsilon\}$ は $(0,0)$ の開近傍だが, $p_n=(0, 1/n)$ は決して U に属さない(図 9).

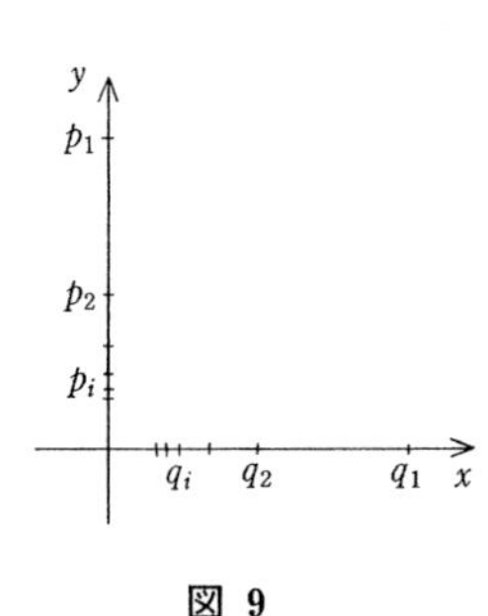

図 9

問題 11.3. $\boldsymbol{R}^2$ 上で開集合を $\boldsymbol{R}^2$ と ϕ だけにとると, 任意の点列 $x_i\in\boldsymbol{R}^2$ は任意の点 $x_0\in\boldsymbol{R}^2$ に収束することを示せ.

問題 11.4. X において, X のすべての部分集合が開集合であるとき, 点列 x_i が x_0 に収束するならば, $\exists N$; $n\geqq N\Rightarrow x_n=x_0$ が成り立つことを示せ.

位相空間 X が次の条件を満たすとき, **Hausdorff 空間**という.

(H) $\forall x, y\in X$; $x\neq y$, $\exists U, V$; それぞれ x, y の開近傍, $U\cap V=\phi$.

上の条件を Hausdorff の分離公理とよぶ.

例題 11.1. 通常の位相をもった $\boldsymbol{R}^n$ は Hausdorff 空間である.

証明 $x\neq y$ とすると $d(x,y)>0$ である. $\delta=d(x,y)/2$ とおくと, $B_\delta(x)$, $B_\delta(y)$ は x, y の開近傍である. $z\in B_\delta(x)\cap B_\delta(y)$ とすると,

$$d(x,y)\leqq d(x,z)+d(z,y)<\delta+\delta=d(x,y)$$

となり矛盾．したがって，$\boldsymbol{R}^n$ は Hausdorff 空間である．😊

問題 11.5. 任意の距離空間は Hausdorff 空間であることを証明せよ．

問題 11.6. 例 11.2 において Hausdorff 空間であるものをあげよ．

例題 11.2. Hausdorff 空間では収束する点列の収束先は 1 点である．

証明 X を Hausdorff 空間とし，$x_i \to x_0$ とする．$y_0 \in X$, $y_0 \neq x_0$ とすると X は Hausdorff だから，$\exists U, V$; x_0, y_0 を含む開集合，$U \cap V = \phi$．$x_i \to x_0$ で，U は x_0 の開近傍だから，$\exists N$; $n \geqq N \Rightarrow x_n \in U$．したがって，$x_n$ は V に含まれず，x_i は y_0 に収束しない．😊

x の開近傍全体を $\hat{U}(x)$ と書く．$\hat{U}(x)$ の部分集合 $\ddot{U}(x)$ が次の条件を満たすとき $\ddot{U}(x)$ を x の**基本近傍系**とよぶ．

(F) $\forall U \in \hat{U}(x)$, $\exists U' \in \ddot{U}(x)$; $U' \subset U$.

例 11.4. $\boldsymbol{R}^n$ において，$\ddot{U}(x) = \{B_r(x) \mid r = 1/n,\ n \in \boldsymbol{N}\}$，$(x \in \boldsymbol{R}^n)$ とおけば，$\ddot{U}(x)$ は x の基本近傍系である．

$\boldsymbol{R}^n$ においては，上の例によって各点の基本近傍系として，可算のものがとれることがわかった．一般に位相空間 X の各点の基本近傍系として，たかだか可算のものがとれるとき，X は**第 1 可算公理**を満たすという．

問題 11.7. 任意の距離空間は第 1 可算公理を満たすことを証明せよ．

次の定理によって，第 1 可算公理を満たす位相空間においては，点列による連続の定義と開集合による連続の定義が一致することがわかる．

定理 11.2. X, Y を位相空間とし，X は第 1 可算公理を満たすとする．このとき，写像 $f: X \to Y$ が $a \in X$ で連続であるための必要十分条件は $x_i \to a$ のとき $f(x_i) \to f(a)$ である．

証明 $f: X \to Y$ が $a \in X$ で連続とし，$x_i \to a$ とする．$f(a)$ の任意の開近傍 U をとる．f の連続性より，$\exists V$; a の開近傍，$f(V) \subset U$．$x_i \to a$ より，$\exists N$; $n \geqq N \Rightarrow x_n \in V$．したがって，$f(x_n) \in f(V) \subset U$ となり，$f(x_i) \to f(a)$．

逆に f が連続でないとき，a に収束する点列 x_i で $f(x_i)$ が $f(a)$ に収束しないものが存在することを示す．X が第 1 可算公理を満たすから a の可算個からなる基本近傍系 $\ddot{U}(a) = \{U_i \mid i \in \boldsymbol{N}\}$ をとる．このとき，$\hat{U}_i = \bigcap_{k \leq i} U_k$ とおけば，$\{\hat{U}_i \mid i \in \boldsymbol{N}\}$ も a の基本近傍系であって，$\hat{U}_i \supset \hat{U}_{i+1}$ が成り立つ．f が連続でないから，ある $f(a)$ の開近傍 U が存在して，どの $\hat{U}_i$ に対しても $f(\hat{U}_i) \subset U$ が成り立たない．すなわち，$f(\hat{U}_i) - U \neq \phi$．各 $i \in \boldsymbol{N}$ に対して，$y_i \in f(\hat{U}_i) - U$ をと

ると，$\exists x_i \in \hat{U}_i$; $y_i = f(x_i)$. a の任意の開近傍 V をとると，基本近傍系の性質から，$\exists \hat{U}_N$; $\hat{U}_N \subset V$. $i \geqq N$ とすれば，$x_i \in \hat{U}_i \subset \hat{U}_N \subset V$ となり，$x_i, i \in \boldsymbol{N}$ は a に収束する．一方，どんな i に対しても，$f(x_i) = y_i \notin U$ だから $f(x_i)$, $i \in \boldsymbol{N}$ は $f(a)$ に収束しない．☹

一般の位相空間 X での閉包を次のように定義する．$A \subset X$ の**閉包** $\bar{A}$ を

$$\bar{A} = \{x \mid \forall U;\ x \text{ の開近傍},\ U \cap A \neq \phi\}$$

と決める．

定理 11.3.　A が閉集合であるための必要十分条件は $\bar{A} = A$ である．

証明　$x \in A$ ならば，x の任意の開近傍 U に対して，$x \in U \cap A$ だから，$x \in \bar{A}$，すなわち，$A \subset \bar{A}$.

A を閉集合とすると A^c は開集合だから，$\forall x \in A^c$, $\exists U$; x の開近傍，$U \subset A^c$. この U に対して，$U \cap A = \phi$ だから $x \notin \bar{A}$. 対偶を考えて，$\bar{A} \subset A$. 結局，$\bar{A} = A$.

逆に，$\bar{A} = A$ とする．$x \in (\bar{A})^c$ とすると $\bar{A}$ の定義から，$\exists U$; x の開近傍，$U \cap A = \phi$. $y \in U$ とすれば U は y の開近傍でもある．したがって，$y \notin \bar{A}$，すなわち，$U \subset (\bar{A})^c$. これは $(\bar{A})^c$ が開集合，すなわち，$\bar{A}$ が閉集合であることを示している．したがって，$A = \bar{A}$ も閉集合である．☺

問題 11.8.　$A \subset B$ ならば $\bar{A} \subset \bar{B}$ であることを示せ．

定理 11.4.　$\bar{A}$ は A を含む最小の閉集合である，すなわち，B を $A \subset B$ である閉集合とすると，$\bar{A} \subset B$ が成り立つ．

証明　$\bar{A}$ が閉集合であることはすでに示した．B を A を含む閉集合とする．$A \subset B$ であるから，上の問題によって $\bar{A} \subset \bar{B}$ である．また，B は閉集合だから，$\bar{B} = B$ であり，$\bar{A} \subset B$ が成り立つ．☺

次の定理は，定理 11.2 と同じ考え方で証明できる．

定理 11.5.　X を第1可算公理を満たす位相空間とすると，点列による閉包の定義と開近傍を用いた閉包の定義は一致する．すなわち，$A \subset X$ のとき，

$$\bar{A} = \{x \mid \forall U;\ x \text{ の開近傍},\ U \cap A \neq \phi\},$$
$$\tilde{A} = \{x \mid \exists x_i \in A,\ i \in \boldsymbol{N};\ x_i \to x\}$$

としたとき，$\bar{A} = \tilde{A}$ が成り立つ．

問題 11.9.　上の定理を証明せよ．

2つの集合 X, Y の間に全単射があれば，集合の濃度が等しいといった．2つの位相空間 X, Y が “位相空間として同じ” とはどんな場合であろうか．2

つの位相空間 X, Y に対して,

（1） 全単射で連続な写像 $f: X \to Y$ で,

（2） その逆写像 $f^{-1}: Y \to X$ も連続である

ものが存在するとき X と Y を**同相**という．このとき，f を**同相写像**という．

例題 11.3. $f: X \to Y$ が同相写像のとき，$A \subset X$ が X の開集合であることと $f(A)$ が Y の開集合であることとは同値である．

証明 f が全単射であるから，$A = f^{-1}(f(A))$ である．f の連続性から $f(A)$ が開集合ならば，A も開集合である．逆に，A を開集合とすると，$f(A) = (f^{-1})^{-1}(A)$ だから f^{-1} の連続性から $f(A)$ は開集合である．

問題 11.10. 位相空間 X, Y, Z がある．X と Y が同相で，Y と Z が同相ならば X と Z が同相であることを証明せよ．

距離空間の場合を一般化して，位相空間 X の部分集合 A の任意の点列が A の中の点に収束する部分列をもつとき A を**点列コンパクト**という．

例題 11.4. X が第1可算公理を満たす位相空間とする．さらに X が Hausdorff とすると点列コンパクト集合 $A \subset X$ は閉集合である．

証明 定理 11.3 より，$A = \bar{A}$ をいえばよい．$z \in \bar{A}$ とすると，$\exists x_i \in A,\ i \in \boldsymbol{N};\ x_i \to z$. A は点列コンパクトだから，x_i の部分列 $x_{i(k)}$ が存在して，$x_{i(k)} \to x_0 \in A$. $x_i \to z$ より $x_{i(k)} \to z$. X が Hausdorff だから $z = x_0$ となり $z \in A$ である．😁

定理 11.6. 第1可算公理を満たす位相空間 X, Y について，X が点列コンパクトで Y が Hausdorff ならば，連続な全単射 $f: X \to Y$ は同相写像である．

証明 $f^{-1}: Y \to X$ が連続であることを示せばよい．$F \subset X$ を閉集合とする．$(f^{-1})^{-1}(F) = f(F)$ が閉集合であることを示せばよい．X が第1可算公理を満たし，点列コンパクトであるから，その閉集合 F も点列コンパクトである．f の連続性より $f(F)$ も点列コンパクトであり，Y は第1可算公理を満たす Hausdorff 空間だから $f(F)$ も閉集合となる．😁

§12. コンパクト性

コンパクト性は抽象的な性質であるが，ユークリッド空間においては“有界な閉集合”と具体的に特徴づけられ，点列コンパクト性と同値である．コンパクト性は連続写像によって保存される重要な性質である(定理 12.3)．

X を位相空間とする．$A \subset X$ に対して，開集合の集まり $\{U_\alpha \mid \alpha \in \Lambda\}$ が A の**開被覆**であるとは，$\{U_\alpha \mid \alpha \in \Lambda\}$ が A を覆っている，すなわち，$A \subset \bigcup_{\alpha \in \Lambda} U_\alpha$ が成

り立つことをいう．$A \subset X$ が**コンパクト**であるとは，任意の A の開被覆 $\{U_\alpha | \alpha \in \Lambda\}$ に対して，有限個からなる部分被覆，すなわち，$A \subset U_{\alpha(1)} \cup U_{\alpha(2)} \cup \cdots \cup U_{\alpha(n)}$ となる $U_{\alpha(1)}, U_{\alpha(2)}, \cdots, U_{\alpha(n)}$，$\alpha(i) \in \Lambda$ が必ず存在することである．この定義において，"任意の A の開被覆に対して" ということが重要であり，コンパクトという性質は被覆に関する性質ではなく A に関する性質となる．有限個の点からなる集合はコンパクトである．

例題 12.1.　$\boldsymbol{R}$ はコンパクトでない．

証明　$\boldsymbol{R}$ の開被覆として $\{U_i = (-i, i) | i \in \boldsymbol{N}\}$ をとる．$\boldsymbol{R}$ をコンパクトと仮定すると，$\exists i(1), \cdots, i(n) \in \boldsymbol{N}$；$\boldsymbol{R} \subset U_{i(1)} \cup U_{i(2)} \cup \cdots \cup U_{i(n)}$．$a > \max\{i(1), \cdots, i(n)\}$ をとれば a はどの $U_{i(k)}$ にも含まれず矛盾である．😄

問題 12.1.　$A \subset \boldsymbol{R}^n$ が有界でないならコンパクトでないことを証明せよ．

例題 12.2.　$(0, 1] \subset \boldsymbol{R}$ はコンパクトでない．

証明　開集合の集まり $\{U_i = (1/i, 2) | i \in \boldsymbol{N}\}$ を考える．$x \in (0, 1]$ とすれば，十分大きな N をとって $1/N < x$ とできる．したがって，$(0, 1] \subset \bigcup_{i \in N} U_i$ が成り立つが，どんなに大きな M に対しても $0 < x < 1/M$ なる実数 x は存在するから U_i の有限個で $(0, 1]$ を覆うことはできない．😄

問題 12.2.　$A \subset \boldsymbol{R}^n$ が閉集合でないならコンパクトでないことを証明せよ．

区間は連結であったが，上で見たようにコンパクトとは限らない．有界な閉区間はコンパクトである．このことも実数の連続性に基づいて証明される．

定理 12.1.　閉区間 $[a, b] \subset \boldsymbol{R}, (a < b)$ はコンパクトである．

証明　$[a, b]$ がコンパクトでないとすると，$[a, b]$ のある開被覆 $\{U_\alpha | \alpha \in \Lambda\}$ が存在して，その有限個では $[a, b]$ を覆えない．このとき，$[a, (a+b)/2]$ と $[(a+b)/2, b]$ の少なくとも一方は有限個の U_α では覆えない．両方とも有限個の U_α で覆えるならば，それらの U_α を合わせたもので $[a, b]$ が覆えるからである．$[a, (a+b)/2]$ と $[(a+b)/2, b]$ のうち有限個の U_α で覆えないものを $[a_1, b_1]$ と書く．この $[a_1, b_1]$ に対して，同様に考えると，$[a_1, (a_1+b_1)/2]$ と $[(a_1+b_1)/2, b_1]$ の少なくとも一方は U_α の有限個では覆えない．そこで，U_α の有限個で覆えない方の区間を $[a_2, b_2]$ と書く．

この議論を繰り返して，縮小する閉区間の列 $A_i = [a_i, b_i]$ が得られる．区間縮小法から，$\exists \gamma \in \bigcap_{i \in N} A_i$．$\gamma \in [a, b]$ で，$\{U_\alpha | \alpha \in \Lambda\}$ は $[a, b]$ の開被覆だから，$\exists U_{\alpha(0)}$；$\gamma \in U_{\alpha(0)}$．$U_{\alpha(0)}$ は開集合だから，$\exists \delta > 0$；$B_\delta(\gamma) \subset U_{\alpha(0)}$．一方，区間

A_iの長さは $(b-a)/2^i$ だから，十分大きなNをとれば $(b_N-a_N)<\delta$ となる．$\gamma\in A_N$ だから $A_N\subset B_\delta(\gamma)\subset U_{\alpha(0)}$ となり，これは閉区間 A_N が有限個の U_α で覆えないことに反する．☹

次の定理はよく用いる．

定理 12.2. コンパクト集合の中の閉集合はコンパクトである．

証明 位相空間Xにおいて，$A\subset B\subset X$ とし，B がコンパクト，A が閉集合とする．$\{U_\alpha|\alpha\in\Lambda\}$ をAの任意の開被覆とする．$\{U_\alpha|\alpha\in\Lambda\}\cup\{X-A\}$ を考えると，これはBの開被覆になる．実際，Aは閉集合だから $X-A$ は開集合であり，$x\in B$ とすると，$x\in A$ なら x はある U_α に含まれるし，$x\in B-A$ なら x は $X-A$ に含まれる．Bはコンパクトだから，$\exists\alpha(1),\cdots,\alpha(k)\in\Lambda$; $B\subset U_{\alpha(1)}\cup\cdots\cup U_{\alpha(k)}\cup(X-A)$．（最後の $X-A$ は不要かもしれないが，その場合でも $X-A$を加えておいても $\subset$ は成り立つ．）$A\subset B$ かつ $A\cap(X-A)=\phi$ だから，$A\subset U_{\alpha(1)}\cup\cdots\cup U_{\alpha(k)}$ が成り立つ．☺

定理 12.3. X, Yを位相空間とする．$f: X\to Y$ が連続写像のとき，$A\subset X$ がコンパクトならば$f(A)$ もコンパクトである．

証明 $\{U_\alpha|\alpha\in\Lambda\}$ を $f(A)$ の任意の開被覆とする．fが連続写像だから $f^{-1}(U_\alpha)$ も開集合．$x\in A$ とすれば，$f(x)\in f(A)$ より，$\exists U_{\alpha(0)}$; $x\in f^{-1}(U_{\alpha(0)})$．したがって，$\{f^{-1}(U_\alpha)|\alpha\in\Lambda\}$ はAの開被覆である．Aはコンパクトだから，$\exists\alpha(1),\alpha(2),\cdots,\alpha(n)\in\Lambda$; $A\subset f^{-1}(U_{\alpha(1)})\cup f^{-1}(U_{\alpha(2)})\cup\cdots\cup f^{-1}(U_{\alpha(n)})$．したがって，$f(A)\subset f(f^{-1}(U_{\alpha(1)})\cup f^{-1}(U_{\alpha(2)})\cup\cdots\cup f^{-1}(U_{\alpha(n)}))=f(f^{-1}(U_{\alpha(1)}))\cup f(f^{-1}(U_{\alpha(2)}))\cup\cdots\cup f(f^{-1}(U_{\alpha(n)}))\subset U_{\alpha(1)}\cup U_{\alpha(2)}\cup\cdots\cup U_{\alpha(n)}$ となり，$f(A)$ は $\{U_\alpha|\alpha\in\Lambda\}$ の有限個で覆われる．☺

上の定理を用いて最大値定理を証明する．

定理 12.4. （最大値定理） $f: X\to \boldsymbol{R}$を連続写像とする．$A\subset X$ がコンパクトならばfはA上で最大値をとる．

証明 仮に最大値が存在しないとすると，$\forall a\in A$, $\exists a'\in A$; $f(a)<f(a')$ が成り立つ．このとき，$\{(-\infty, f(a))|a\in A\}$ は $f(A)$ の開被覆になる．実際，$b\in f(A)$ とすると $b=f(a)$, $a\in A$．この a に対して，$\exists a'\in A$; $f(a)<f(a')$．したがって，$f(a)\in(-\infty, f(a'))$．結局，$f(A)\subset\bigcup_{a\in A}(-\infty, f(a))$．$f(A)$ のコンパクト性より，$\exists a_1,\cdots,a_k\in A$; $f(A)\subset(-\infty, f(a_1))\cup\cdots\cup(-\infty, f(a_k))$．$f(a_j)=\max\{f(a_1),\cdots,f(a_k)\}$ とすれば，$\forall i$, $f(a_j)\notin(-\infty, f(a_i))$．一方，$a_j\in A$ だ

から $f(a_j)\in f(A)$ であり，これは矛盾．☹

定理 12.5.　Hausdorff 空間の中のコンパクト集合は閉集合である．

証明　Xを Hausdorff 空間，$A\subset X$をコンパクトとする．A^cが開集合であることを示す．$x\in A^c$を固定して，$y\in A$とする．Xが Hausdorff より，$\exists U_y$, V_y；それぞれ x, y の開近傍，$U_y\cap V_y=\phi$．$\{V_y|y\in A\}$ はAの開被覆だから，Aのコンパクト性より，$\exists y(1), y(2)\cdots, y(k)\in A$；$A\subset V_{y(1)}\cup V_{y(2)}\cup\cdots\cup V_{y(k)}$．$U=U_{y(1)}\cap U_{y(2)}\cap\cdots\cap U_{y(k)}$ とすればUはxを含む開集合．$U\cap A\subset U\cap(V_{y(1)}\cup V_{y(2)}\cup\cdots\cup V_{y(k)})=\phi$ だから，$x\in U\subset A^c$ となる．☹

さて，次に$\boldsymbol{R}^n$の中のコンパクト集合について調べる．

定理 12.6.　$\boldsymbol{R}^n$の中の閉直方体はコンパクトである．

証明　$A=[a_1, b_1]\times\cdots\times[a_n, b_n]$ がコンパクトでないとして矛盾を導く．あるAの開被覆 $\{U_\alpha|\alpha\in\Lambda\}$ が存在して U_α の有限個ではAを覆えないとする．Aを各座標ごとに中点で分割して，2^n個の閉直方体に分ける．これらの直方体のうち，少なくとも 1 つは有限個の U_α では覆えない．有限個の U_α で覆えない直方体を，$[a_1^1, b_1^1]\times\cdots\times[a_n^1, b_n^1]$ と書く．

この操作を繰り返すと，有限個の U_α で覆えない直方体の列：$[a_1^j, b_1^j]\times\cdots\times[a_n^j, b_n^j]$；$j\in\boldsymbol{N}$が得られる．$i$ 番目の座標に注目してみると，縮小する閉区間の列：$[a_i^j, b_i^j]$，$j\in\boldsymbol{N}$が得られる．区間縮小法から，$\exists\gamma_i$；$\forall j\in\boldsymbol{N}$, $a_i^j\leqq\gamma_i\leqq b_i^j$．閉直方体の定義から，$\gamma=(\gamma_1, \cdots, \gamma_n)\in[a_1^j, b_1^j]\times\cdots\times[a_n^j, b_n^j]$ が成り立つ．$\gamma\in A$ で $\{U_\alpha|\alpha\in\Lambda\}$ はAの開被覆だから，$\exists U_{\alpha(0)}$；$\gamma\in U_{\alpha(0)}$．$U_{\alpha(0)}$ は開集合だから，$\exists\delta>0$；$B_\delta(\gamma)\subset U_{\alpha(0)}$．このとき，十分大きな$N$を考えれば，$[a_1^N, b_1^N]\times\cdots\times[a_n^N, b_n^N]\subset B_\delta(\gamma)$．したがって，$[a_1^N, b_1^N]\times\cdots\times[a_n^N, b_n^N]\subset U_{\alpha(0)}$ が成り立ち，直方体 $[a_1^N, b_1^N]\times\cdots\times[a_n^N, b_n^N]$ が有限個の U_α で覆えないことに反する．☹

定理 12.7.　$A\subset\boldsymbol{R}^n$が有界閉集合ならばAはコンパクトである．

証明　A が有界より，ある閉直方体 $[a_1, b_1]\times\cdots\times[a_n, b_n]$ に対して，$A\subset[a_1, b_1]\times\cdots\times[a_n, b_n]$ が成り立つ．定理 12.5 により，閉直方体はコンパクト，また，Aは閉集合だから定理 12.2 によりAもコンパクトである．☺

この定理の逆も成り立つ．

定理 12.8.　$A\subset\boldsymbol{R}^n$がコンパクトなら有界閉集合である．

証明　問題 12.1, 12.2 による．☺

$\boldsymbol{R}^n$の中ではコンパクトも，点列コンパクトも，どちらも有界閉集合であることと同値であることがわかった．したがって，特に次も成り立つ．

系 12.1. $C\subset \boldsymbol{R}^n$ をコンパクト集合とする．Cの中の任意の点列 $\boldsymbol{x_i\in C, i \in N}$ はCの点に収束する部分列をもつ．

問題 12.3. $A\subset \boldsymbol{R}^n$ がコンパクトでないならば，有界でない連続関数 $f: A\to \boldsymbol{R}$ が存在することを証明せよ．(Hint：Aが有界でない場合とAが閉集合でない場合に分けて考えよ．)

次の定理はよく用いられる．

定理 12.9. (ルベッグ数の存在) $C\subset \boldsymbol{R}^n$ をコンパクト集合とし，$\{U_\alpha | \alpha\in\Lambda\}$ をCの開被覆とする．このとき次の性質をもつ実数$\sigma>0$が存在する．

$$(*)\qquad \forall A\subset C,\ \mathrm{dia}(A)<\sigma \Rightarrow \exists\alpha(0)\in\Lambda;\ A\subset U_{\alpha(0)}.$$

ここで，$\mathrm{dia}(A)=\sup\{d(x,y)\,|\,x,y\in A\}$ である．

証明 $(*)$を満たすσが存在しないとする．$\sigma=1/i$ に対して，$(*)$を否定すると，$\forall i\in \boldsymbol{N}$, $\exists A_i\subset C$; $\mathrm{dia}(A_i)<1/i$, $\forall\alpha$, $A_i\cap U_\alpha{}^c\neq\phi$ となる．$A_i\neq\phi$ だから $x_i\in A_i$, $i\in \boldsymbol{N}$をとる．系 12.1 より，$\exists x_0\in C$; $x_{i(k)}\to x_0$. $\{U_\alpha | \alpha\in\Lambda\}$ はCの開被覆だから，$\exists\alpha(0)\in\Lambda$; $x_0\in U_{\alpha(0)}$. $U_{\alpha(0)}$ は開集合だから，$\exists\delta>0$; $B_\delta(x_0)\subset U_{\alpha(0)}$, 十分大きな $i(k)\in \boldsymbol{N}$ をとれば，$d(x_{i(k)},x_0)<\delta/2$, $2/i(k)<\delta$ が成り立つ．$x\in A_{i(k)}$ とすれば，

$$d(x,x_0)\leqq d(x,x_{i(k)})+d(x_{i(k)},x_0)$$
$$\leqq \mathrm{dia}\,A_{i(k)}+\delta/2<\delta/2+\delta/2=\delta$$

となり，$x\in B_\delta(x_0)$. すなわち，$A_{i(k)}\subset B_\delta(x_0)\subset U_{\alpha(0)}$ となるが，これは $A_{i(k)}\cap U_{\alpha(0)}{}^c=\phi$ を意味し，$A_{i(k)}$ のとり方に反する．したがって，$(*)$ を満たす$\sigma>0$が存在する(図10)． ☹

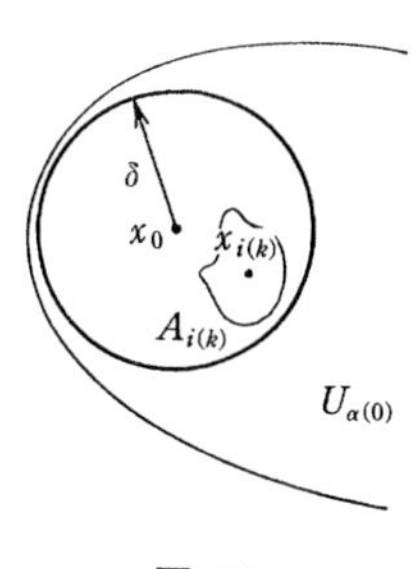

図 10

$(*)$を満たすσを開被覆 $\{U_\alpha |_\alpha\in\Lambda\}$ に対する**ルベッグ数**という．

§13. 部分空間，積空間，商空間

位相空間Xの部分集合Yに対して，Yの開集合を次のように決める．$U\subset Y$ がYの開集合とは，あるXの開集合 $V\subset X$ があって，$U=V\cap Y$ となるときをいう．このように決まったYの位相をXの**部分空間としての位相**という．

例題 13.1. 上の決め方は開集合の公理 (O_1), (O_2), (O_3) を満たすことを示せ．

証明 (O_1) $\phi=\phi\cap Y$, $Y=X\cap Y$だから, ϕ, Yは開集合である. (O_2) $U_\alpha \subset Y$, $\alpha\in\Lambda$をYの開集合とすると, $\exists V_\alpha$; Xの開集合, $U_\alpha=V_\alpha\cap Y$. V_αはXの開集合だから, (O_2)を満たし, $\bigcup_{\alpha\in\Lambda}V_\alpha$は$X$の開集合である. $\bigcup_{\alpha\in\Lambda}U_\alpha=\bigcup_{\alpha\in\Lambda}(V_\alpha\cap Y)=(\bigcup_{\alpha\in\Lambda}V_\alpha)\cap Y$ だから, $\bigcup_{\alpha\in\Lambda}U_\alpha$ はYの中の開集合である. (O_3) $U_1,\cdots,U_n$をYの開集合とすると, $\exists V_1,\cdots,V_n$; Xの開集合, $U_i=V_i\cap Y$. $V_1\cap\cdots\cap V_n$はXの開集合だから, $U_1\cap\cdots\cap U_n=(V_1\cap Y)\cap\cdots\cap(V_n\cap Y)=(V_1\cap\cdots\cap V_n)\cap Y$は$Y$の開集合である. 😁

(X,d) が距離空間のとき, $Y\subset X$も自然に距離空間になる. Yの2点, $x,y\in Y\subset X$に対して, $d_Y(x,y)=d(x,y)$ とすれば, d_YはY上の距離になる. この(Y,d_Y) をXの**部分距離空間**という. (普通, d_Yもdで表す.)

例題 13.2. 部分距離空間としてのYの位相と部分空間としてのYの位相は一致する.

証明 $A\subset Y$が部分距離空間として開集合であるとすると, $\forall a\in A$, $\exists\delta>0$; $B_\delta^Y(a)=\{x\,|\,x\in Y,\ d(x,a)<\delta\}\subset A$. まず, $A=\bigcup_{a\in A}B_\delta^Y(a)$ である. なぜなら, $x\in B_\delta^Y(x)$ は当然だから $A\subset\bigcup_{a\in A}B_\delta^Y(a)$. また, $\forall a\in A$, $B_\delta^Y(a)\subset A$ だから $\bigcup_{a\in A}B_\delta^Y(a)\subset A$ が成り立つからである. 一方, $B_\delta(a)=\{x\,|\,x\in X, d(x,a)<\delta\}$ はXの開集合であるから, $B_\delta^Y(a)=B_\delta(a)\cap Y$は部分空間としての$Y$の開集合である. 開集合の公理 (O_2) より, $A=\bigcup_{a\in A}B_\delta^Y(a)$ も部分空間としてのYの開集合である.

逆に, $A\subset Y$が部分空間としてのYの開集合であるなら, $\exists V$; Xの開集合, $A=V\cap Y$. 任意の$a\in A$をとると, VがXの開集合だから, $\exists\delta>0$; $B_\delta(a)\subset V$. すると, $B_\delta^Y(a)=B_\delta(a)\cap Y\subset V\cap Y=A$ となり, Aは部分距離空間としてのYの開集合である. 😁

注意 $Y\subset X$で, YをXの部分位相空間と考えたとき, $A\subset Y$ が "Yの開集合であること" と "Xの開集合であること" とは一般には一致しない.

例 13.1. $[-1,0)$ は $\boldsymbol{R}$ では開集合でないが, $Y=[-1,1]$ の中では開集合である.

$Y\subset X$のとき, 写像$f:X\to Z$をYに制限して得られる写像$f|_Y:Y\to Z$とは, $y\in Y$に対して, $f|_Y(y)=f(y)$ で決まるYからZへの写像である.

定理 13.1. X,Zを位相空間とし, $Y\subset X$とする. 連続写像$f:X\to Z$のYへの制限$f|_Y:Y\to Z$は, Yを部分位相空間として考えたとき連続である.

証明 開集合$U\subset Z$に対して, $(f|_Y)^{-1}(U)$ がYの開集合であることを示す.

$a \in (f|_Y)^{-1}(U)$ とすると $f(a) \in U$. U は $f(a)$ の近傍であり，$f: X \to Y$ は連続だから，$\exists V(a)$; X の開集合，$a \in V(a) \subset X$, $f(V(a)) \subset U$. $V'(a) = V(a) \cap Y$ は Y の開集合で，$(f|_Y)(V'(a)) = f(V'(a)) \subset f(V(a)) \subset U$. 結局，$a \in V'(a) \subset (f|_Y)^{-1}(U)$ となり，$(f|_Y)^{-1}(U) = \bigcup_{a \in (f|_Y)^{-1}(U)} V'(a)$ は Y の開集合である. ☹

問題 13.1. X, Y を位相空間とし，$Z \subset Y$ を部分位相空間と考える. 写像 $f: X \to Y$ が $f(X) \subset Z$ を満たすとき，値域を Z に制限した写像 $f|^Z: X \to Z$ を $f|^Z(x) = f(x)$ によって決める. f が連続ならば $f|^Z$ も連続であることを証明せよ.

注意 普通，$f|^Z$ も単に f と書く.

2つの位相空間 X, Y があるとき，その直積集合 $X \times Y$ を位相空間にする. $A \subset X \times Y$ が開集合であるとは，$\forall (x, y) \in A$, $\exists U$; X の開集合，$\exists V$; Y の開集合 V; $(x, y) \in U \times V \subset A$ が成り立つときをいう. このようにして得られた $X \times Y$ の位相を**積位相**，この位相をもった $X \times Y$ を**積空間**という.

以下，特に断らない限り，$X \times Y$ は積位相をもつものとする.

例題 13.3. 上のように $X \times Y$ の開集合を定めたとき，開集合の公理 (O_1), (O_2), (O_3) を満たす.

証明 (O_1) は当然満たす. (O_2) を示す. A_α, $\alpha \in \Lambda$ を $X \times Y$ の開集合とする. $a = (x, y) \in \bigcup_{\alpha \in \Lambda} A_\alpha$ とすると，$\exists \alpha(0) \in \Lambda$; $a = (x, y) \in A_{\alpha(0)}$. $A_{\alpha(0)}$ が開集合であることから，$\exists U$; X の開集合，$\exists V$; Y の開集合，$a \in U \times V \subset A_{\alpha(0)}$ となる. $A_{\alpha(0)} \subset \bigcup_{\alpha \in \Lambda} A_\alpha$ だから，$a \in U \times V \subset \bigcup_{\alpha \in \Lambda} A_\alpha$ となり，$\bigcup_{\alpha \in \Lambda} A_\alpha$ は $X \times Y$ の開集合である. (O_3) を示す. $A_1, \cdots, A_n$ を $X \times Y$ の開集合とし，$a = (x, y) \in A_1 \cap \cdots \cap A_n$ とする. 各 i について，$a \in A_i$ であり，A_i は $X \times Y$ の開集合だから，$\exists U_i$; X の開集合，$\exists V_i$; Y の開集合; $a \in U_i \times V_i \subset A_i$. $U_0 = U_1 \cap \cdots \cap U_n$, $V_0 = V_1 \cap \cdots \cap V_n$ はそれぞれ X の開集合，Y の開集合である. 各 i について，$U_0 \subset U_i$, $V_0 \subset V_i$ であり，したがって，$U_0 \times V_0 \subset U_1 \times V_1 \cap \cdots \cap U_n \times V_n$ が成り立つ. 結局，$a \in U_0 \times V_0 \subset A_1 \cap \cdots \cap A_n$ となり，$A_1 \cap \cdots \cap A_n$ は $X \times Y$ の開集合である. ☹

例題 13.4. X, Y, Z を位相空間とし，$Y \times Z$ を積空間とする. $f: X \to Y \times Z$ を $f = (f_1, f_2)$，すなわち，$f(x) = (f_1(x), f_2(x))$，$f_1: X \to Y$, $f_2: X \to Z$ と表すとき，f が連続であるための必要十分条件は，f_1 と f_2 がともに連続であることである.

証明 p_1, p_2 をそれぞれ $Y \times Z$ から Y, Z への射影，すなわち，$p_1(y, z) = y$, $p_2(y, z) = z$ とすると，p_1, p_2 が連続であることを示す. $U \subset Y$ を開集合とする

と，$p_1^{-1}(U)=\{(y,z)\,|\,p_1(y,z)=y\in U\}=U\times Z$. $\forall(y,z)\in U\times Z$, $(y,z)\in U\times Z\subset U\times Z$ が成り立つから，$U\times Z$ は $Y\times Z$ の開集合である．したがって，p_1 は連続．p_2 についても同様である．したがって，f が連続ならば，$f_1=p_1\circ f$, $f_2=p_2\circ f$ より，f_1, f_2 も連続である．

逆に，f_1, f_2 が連続とする．$A\subset Y\times Z$ を開集合として，$f^{-1}(A)$ が開集合であることをいう．$x\in f^{-1}(A)$ とすると $f(x)\in A$ であり，A が開集合だから，$\exists U$, V; それぞれ Y, Z の開集合，$f_1(x)\in U\subset Y$, $f_2(x)\in V\subset Z$, $U\times V\subset A$. f_1, f_2 の連続性より，$f_1^{-1}(U)$, $f_2^{-1}(V)$ は x を含む開集合である．$W=f_1^{-1}(U)\cap f_2^{-1}(V)$ とおけば，W は x を含む開集合で，$f(W)\subset U\times V\subset A$，すなわち，$x\in W\subset f^{-1}(A)$ となる．したがって，定理 13.1 の証明と同様に $f^{-1}(A)$ は開集合となる．😁

問題 13.2. $\boldsymbol{R}$ に通常の位相をいれる．$\boldsymbol{R}^2=\boldsymbol{R}\times\boldsymbol{R}$ において，今述べた積位相と普通の距離からはいる位相は一致することを示せ．

位相空間 X 上にある同値関係 $\sim$ が与えられているとする．このとき，同値類全体からなる商空間 $X/\sim$ を考えた．$Y=X/\sim$ の開集合を次のように決める．$p: X\to Y=X/\sim$ を自然な射影，すなわち，$p(x)=C(x)=\{y\,|\,y\sim x\}$ とする．このとき，$U\subset Y$ が Y の開集合であるのは，$p^{-1}(U)$ が X の開集合であるときと定める．Y 上のこの位相を**商空間の位相**という．

問題 13.3. 開集合を上のように決めると開集合の公理を満たすことを示せ．

Y を商空間と考えたとき，自然な射影 $p: X\to Y$ は連続である．実際，$U\subset Y$ を開集合とすると，Y の位相の入れ方から $p^{-1}(U)\subset X$ は開集合である．

例題 13.5. X, Y, $p: X\to Y$ を上と同様とし，Z を位相空間とする．2つの写像 $f: X\to Z$, $g: Y\to Z$ があって，$f=g\circ p$ が成り立つとする．このとき，g が連続であるための必要十分条件は f が連続であることである．

証明 g が連続なら，p は連続だから $f=g\circ p$ も連続である(問題 5.5)．逆に，f が連続のとき，Z の開集合 U に対して，$g^{-1}(U)\subset Y$ が $Y=X/\sim$ の開集合であることをいう．$p^{-1}(g^{-1}(U))=(g\circ p)^{-1}(U)=f^{-1}(U)$ だから，f の連続性より $f^{-1}(U)=p^{-1}(g^{-1}(U))$ も開集合であり，Y の位相の入れ方から $g^{-1}(U)$ は開集合である．😁

例 13.2. 位相空間 X とその部分集合 A が与えられたとき，$x, y\in X$ に対して，$x\sim y$ を "$x=y$ または $x\in A$, $y\in A$" としたとき，$\sim$ は X 上の同値関係を

与える．このとき，商空間 $X/\sim$ を X から **A を一点に潰して得られる空間**という（図 11)．

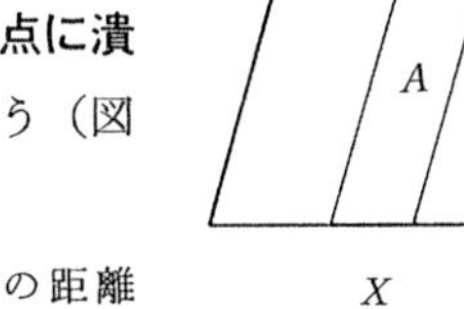

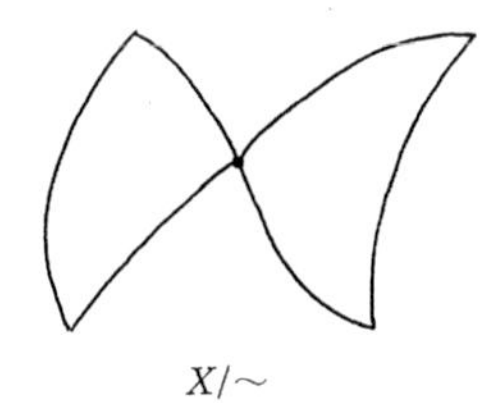

図 11

例題 13.6. $\boldsymbol{R}$ を通常の距離による位相空間とする．$\boldsymbol{R}$ 上の同値関係を $x, y \in \boldsymbol{R}$ に対して，$x \sim y \Leftrightarrow x-y \in \boldsymbol{Z}$ と定義する．

$Y = X/\sim$ を上に述べた商空間としての位相空間とする．$S^1 = \{(x, y) \mid x^2+y^2=1\} \subset \boldsymbol{R}^2$ を $\boldsymbol{R}^2$ の部分空間と考えたとき Y は S^1 と同相である．

証明　写像 $g: Y \to S^1$ を，$a \in Y$ に対して，$a = C(t)$ として，$g(a) = (\cos(2\pi t), \sin(2\pi t))$ と決める．$g(a)$ が a によって決まり，t によらないことを見る．$a = C(t) = C(t')$ とすると，$\sim$ の決め方から $t - t' \in \boldsymbol{Z}$．すなわち，$t = t'+k$, $k \in \boldsymbol{Z}$．このとき，

$$\cos(2\pi t) = \cos(2\pi(t'+k)) = \cos(2\pi t'+2\pi k) = \cos(2\pi t'),$$
$$\sin(2\pi t) = \sin(2\pi(t'+k)) = \sin(2\pi t'+2\pi k) = \sin(2\pi t')$$

だから $g(a)$ は t によらない．$p: \boldsymbol{R} \to Y$ を自然な射影とし，$f: \boldsymbol{R} \to S^1$ を $f(t) = (\cos 2\pi t, \sin 2\pi t)$ によって定義すると，$f = g \circ p$ である．f は連続だから，例題 13.5 により g も連続である．

次に g が全単射であることを示す．

$x = (\cos\theta, \sin\theta) \in S^1$ とする．$a = C(\theta/2\pi)$ とすれば，$g(a) = x$．g は全射である，また，$g(C(t)) = g(C(t'))$ とすれば，$(\cos 2\pi t, \sin 2\pi t) = (\cos 2\pi t', \sin 2\pi t')$ だから，$2\pi(t-t') = 2\pi k$, $k \in Z$ となり，$t \sim t'$．すなわち，$C(t) = C(t')$ となり，g は単射である．

最後に，g^{-1} が連続であることを示す．問題 5.5 により，$V \subset Y$ を閉集合として，$(g^{-1})^{-1}(V) = g(V)$ が閉集合であることをいえばよい．

$Y = g([0,1])$ であり，$[0,1]$ はコンパクトであるから，定理 12.3 より，Y もコンパクトである．したがって，$V \subset Y$ も定理 12.2 よりコンパクト．再び定理 12.3 により，$g(V)$ はコンパクトである．S^1 は距離空間だから，Hausdorff 空間であり，定理 11.5 より $g(V)$ は閉集合である．これで，g^{-1} も連続であることが示されたので g は同相写像である．☹

問題 13.4.　$(x_1, x_2), (y_1, y_2) \in \boldsymbol{R}^2$ に対して，$(x_1, x_2) \sim (y_1, y_2)$ を $x_1 - x_2 \in \boldsymbol{Z}$, $y_1 - y_2 \in \boldsymbol{Z}$ のときと決める．商空間 $\boldsymbol{R}^2/\sim$ を T^2 と書き，2 次元トーラスとよぶ．T^2 が $S^1 \times S^1$ と同相であることを示せ．

演 習 問 題 3

1.　$X = \boldsymbol{R}^2$, $Y = \{(x, y) \in \boldsymbol{R}^2 \mid x \geqq 0, y > 0\}$ とする．X は通常の距離によって位相空間と考え，Y は X の部分空間として位相空間と考える．$A = \{(x, y) \in R^2 \mid 0 \leqq x \leqq 1, 0 < y \leqq 1\}$ とする(図 12)．次を示せ．

（1）　AはYの中では閉集合だがXの中ではそうでない．

（2）　AのXの中での閉包 $\bar{A}^X$，AのYの中での閉包を $\bar{A}^Y$ としたとき，$\bar{A}^Y \subsetneq \bar{A}^X$．

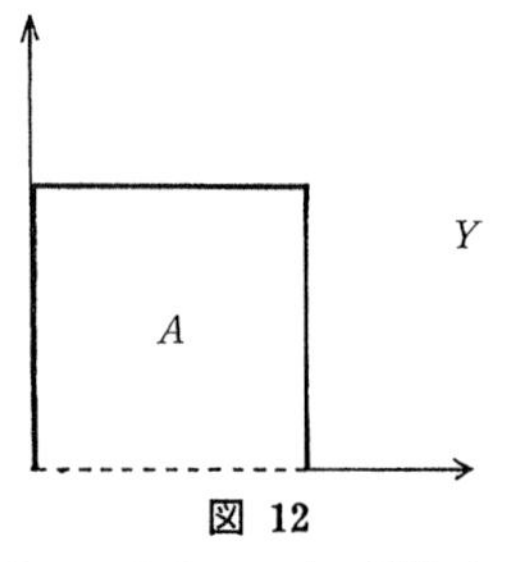

図 12

2.　$X=\boldsymbol{R}$，$Y=[0,1]\cup(2,3)$ とし，Yを$\boldsymbol{R}$の部分空間と考える．$[0,1]$ も $(2,3)$ も共にYの中では開集合かつ閉集合であることを示せ．

3.　Xを位相空間，$Y\subset X$ をその部分空間と考える．このとき，次を示せ．

（1）　YがXの開集合ならば，$A\subset Y$がYの中で開集合であることとXの中で開集合であることとは同値である．

（2）　YがXの閉集合ならば，$A\subset Y$がYの中で閉集合であることと X の中で閉集合であることとは同値である．

4.　Xを位相空間，$X\times X$を積位相をもつ位相空間とする．このとき，対角線集合 $\Delta=\{(x,x)\in X\times X \mid x\in X\}$ が $X\times X$ の中で閉であることとXが Hausdorff 空間であることとが同値であることを示せ．

5.　Xをコンパクト位相空間，Yを Hausdorff 位相空間とする．このとき，連続な全単射 $f:X\to Y$は同相写像であることを証明せよ．(Hint：例題 13.6 を参照せよ．)

6.　X, Yが Hausdorff なら $X\times Y$ も Hausdorff であることを示せ．

7.　$y_0\in Y$としたとき，$X\times\{y_0\}$ を $X\times Y$の部分空間と考えたとき，Xと $X\times\{y_0\}$ が同相であることを示せ．

8.　X, Yを連結な位相空間とする．

（1）　$X\times\{y_0\}\cup\{x_0\}\times Y$を $X\times Y$ の部分空間と考えたとき，連結であることを示せ．

（2）　$X\times Y$も連結であることを示せ．

9.　X, Yがコンパクトなとき，$X\times Y$もコンパクトであることを次の手順で示せ．

（1）　$\mathscr{U}=\{O_\alpha \mid \alpha\in\Lambda\}$ を$X\times Y$の開被覆とすると，$\forall(x,y)\in X\times Y$, $\exists U(x,y)$；x の開近傍，$\exists V(x,y)$；y の開近傍，$\exists\alpha(x,y)\in\Lambda$；$U(x,y)\times V(x,y)\subset O_{\alpha(x,y)}$ が成り立つことを示せ．

$\{U(x,y) \mid x\in X\}$ は $X\times\{y\}$ の開被覆となるが，

（2）　$\exists W(y)$；yの開近傍，$X\times W(y)$ も$\mathscr{U}$の有限個の要素で覆われることを示せ．

（3）　$X\times Y$は$\mathscr{U}$の有限個の要素で覆われることを示せ．

第4章

完備距離空間とフラクタル

§14. 完備距離空間と縮小写像の定理

応用範囲の広い“縮小写像定理”について述べる．

距離空間Xの中の点列 a_i, $i\in \boldsymbol{N}$ が**コーシー列**であるとは次が成り立つときをいう．

$$\forall \varepsilon>0, \exists N;\ m, n\geqq N \Rightarrow d(a_m, a_n)<\varepsilon.$$

点列a_i, $i\in \boldsymbol{N}$ が a_0 に収束するなら，$\forall \varepsilon>0, \exists N;\ n\geqq N \Rightarrow d(a_n, a_0)<\varepsilon/2$ が成り立つ．したがって，$m, n\geqq N$ならば，

$$d(a_m, a_n)\leqq d(a_m, a_0)+d(a_0, a_n)<\varepsilon/2+\varepsilon/2=\varepsilon$$

となり，a_iはコーシー列である．

この逆が成り立つとき，すなわち，Xの任意のコーシー列が収束するとき，Xを**完備**という．

定理 14.1. 通常の距離をもつ$\boldsymbol{R}$は完備である．

補題 14.1. コーシー列 $a_n, n\in \boldsymbol{N}$ が収束する部分列をもつならば $a_n, n\in \boldsymbol{N}$ も収束する．

証明 $a_{n(i)}$, $i\in \boldsymbol{N}$ を収束する a_n の部分列とし，a_0 をその収束先とすると，$\forall \varepsilon>0, \exists N_1;\ i\geqq N_1 \Rightarrow d(a_{n(i)}, a_0)<\varepsilon/2$. a_nはコーシー列だから，$\exists N_2;\ m, n\geqq N_2 \Rightarrow d(a_m, a_n)<\varepsilon/2$. 自然数 l を $n(l)\geqq N_2$ かつ $l\geqq N_1$ にとると，$n\geqq n(l) \Rightarrow d(a_n, a_0)\leqq d(a_n, a_{n(l)})+d(a_{n(l)}, a_0)<\varepsilon/2+\varepsilon/2=\varepsilon$ となり，a_n は a_0 に収束する． 😊

(定理 14.1 の)**証明** $a_i, i\in \boldsymbol{N}$ を$\boldsymbol{R}$のコーシー列とする．$\varepsilon=1$ として，$\exists N$；$m, n\geqq N \Rightarrow d(a_m, a_n)<1$. $m=N$として，$n\geqq N \Rightarrow a_n\in[a_N-1, a_N+1]$. 閉区間は点列コンパクトだから，点列 a_{N+j}, $j\in \boldsymbol{N}$ は収束する部分列をもつ．したが

って，補題 14.1 より定理が示された．😁

問題 14.1. 完備距離空間の閉集合は完備であることを示せ．

通常の距離をもった $(-1,1)\subset \boldsymbol{R}$ は完備でない．例えば，$a_n=1-(1/n)$ はコーシー列であるが $1\notin(-1,1)$ だから $(-1,1)$ の中では収束しない．

また，$f:(-1,1)\to\boldsymbol{R}$ を $f(x)=\tan\left(\dfrac{\pi}{2}x\right)$ とすれば，f は連続な逆写像 $x=\dfrac{2}{\pi}\tan^{-1}y$ をもつから同相写像である．すなわち，完備性は位相不変な性質ではない．

2点の距離を必ず一定の割合以下で縮める写像を縮小写像という．完備距離空間での縮小写像が唯一つの不動点をもつことを示したのが"縮小写像定理"とよばれる次の定理 14.2 である．

X を距離空間とする．写像 $f:X\to X$ が次を満たすとき，**リプシッツ写像**という．

$$\exists r\geqq 0;\ \forall x,y\in X,\ d(f(x),f(y))\leqq rd(x,y)$$

このとき，r を f の**リプシッツ定数**という．特に，$r<1$ にとれるとき，f を**縮小写像**という．

定理 14.2.（縮小写像定理） X を完備距離空間，$f:X\to X$ を縮小写像とすると，任意の $x\in X$ について，点列 $x, f(x), f^2(x), f^3(x), \cdots$ は収束する．さらに，$f^i(x)\to x_0$ とすると $f(x_0)=x_0$ が成り立つ．逆に，$f(y_0)=y_0$ ならば $y_0=x_0$ である．ただし，$f^2=f\circ f$，$f^3=f\circ f\circ f, \cdots, f^i=f\circ f^{i-1}, \cdots$ とする．

補題 14.2. X の中の点列 $x_i, i\in\boldsymbol{N}$ が，ある $r<1$ に対して，$d(x_{i+2},x_{i+1})\leqq rd(x_{i+1},x_i)$，$i\in\boldsymbol{N}$ を満たすなら，$x_i, i\in\boldsymbol{N}$ はコーシー列である．

証明 $n>0$ に対して，$d(x_{n+1},x_n)\leqq rd(x_n,x_{n-1})\leqq r^2d(x_{n-1},x_{n-2})\leqq r^3d(x_{n-2},x_{n-3})\leqq\cdots\leqq r^{n-1}d(x_2,x_1)$．$m\geqq n\geqq N$ とすると，

$$\begin{aligned}
d(x_m,x_n)&\leqq d(x_m,x_{m-1})+d(x_{m-1},x_n)\\
&\leqq d(x_m,x_{m-1})+d(x_{m-1},x_{m-2})+d(x_{m-2},x_n)\\
&\ \ \vdots\\
&\leqq d(x_m,x_{m-1})+d(x_{m-1},x_{m-2})+\cdots+d(x_{n+1},x_n)\\
&\leqq r^{m-2}d(x_2,x_1)+r^{m-3}d(x_2,x_1)+\cdots+r^{n-1}d(x_2,x_1)\\
&\leqq r^{n-1}(r^{m-n-1}+r^{m-n-2}+\cdots+r+1)d(x_2,x_1)\\
&\leqq r^{n-1}\cdot\frac{1}{1-r}\cdot d(x_2,x_1)\\
&\leqq r^{N-1}\cdot\frac{1}{1-r}\cdot d(x_2,x_1).
\end{aligned}$$

$r<1$ だから最右辺は N を大きくすればいくらでも小さくなり，点列 $x_i, i\in\boldsymbol{N}$

はコーシー列である． ☺

（定理 14.2 の） **証明**　$x \in X$ に対して，$x_i = f^i(x)$，$i \in \boldsymbol{N}$ とおく．f が縮小写像だから，ある $r<1$ に対して，

$$d(x_{i+1}, x_{i+2}) = d(f^{i+1}(x), f^{i+2}(x)) \leqq rd(f^i(x), f^{i+1}(x)) = rd(x_i, x_{i+1}).$$

補題 14.2 より $x_i, i \in \boldsymbol{N}$ はコーシー列，X は完備だから，ある $x_0 \in X$ に対して，$x_i \to x_0$．f の連続性より，$x_{i+1} = f(x_i) \to f(x_0)$．結局 $x_i \to x_0$，$x_i \to f(x_0)$ だから $x_0 = f(x_0)$．

次に，$f(y_0) = y_0$ とすると，$d(x_0, y_0) = d(f(x_0), f(y_0)) \leqq rd(x_0, y_0)$．したがって，$(1-r)d(x_0, y_0) \leqq 0$．これは $d(x_0, y_0) = 0$ を意味し，$x_0 = y_0$ である． ☺

§15.　写像の空間と完備性

X をコンパクト空間，Y を距離空間とする．X から Y への連続写像全体の作る空間 $C(X, Y) = \{f \mid f : X \to Y, 連続\}$ に距離 ρ を，$f, g \in C(X, Y)$ に対して，

$$\rho(f, g) = \max\{d(f(x), g(x)) \mid x \in X\}$$

によって定義する．

まず，右辺の最大値が存在することを確かめる．$F : X \to Y \times Y$ を $F(x) = (f(x), g(x))$ と決めると例題 13.4 によって F は連続である．三角不等式より，距離 $d : Y \times Y \to \boldsymbol{R}$ も連続だから，$d(f(x), g(x)) = d \circ F(x)$ より，$d(f(x), g(x))$ は x の連続関数である．X はコンパクトだから，$d(f(x), g(x))$ は X 上で最大値をもつ． ☺

ρ が距離の公理を満たすことは例 10.2 と同様である．

定理 15.1.　X がコンパクトで Y が完備ならば，$(C(X, Y), \rho)$ も完備である．

証明　$f_i \in C(X, Y)$，$i \in \boldsymbol{N}$ をコーシー列とする．ρ の決め方から，$\forall x \in X$，$d(f_m(x), f_n(x)) \leqq \rho(f_m, f_n)$．したがって，$f_i(x), i \in \boldsymbol{N}$ は Y のコーシー列である．Y は完備だから，$\exists y \in Y$; $f_i(x) \to y$．$y = f(x)$ によって，$f : X \to Y$ を決める．$f_i, i \in \boldsymbol{N}$ はコーシー列だから，$\forall \varepsilon > 0, \exists N_1$; $m, n \geqq N_1 \Rightarrow \max\{d(f_m(x), f_n(x)) \mid x \in X\} < \varepsilon/2$．$f_i(x) \to y = f(x)$ より，$\forall \varepsilon > 0$，$\exists N_2$; $n \geqq N_2 \Rightarrow d(f_n(x), f(x)) < \varepsilon/2$．$n \geqq \max\{N_1, N_2\}$ としておくと，$m \geqq N_1$ ならば，$d(f_m(x), f(x)) \leqq d(f_m(x), f_n(x)) + d(f_n(x), f(x)) < \varepsilon/2 + \varepsilon/2 = \varepsilon$．（このとき，$x$ が変わると N_2，したがって n は変わるかもしれないが N_1 は x によらずに決っている．）

結局，$m \geqq N_1$ なら，$\forall x \in X$，$d(f_m(x), f(x)) < \varepsilon$．ここで，$f$ が連続であることを示す．$x_0 \in X$ とする．今示したことより，

(＊)　　$\forall \varepsilon > 0, \exists N_1; m \geqq N_1 \Rightarrow \forall x \in X, d(f_m(x), f(x)) < \varepsilon/3.$

f_m は連続だから，$\exists \delta > 0$；$|x_0 - x| < \delta \Rightarrow d(f_m(x), f_m(x_0)) < \varepsilon/3.$

したがって，$|x_0 - x| < \delta$ なら，$d(f(x_0), f(x)) \leqq d(f(x_0), f_m(x_0)) + d(f_m(x_0), f_m(x)) + d(f_m(x), f(x)) < \varepsilon/3 + \varepsilon/3 + \varepsilon/3 = \varepsilon$．$x_0 \in X$ は任意だから，$f \in C(X, Y)$．(＊)より，$f_i \to f$．　☹

問題 15.1.　$X \subset \boldsymbol{R}^n$ をコンパクトとすると X は完備であることを示せ．

§16.　フラクタル

フラクタルとは，その図形のどんなに小さな部分をとってもその形が元の図形と同じものをいう．フラクタルの数学的取扱いの1つの枠組である“反復写像系”の理論について述べる．まず，例から示す．

例 16.1.　(シェルピンスキー・ガスケット) 平面上の境界を含む正三角形 ABC を S_1 とする．各辺の中点を A_1, B_1, C_1 とし，$S_2 = S_1 - \mathrm{Int}\,\triangle A_1B_1C_1$ とする．S_2 は3つの正三角形からできているが，このそれぞれに今と同じ操作を行い，残った9つの正三角形からなる図形を S_3 とする．S_3 の各正三角形から中央部の小正三角形の内部を除いた図形を S_4，S_4 の27個の正三角形の中央部の小正三角形の内部を除いたものを S_5 とする．以下同様にして，S_i の各正三角形から中央部の小正三角形の内部を取り除いて S_{i+1} を作る．$S = \bigcap_{i \in \boldsymbol{N}} S_i$ とし，S を $\boldsymbol{R}^2$ の部分空間と考えたものを**シェルピンスキー・ガスケット**という(図13)．

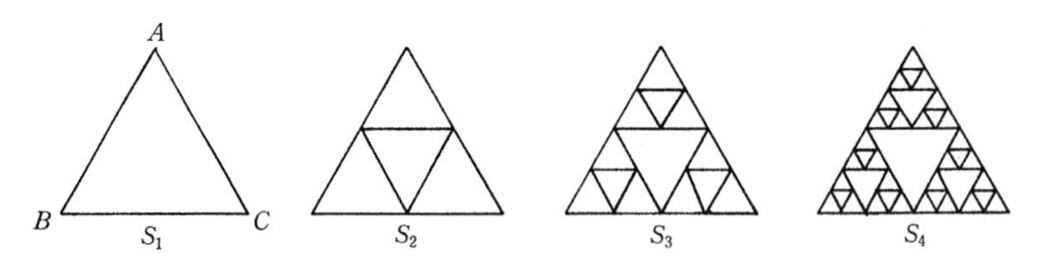

図 13

例 16.2.　(コッホ曲線)　連続写像 $f_1 : [0, 1] \to \boldsymbol{R}^2$ を $f_1(x) = (x, 0)$ と決める．$f_2 : [0, 1] \to \boldsymbol{R}^2$ を次のように決める(図 14)．

$$f_2(x)=\begin{cases}(x,0), & 0\leqq x\leqq\frac{1}{3},\ \frac{2}{3}\leqq x\leqq 1,\\ \left(x,\sqrt{3}\,x-\frac{\sqrt{3}}{3}\right), & \frac{1}{3}\leqq x\leqq\frac{1}{2},\\ \left(x,-\sqrt{3}\,x+\frac{2\sqrt{3}}{3}\right), & \frac{1}{2}\leqq x\leqq\frac{2}{3}.\end{cases}$$

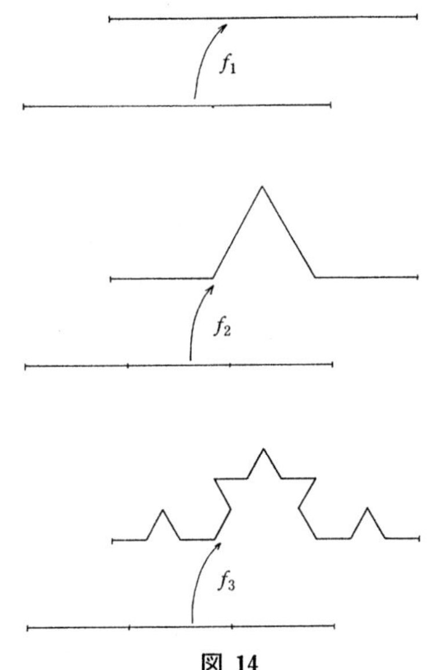

図 14

f_2 は f_1 の像において中央の 1/3 の部分を――の形から ⋀ の形に変えたものである．その結果，f_2 の像は長さ 1/3 の 4 つの線分からできている．次に，この 4 つの各線分の中央 1/3 の部分を――から ⋀ に変えて連続写像 $f_3:[0,1]\to\boldsymbol{R}^2$ を作る．f_3 を f_2 のように式で表すこともできるが，式の形は重要ではない．以下同様にして，f_i の像は長さ $(1/3)^{i-1}$ の線分が 4^{i-1} 個接がったものであるが，この各線分の中央 1/3 において――を ⋀ に変えて得られる連続写像を f_{i+1} とする．このようにして，連続写像の空間 $\mathscr{C}=C([0,1],\boldsymbol{R}^2)$ の中の点列，$f_i\in\mathscr{C}$, $i\in\boldsymbol{N}$ を得る．$\rho(f_2,f_1)=\max\{d(f_2(x),f_1(x))\,|\,x\in[0,1]\}$ だから，図 14 からわかるように $\rho(f_2,f_1)=d(f_2(1/2),f_1(1/2))$ である．次に，$\rho(f_3,f_2)$ を考えると，f_3 の像と f_2 の像は各部分で f_2,f_1 の像を 1/3 倍したものだから，$\rho(f_3,f_2)=\frac{1}{3}\rho(f_2,f_1)$ となる（図 15）．以下同様に，$\rho(f_{i+2},f_{i+1})=\frac{1}{3}\rho(f_{i+1},f_i)$, $i\in\boldsymbol{N}$ が成り立つから，補題 17.2 より f_i はコーシー列である．定理 18.1 より，$\mathscr{C}$ は完備だから，$\exists f\in\mathscr{C}$; $f_i\to f$. この $f:[0,1]\to\boldsymbol{R}^2$ を**コッホ曲線**とよぶ．

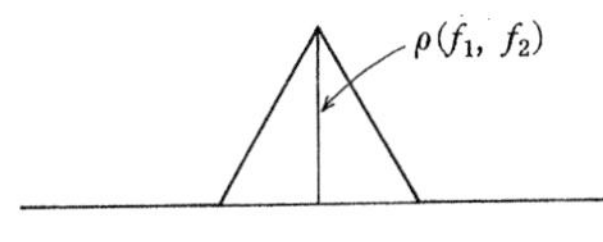

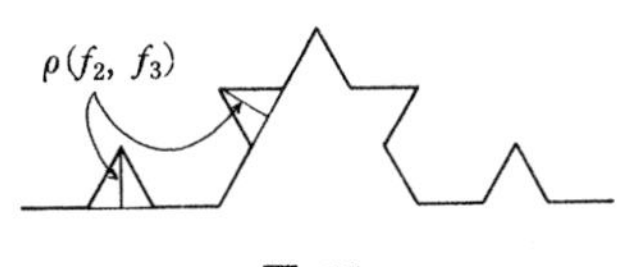

図 15

例 16.3.　$I=[0,1]$ として，$g_1:I\to\boldsymbol{R}^2$ を次式で決める．

$$g_1(t)=\begin{cases}(t,t), & 0\leqq t\leqq\frac{1}{2},\\ (t,-t+1), & \frac{1}{2}\leqq t\leqq 1.\end{cases}$$

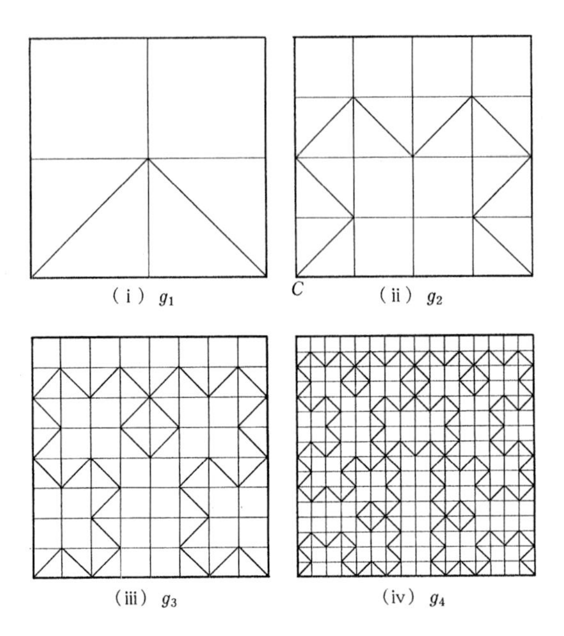

（i）g_1　　（ii）g_2

（iii）g_3　　（iv）g_4

図 16

次に，g_2 を次の式で決める．g_2 の像は図 16（ii）のようになる．（g_2 の式の形には重要な意味はない．）

$$
g_2(t)=\begin{cases}
(2t, 2t), & 0\leqq t\leqq \frac{1}{8}, \\
\left(-2t+\frac{1}{4},\ 2t+\frac{1}{4}\right), & \frac{1}{8}\leqq t\leqq \frac{2}{8}, \\
\left(2t-\frac{1}{2},\ 2t\right), & \frac{2}{8}\leqq t\leqq \frac{3}{8}, \\
\left(2t-\frac{1}{2},\ -2t+\frac{3}{2}\right), & \frac{3}{8}\leqq t\leqq \frac{4}{8}, \\
\left(2t-\frac{1}{2},\ 2t-\frac{1}{2}\right), & \frac{4}{8}\leqq t\leqq \frac{5}{8}, \\
\left(2t-\frac{1}{2},\ -2t+2\right), & \frac{5}{8}\leqq t\leqq \frac{6}{8}, \\
\left(-2t-\frac{5}{2},\ -2t+2\right), & \frac{6}{8}\leqq t\leqq \frac{7}{8}, \\
(2t-1,\ -2t+2), & \frac{7}{8}\leqq t\leqq 1.
\end{cases}
$$

g_2 の像において，$I\times I$ を 4 等分すると g_1 の像を 1/2 倍したもの，あるいはそれを回転したものが現れている．4 等分した各正方形で g_1 から g_2 を作ったのと同じ操作をして g_3 を作る．以下同様にして，$g_i, i\in \boldsymbol{N}$ を作る．$g_i, i\in \boldsymbol{N}$ は連続で，$\rho(g_{i+1}, g_i)=\frac{1}{2}\rho(g_i, g_{i-1})$，$i\geqq 2$ が成り立つから，$\mathscr{C}$ の中のコーシー列である．したがって，$\exists g\in \mathscr{C}$；

$g_i \to g$. このとき，次に示すように，g はその像が正方形を埋めつくす連続写像である．

命題 16.1. $g(I)=I\times I$.

証明 $G=\bigcup_{i\in N} g_i(I)$ とおく．$y\in g(I)$ とすると，$y=g(x)$. $g_i\to g$ より，$g_i(x)\to g(x)$ だから $y\in \bar{G}$. すなわち，$g(I)\subset \bar{G}\subset \overline{I\times I}=I\times I$. 次に，$I\times I\subset g(I)$ を示す．g_i の像は，$I\times I$ を 2^i 等分した小正方形のすべてと交わるから，$\forall y\in I\times I$, $\exists y_i\in g_i(I)$; $d(y, y_i)<\sqrt{2}/2^i$ が成り立つ．したがって，$\forall y\in I\times I$, $\exists N_1$; $\forall i\geqq N_1$, $\exists x_i\in[0,1]$; $d(y, g_i(x_i))<\varepsilon/2$. $g_i\to g$ より，$\exists N_2$; $i\geqq N_2 \Rightarrow \rho(g_i, g)<\varepsilon/2$. $N=\max\{N_1, N_2\}$ に対して，$d(y, g(x_N))\leqq d(y, g_N(x_N))+d(g_N(x_N), g(x_N))<\varepsilon/2+\varepsilon/2=\varepsilon$ となる．結局，$I\times I$ の任意の点にいくらでも近い $g(I)$ の点が存在するから，$I\times I\subset\overline{g(I)}$. $g(I)$ は $\boldsymbol{R}^2$ の中のコンパクト集合より閉集合だから，$\overline{g(I)}=g(I)$. 結局，$I\times I\subset g(I)$. ☹

§17. 反復写像系とフラクタル

フラクタルを数学的に扱う方法として“反復写像系”の理論を述べる．まず，カントール集合を反復写像系を用いて表す．

連続写像 $f_i: I\to I$, $i=1,2$ を，$f_1(x)=\frac{1}{3}x$, $f_2(x)=\frac{1}{3}x+\frac{2}{3}$ と決める．集合 $A_i\subset I$ を次のように決める．$A_0=I$, $A_1=f_1(A_0)\cup f_2(A_0)$, A_{i-1} まで決まったとして A_i を，$A_i=f_1(A_{i-1})\cup f_2(A_{i-1})$ とする．図 17 よりわかるように，$C=\bigcap_{i\in N} A_i$ はカントール集合である．

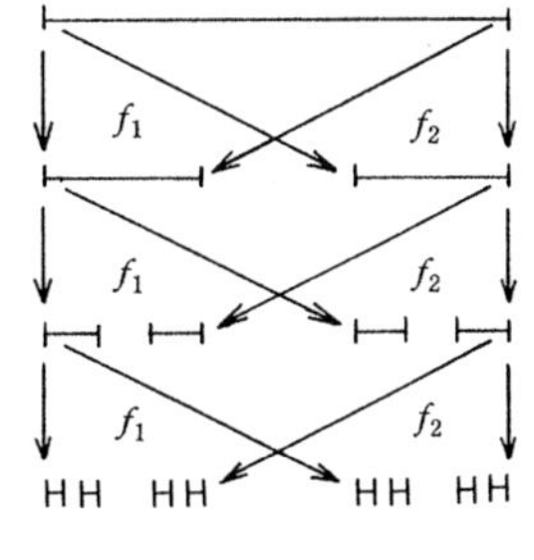

図 17

命題 17.1. カントール集合 C は，方程式 $C=f_1(C)\cup f_2(C)$ を満たす．

証明 $f_i, i=1,2$ が単射であることと $f_1(I)\cap f_2(I)=\phi$ に注意すると，

$$C=\bigcap_{i\in N}A_i=A_1\cap(\bigcap_{i\in N}A_{i+1})=A_1\cap(\bigcap_{i\in N}(f_1(A_i)\cup f_2(A_i)))$$
$$=(\bigcap_{i\in N}f_1(A_i))\cup(\bigcap_{i\in N}f_2(A_i))=f_1(\bigcap_{i\in N}A_i)\cup f_2(\bigcap_{i\in N}A_i)$$
$$=f_1(C)\cup f_2(C). \quad ☹$$

問題 17.1. 上の証明で，$f_1(I)\cap f_2(I)=\phi$ を用いた所を指摘せよ．

一般に，写像 $f_i: X\to X$, $i=1,2,\cdots,k$ に対して，$A\subset X$ が $A=f_1(A)\cup f_2(A)\cup\cdots\cup f_k(A)$ を満たすとき A を**反復写像系** $f_i, i=1,\cdots,k$ **の不変集合**とよぶ．

命題 17.1 を一般化しよう．$X\subset \boldsymbol{R}^n$ とし，$\mathscr{H}(X)=\{A\subset X \mid A$：コンパクト，$A\neq\phi\}$ とする．

注意　演習問題4の6を用いれば，以下の議論で$X\subset \boldsymbol{R}^n$の仮定は必要なく，$X$が完備距離空間であればよいことがわかる．

$\mathscr{H}(X)$ に距離を定める．$A\in\mathscr{H}(X)$ に対して，$N_\varepsilon(A)=\{y\in X\,|\,d(y,A)\leqq\varepsilon\}$ とする，ただし，$d(y,A)=\inf\{d(y,x)\,|\,x\in A\}$．$A$ はコンパクトだから $d(y,A)=\min\{d(y,x)\,|\,x\in A\}$ でもある．$A,B\in\mathscr{H}(X)$ に対して，

$$\delta(A,B)=\inf\{\varepsilon\,|\,A\subset N_\varepsilon(B),\,B\subset N_\varepsilon(A)\}$$

とする．このとき，次が成り立つ．

定理 17.1.　Xが完備のとき，$(\mathscr{H}(X),\delta)$ も完備距離空間である．

証明　δ が $\mathscr{H}(X)$ 上の距離であることを示す（δ を Hausdorff の距離とよぶ.）．

(D_1) $A=B$ とすると，$A\subset N_0(B)$，$B\subset N_0(A)$ だから，$\delta(A,B)=0$．逆に，$\delta(A,B)=0$ とする．δ の定義より，$\forall\varepsilon>0$, $A\subset N_\varepsilon(B)$, $B\subset N_\varepsilon(A)$．仮に，$x\in A$ かつ $x\notin B$ とすると，$d(x,B)>0$．$\eta=d(x,B)/2$ とすると $x\notin N_\eta(B)$ となるが，これは $\delta(A,B)\geqq\eta$ を意味する．したがって，$A\subset B$．同様にして，$B\subset A$．結局，$A=B$.

(D_2) は δ の決め方から成り立つ．

(D_3)　$A,B,C\in\mathscr{H}(X)$ に対して，$\delta(A,C)\leqq\delta(A,B)+\delta(B,C)$ を示す．まず，　$N_{\alpha+\beta}(A)\supset N_\alpha(N_\beta(A))$ に注意する．$\delta(A,B)=\alpha$，$\delta(B,C)=\beta$ とおく．$\alpha'>\alpha$，$\beta'>\beta$ ならば $N_{\alpha'}(A)\supset B$，$N_{\alpha'}(B)\supset A$，$N_{\beta'}(B)\supset C$，$N_{\beta'}(C)\supset B$ が成り立つ．したがって，$N_{\alpha'+\beta'}(A)=N_{\beta'}(N_{\alpha'}(A))\supset N_{\beta'}(B)\supset C$，$N_{\alpha'+\beta'}(C)\supset N_{\alpha'}(N_{\beta'}(C))\supset N_{\alpha'}(B)\supset A$ が成り立ち，$\delta(A,C)\leqq\alpha'+\beta'$．$\alpha'$ と β' は α と β にいくらでも近くとれるから，$\delta(A,C)\leqq\alpha+\beta=\delta(A,B)+\delta(B,C)$ も成り立つ．

問題 17.2.　$N_{\alpha+\beta}(A)\supset N_\alpha(N_\beta(A))$ を確かめよ．

$\mathscr{H}(X)$ の完備性を示す．$A_i\in\mathscr{H}(X)$, $i\in\boldsymbol{N}$ をコーシー列とする．このとき，

$$A=\{x\,|\,\exists x_k\in A_k,\,k\in\boldsymbol{N};\ x_k\to x\}$$

とする．$A\in\mathscr{H}(X)$ であること，および A_i が $\mathscr{H}(X)$の中で A に収束することをいくつかの議論に分けて示す．

以下の議論は少々こみいっているので，いったん飛ばして先に進んでもかまわない．

（1）　$\forall\varepsilon>0,\exists N;\ A\subset A_\varepsilon(A_N)$ を示す．$A_i, i\in\boldsymbol{N}$ はコーシー列だから，$\forall\varepsilon>0,\exists N;\ m,n\geqq N\Rightarrow\delta(A_m,A_n)<\varepsilon/2$ が成り立つ．$x\in A$ とすると，$\exists x_k\in A_k$,

$k\in\boldsymbol{N}$; $x_k\to x$. したがって, $\exists N'$; $k\geqq N' \Rightarrow d(x_k, x)<\varepsilon/2$. $k=\max\{N, N'\}$ とすれば, $\delta(A_k, A_N)<\varepsilon/2$ となり $A_k\subset N_{\varepsilon/2}(A_N)$. したがって, $x_k\in A_k$ より $\exists x_N\in A_N$; $d(x_k, x_N)\leqq\varepsilon/2$. $d(x_N, x)\leqq d(x_N, x_k)+d(x_k, x)<\varepsilon/2+\varepsilon/2=\varepsilon$ より, $x\in N_\varepsilon(A_N)$. 結局, $A\subset N_\varepsilon(A_N)$ となる.

（2） $A_N\subset N_\varepsilon(A)$ を示す, $A_i, i\in\boldsymbol{N}$ がコーシー列であることの定義における ε を $\varepsilon/2^j$, $j\in\boldsymbol{N}$ とすると, 自然数の列, $N(1)=N<N(2)<N(3)<\cdots<N(j)<N(j+1)<\cdots$ があって, $m\geqq N(j)\Rightarrow\delta(A_m, A_{N(j)})<\varepsilon/2^j$ が成り立つ. $y\in A_N$ に対して, 点列 $x_i\in A_i$, $i\in\boldsymbol{N}$ を次のように決める. $i<N(1)$ に対しては x_i を $x_i\in A_i$ の範囲で任意にとる. $x_{N(1)}=x_N=y\in A_N$ とする. $N(1)<i\leqq N(2)$ に対しては, $\delta(A_i, A_{N(1)})<\varepsilon/2$ が成り立つから, $\exists z_i\in A_i$; $d(z_i, x_{N(1)})\leqq\varepsilon/2$, そこで, $x_i=z_i$ とする. $N(2)<i\leqq N(3)$ に対しては, $\delta(A_i, A_{N(2)})<\varepsilon/2^2$ より $\exists z_i\in A_i$; $d(z_i, x_{N(2)})\leqq\varepsilon/2^2$, そこで, $x_i=z_i$ とする. 以下同様に続けて, $x_i\in A_i$, $i\in\boldsymbol{N}$ であって, $N(j)<i\leqq N(j+1)$ なら $d(x_i, x_{N(j)})<\varepsilon/2^j$ となるようにできる(図 18). 点列 $x_i, i\in\boldsymbol{N}$ はコーシー列であることを示す. $k\geqq N(j)$ とする. k に対して, $N(j+l)\leqq k<N(j+l+1)$ なる $l\geqq 0$ が決まる. 次が成り立つ.

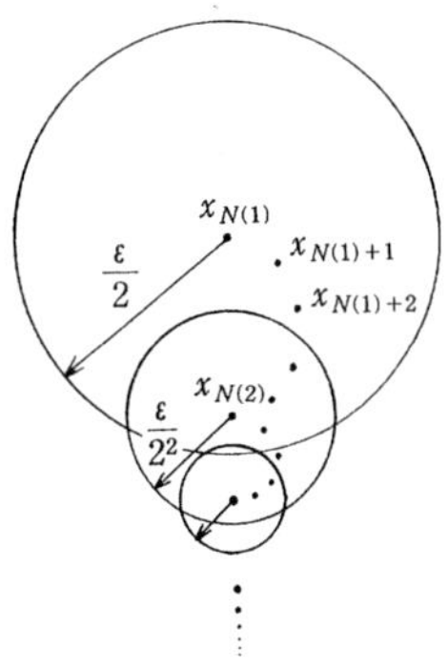

図 18

$$
\begin{aligned}
d(x_{N(j)}, x_k) &\leqq d(x_{N(j)}, x_{N(j+1)})+d(x_{N(j+1)}, x_{N(j+2)})+\cdots\\
&\quad +d(x_{N(j+l-1)}, x_{N(j+l)})+d(x_{N(j+l)}, x_k)\\
&\leqq \varepsilon/2^j+\varepsilon/2^{j+1}+\cdots+\varepsilon/2^{j+l-1}+\varepsilon/2^{j+l}\\
&=\varepsilon/2^j(1+1/2+1/2^2+\cdots+1/2^l)\\
&<\varepsilon/2^j\cdot 2=\varepsilon/2^{j-1}.
\end{aligned}
$$

したがって, $k, m\geqq N(j)$ とすれば,

$$
d(x_k, x_m)\leqq d(x_k, x_{N(j)})+d(x_{N(j)}, x_m)<\varepsilon/2^{j-2}
$$

となり, $x_i, i\in\boldsymbol{N}$ はコーシー列である. Xの完備性より, $\exists x\in X$; $x_i\to x$. $x_i\in A_i$ より $x\in A$. このとき, $d(y, x)\leqq\varepsilon$ である. 実際,

$$
\begin{aligned}
d(y, x)&=d(x_{N(1)}, x)=\lim_{i\to\infty} d(x_{N(1)}, x_i)\\
&=\lim_{j\to\infty} d(x_{N(1)}, x_{N(j)})\\
&\leqq\lim_{j\to\infty}\{d(x_{N(1)}, x_{N(2)})+d(x_{N(2)}, x_{N(3)})+\cdots+d(x_{N(j-1)}, x_{N(j)})\}
\end{aligned}
$$

$$\leqq \lim_{j\to\infty} \{\varepsilon/2 + \varepsilon/2^2 + \cdots + \varepsilon/2^{j-1}\} = \varepsilon.$$

$x \in A$ であるから，$y \in N_\varepsilon(A)$．結局，$A_N \subset N_\varepsilon(A)$．

（3）　Aが閉集合であることを示す．$y \in \bar{A}$ とすると，$\exists y^i \in A, i \in \boldsymbol{N}$；$y^i \to y$．$y^i$ の部分列 $y^{i(l)}, l \in \boldsymbol{N}$ を適当にとれば $d(y^{i(l)}, y) < \dfrac{1}{l}$ とできる．最初から y^i の代りに $y^{i(l)}$ を考えて，$d(y^i, y) < \dfrac{1}{i}$としてよい．$y^i \in A$ より $\exists y^i_j \in A_j, j \in \boldsymbol{N}$；$y^i_j \to y^i$．$y^i_j \to y^i$ より，自然数の列 $J(1) < J(2) < \cdots < J(l) < J(l+1) < \cdots$ を適当にとれば，$j \geqq J(l) \Rightarrow d(y^i_j, y^i) < \dfrac{1}{l}$ とできる．そこで，$z_i = y^i{}_{J(i)}$ とすれば，$d(z_i, y) \leqq d(z_i, y^i) + d(y^i, y) < \dfrac{1}{i} + \dfrac{1}{i} = \dfrac{2}{i}$ だから $z_i \to y$．次に，点列 $x_i \in A_i$, $i \in \boldsymbol{N}$ で $x_i \to y$ となるものを作る．(2) の議論と同様に，自然数の列，$M(1) < M(2) < M(3) < \cdots < M(l) < M(l+1) < \cdots$ があって，$k, m \geqq M(l) \Rightarrow \delta(A_k, A_m) < \dfrac{1}{l}$となる．このとき，$J(l) \leqq M(l), l \in \boldsymbol{N}$ としておく．$i = J(l)$ のときは，$x_i = x_{J(l)} = y^l{}_{J(l)}$ とする．$i \leqq M(1)$，$i \neq J(l)$ に対しては x_i を $x_i \in A_i$ の範囲で任意にとる．$M(1) < i$ とする．$J(l) < i < J(l+1)$ なる i に対して，x_i を定めたい．$M(n) \leqq J(l)$ である最大の n を $n(l)$ とする．$i, J(l) \geqq M(n(l))$ より，$\delta(A_i, A_{J(l)}) < \dfrac{1}{n(l)}$．したがって，$\exists z_i \in A_i$；$d(z_i, x_{J(l)}) \leqq \dfrac{1}{n(l)}$，$x_i = z_i$ とする．$x_i \in A_i$ だから $x_i \to y$ を示せば $y \in A$ となる．ところが，$J(l) \leqq i < J(l+1)$ とすると，

$$d(x_i, y) \leqq d(x_i, x_{J(l)}) + d(x_{J(l)}, y) < \frac{1}{n(l)} + \frac{2}{l}$$

であり，$i \to \infty$ のとき $J(l) \to \infty$，$n(l) \to \infty$ であるから，$x_i \to y$ である．これで，$\bar{A} \subset A$ が示されたから，Aは閉集合である．

（4）　$A \in \mathscr{H}(X)$，$A_i \to A$ を示す．A_N はコンパクトだから有界，したがって $N_\varepsilon(A_N)$ も有界．（1）よりAも有界である．（3）よりAは閉集合でもあるからコンパクトである．（2）より，$A \neq \phi$ で，$A \in \mathscr{H}(X)$ が成り立つ．（1），（2）より，$\forall \varepsilon > 0, \exists N$；$\delta(A_N, A) < \varepsilon$ が成り立つから，$\varepsilon = 1/k$ として，$\exists N(k)$；$\delta(A_{N(k)}, A) < 1/k$．したがって，$A_i$ はAに収束する部分列 $A_{N(k)}$ をもつ．補題14.1より，$A_i, i \in \boldsymbol{N}$ 自身がAに収束する．

定理 17.2.　(X, d) を完備距離空間，$f_i : X \to X$，$i = 1, \cdots, k$をリプシッツ写像とし，$r_i > 0$ を f_i のリプシッツ定数とする．写像 $F : \mathscr{H}(X) \to \mathscr{H}(X)$ を，$A \in \mathscr{H}(X)$ に対して，

$$F(A) = f_1(A) \cup \cdots \cup f_k(A)$$

と決めると，Fもリプシッツで，$r = \max\{r_1, \cdots, r_k\}$ をリプシッツ定数にとれ

る．特に，各 f_i が縮小写像ならば，F も縮小写像である．

証明　$A, B\in\mathscr{H}(X)$，$\delta(A,B)=d_0$ とする．$y\in F(A)=f_1(A)\cup\cdots\cup f_k(A)$ とすると $\exists i, \exists x\in A$; $y=f_i(x)$．$d>d_0$ とすると $N_d(B)\supset A$ だから，$\exists x'\in B$; $d(x',x)\leqq d$．したがって，$d(y,f_i(x'))=d(f_i(x),f_i(x'))\leqq r_i d(x,x')\leqq r_i d\leqq rd$．$f_i(x')\in f_i(B)\subset F(B)$ だから，$y\in N_{rd}(F(B))$．結局，$F(A)\subset N_{rd}(F(B))$．A と B を入れ換えて議論すれば，$F(B)\subset N_{rd}(F(A))$ も成り立つ．すなわち，$\delta(F(A),F(B))\leqq rd$．$d$ は $d>d_0$ で任意にとれたから，$\delta(F(A),F(B))\leqq rd_0$．も成り立つ．すなわち，$\delta(F(A),F(B))\leqq r\delta(A,B)$．😄

特に，$X\subset\boldsymbol{R}^n$ で各 f_i が縮小相似写像のとき，f_i，$i=1,\cdots,k$ を**縮小反復写像系**あるいは簡単に**反復写像系**とよび，$A=\bigcup_{i=1}^{k}f_i(A)$ を満たす A を**不変集合**とよぶ．ここで，$f_i:\boldsymbol{R}^n\to\boldsymbol{R}^n$ が縮小相似写像とは定数 r 倍 $(0<r<1)$ の写像と距離を保つ写像をいくつか結合して得られる写像のことをいう．

例 17.1.　$X=I$，$f_i:X\to X$，$i=1,2,$，$f_1(x)=\dfrac{1}{3}x$，$f_2(x)=\dfrac{1}{3}x+\dfrac{2}{3}$ とすると定理 17.1, 17.2 によって，$F:\mathscr{H}(X)\to\mathscr{H}(X)$，$F(A)=f_1(A)\cup f_2(A)$ は唯一つの不動点をもつ．すなわち，反復写像系 f_1, f_2 は唯一つの不変集合をもつ．命題 17.1 から，この不変集合はカントール集合 C である．

例 17.2.　$P_1=(0,\sqrt{3})$，$P_2=(-1,0)$，$P_3=(1,0)\in\boldsymbol{R}^2$ とする．X を境界を含んだ $\triangle P_1P_2P_3$ とする．$f_i:X\to X$，$i=1,2,3$ を $f_i(x)=\dfrac{1}{2}x+\dfrac{1}{2}P_i$，$i=1,2,3$ とすれば，f_i，$i=1,2,3$ は反復写像系である（図 19）．

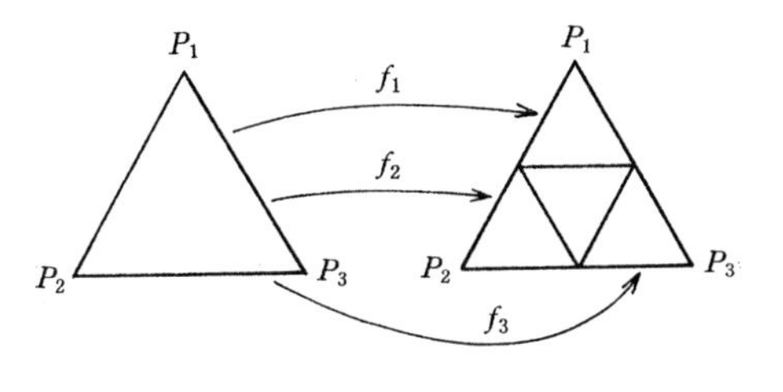

図 19

問題 17.3.　例 17.2 の反復写像系の不変集合がシェルピンスキー・ガスケットであることを示せ．

例 17.3.　$A=(1,1)$，$B=(-1,1)$，$C=(-1,-1)$，$D=(1,-1)$ とする．境界を含んだ正方形 $ABCD$ を X とする．$E=(0,1)$，$F=(-1,0)$，$G=(0,-1)$，$H=(1,0)$ とする．反復写像系 $f_i:X\to X, i=1,2,3,4$ を次のように決める．f_1 は $ABCD$ を縮小して $AEOH$ に写す写像，f_2 は同様に $ABCD$ を $EBFO$ に写す写像，f_3 は $ABCD$ を縮小してから回転と裏返しによって $OGCF$ に写す写像，f_4 は同様に $ABCD$ を $GOHD$ に写す写像とする（図 20）．$F(A)=f_1(A)\cup f_2(A)\cup f_3(A)\cup f_4(A)$ によって決まる $F:\mathscr{H}(X)\to\mathscr{H}(X)$ は縮小写像であるから，空でない任意のコンパクト集合 $Y\subset X$ をとれば，$F^i(Y)$ は F の

不動点に収束する．Yとして線分DOとOCの和集合をとると，$F^i(Y)$は平面を埋めつくす曲線，例17.3のg_iの像と等しい．実際，X自身がFの不動点である．

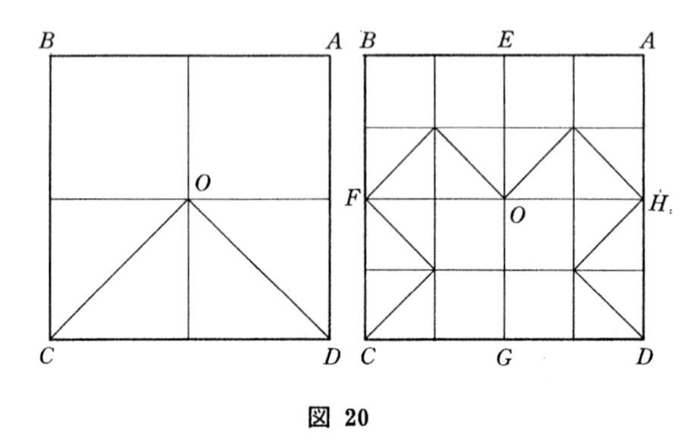

図 20

さて，縮小反復写像系f_i，$i=1,2,\cdots,k$の不変集合Aがフラクタルであることを見よう．$k\geqq 3$の場合も本質的に同じだから，$k=2$の場合を考える．f_iは相似写像だから，Aと$f_i(A)$は同じ形をしている．したがって，$A=f_1(A)\cup f_2(A)$は，Aが2つの同じ形の2つの部分を含むことを示している．ただし，$f_1(A)$と$f_2(A)$は重なり得る．$A=f_1(A)\cup f_2(A)$の右辺に，この式自身を代入すると，

$$\begin{aligned}A&=f_1(f_1(A)\cup f_2(A))\cup f_2(f_1(A)\cup f_2(A))\\&=f_1{}^2(A)\cup f_1\circ f_2(A)\cup f_2\circ f_1(A)\cup f_2{}^2(A)=\bigcup_{i,j=1}^{2}f_i\circ f_j(A)\end{aligned}$$

となる．$f_i\circ f_j$，$i,j=1,2$も相似写像だから，上式はAの中にAと同じ形の4つの部分を含んでいることを示している．さらに，上式に$A=f_1(A)\cup f_2(A)$を代入すると，

$$\begin{aligned}A&=\bigcup_{i,j=1}^{2}f_i\circ f_j(f_1(A)\cup f_2(A))=\bigcup_{i,j=1}^{2}(f_i\circ f_j\circ f_1(A)\cup f_i\circ f_j\circ f_2(A))\\&=\bigcup_{i,j,k=1}^{2}f_i\circ f_j\circ f_k(A)\end{aligned}$$

となる．これは，Aが2^3個の同じ形の部分に分けられることを示している．結局，この操作は何回でもできるから，任意のnに対して，Aの中に2^n個のAと相似な部分を見出すことができる．すなわち，Aはフラクタルである．

演 習 問 題 4

1. 距離空間Xにおいて，$B_\varepsilon(x)$ を ε-開球とよぶ．任意の $\varepsilon>0$ に対して，有限個の ε-開球からなるXの開被覆が存在するとき，Xを**全有界**という．Xが全有界のとき，次が成り立つことを証明せよ．

（1） 任意の $Y\subset X$ も全有界である．(自明ではないことに注意.)

（2） 点列 $x_i\in X$, $i\in \boldsymbol{N}$ が与えられたとき，どんなに小さな $\varepsilon>0$ に対しても，無限個の x_i を含むような ε-開球 $B_\varepsilon(a)$, $a\in X$ が存在する．

（3） Xの任意の点列はコーシー列を部分列として含む．

（4） Xが完備ならXは点列コンパクトである．

2. Xを位相空間，$A\subset X$ とする．$a\in X$ がAの**触点**であるとは，$\forall U$; a の開近傍，$(U-\{a\})\cap A\neq\phi$ が成り立つときをいう．Xの中の無限集合 $A\subset X$ が必ず触点をもつとき，Xを**触点コンパクト**という．次を証明せよ．

（1） $A\subset X$ が触点をもたないとき，A をXの部分位相空間と考えるとAは離散位相をもつ．すなわち，Aの任意の部分集合が開集合である．

（2） $A\subset X$ がコンパクトなら触点コンパクトである．

（3） 触点コンパクトな距離空間は点列コンパクトである．

3. 距離空間Xが点列コンパクトなら全有界である．(Hint：全有界でないとして，収束する部分列をもたない点列を見出せ.)

4. Xを点列コンパクトな距離空間とするとき，次を示せ．

（1） $\{U_\alpha|\alpha\in\Lambda\}$ をXの開被覆としたとき，この開被覆のルベッグ数 $\sigma>0$ が存在する．

（2） Xはコンパクトである．(Hint：3. を用いよ.)

5. 距離空間においては，触点コンパクト，点列コンパクト，全有界かつ完備，コンパクトという性質は同値であることを示せ．

第5章

基本群と被覆空間

幾何学的対象から代数的対象を作り，幾何学的な性質を代数的な性質に置き換えて考える方法は位相幾何学において基本的である．

§18. 群

集合Gに対して，写像$\mu: G\times G\to G$を**演算**という．今，μに関して次の3つの条件が成り立つとき，(G, μ) を群，あるいは，単にGを**群**という．

(G_1)　結合律；任意の$a, b, c\in G$に対して，

$$\mu(\mu(a, b), c)=\mu(a, \mu(b, c)).$$

(G_2)　単位元の存在；あるGの要素eがあって，任意の$a\in G$に対して，

$$\mu(a, e)=a,\ \ \mu(e, a)=a$$

が成り立つ．eを**単位元**とよぶ．

(G_3)　逆元の存在；すべてのGの要素$a\in G$に対して，

$$\mu(a, a')=e,\ \ \mu(a', a)=e$$

となるa'が存在する．a'をaの**逆元**という．

例 18.1.　$G=Z$，すなわち，整数全体とする．演算$\mu: Z\times Z\to Z$を$m, n\in Z$に対して，$\mu(m, n)=m+n$とする．このとき，(G_1)は$(m+n)+l=m+(n+l)$となり，成り立つ．0が(G_2)の条件を満たすから単位元である．$m\in Z$に対して，$-m$は(G_3)におけるm'の条件を満たすから逆元である．結局，Zは足し算に関して群をなしている．

例 18.2.　$G=R-\{0\}$とする．演算μを$a, b\in G$に対して，$\mu(a, b)=a\cdot b$と決めるとGは群である．(ここで，・は通常の実数の積を表す．) 積に関する結

合律により (G_1) が成り立つ. 1が単位元, a の逆元は $1/a$ である.

例 18.3. $G=\{e\}$, すなわち, ただ1つの要素からなる集合を考えると, G も群と考えられる. 勿論, $\mu(e,e)=e$ である. これを, **自明な群**(trivial group) という. 演算が掛け算の記号で表される場合には, この群を $\{1\}$ と書き, 演算が足し算で表される場合には $\{0\}$ とも書く.

以下, 簡単のため $\mu(a,b)$ の代りに $a\cdot b$ と書く.

例題 18.1. 群 G において単位元, 逆元は唯一つである.

証明 G の単位元が2つあったとして, それを e, e' とする. e が単位元であることから, $e'\cdot e=e'$, 一方, e' が単位元であることから, $e'\cdot e=e$ が成り立つから $e=e'$ である. a の逆元が2つあったとして, それを a' と a'' とすると, $(a'\cdot a)\cdot a''=e\cdot a''=a''$, 一方, $(a'\cdot a)\cdot a''=a'\cdot(a\cdot a'')=a'\cdot e=a'$ だから, $a'=a''$ である. 😁

a の逆元は1つだから a^{-1}(演算を＋で表すときは $-a$)と表す.

問題 18.1. 群において, $(a\cdot b)^{-1}=b^{-1}\cdot a^{-1}$ が成り立つことを証明せよ.

例 18.4. 2つの要素からなる群を考える. 単位元を e と書き, もう1つの要素を a と書く. このとき, $\mu(e,e)=e$, $\mu(a,e)=a$, $\mu(e,a)=a$. $\mu(a,a)$ は a か e であるが, a であれば a の逆元が存在しないことになるので, $\mu(a,a)=e$ である. この演算が (G_1), (G_2), (G_3) を満たすことはすぐわかる. 演算を足し算の記号で書き, e を0, a を1と表したとき, この群を Z_2 で表す. このとき, $0+0=0$, $0+1=1$, $1+0=1$, $1+1=0$ となる. 結局, 2つの要素からなる群はただ1つに決まることがわかった.

これまでの例では, どの場合も

(G_4) 交換律; 任意の $a, b\in G$ に対して, $\mu(a,b)=\mu(b,a)$

が成り立つ. (G_4) が成り立つとき G を**可換群**, または, **アーベル群**という.

例 18.5. $G=\left\{A=\begin{bmatrix} a, & b \\ c, & d \end{bmatrix} \middle| a,b,c,d\in \boldsymbol{R},\ ad-bc\neq 0\right\}$ として, 演算を通常の行列の掛け算とする. このとき, (G_1) (G_2) (G_3) を満たすことは容易にわかる. 交換律 (G_4) は満たさない. 例えば, $A=\begin{bmatrix} 1 & 0 \\ 1 & 1 \end{bmatrix}$, $B=\begin{bmatrix} 0 & 0 \\ 1 & 1 \end{bmatrix}$ とすれば, $AB=\begin{bmatrix} 0 & 0 \\ 1 & 1 \end{bmatrix}$, $BA=\begin{bmatrix} 0 & 0 \\ 2 & 1 \end{bmatrix}$ となり, $AB\neq BA$ である.

G を群とし, H を空でない G の部分集合とする. H が条件

(SG_1) 任意の $a, b\in H$ に対して, $a\cdot b\in H$,

(SG_2) 任意の $a\in H$ に対して, $a^{-1}\in H$

を満たすとき, H を G の**部分群**という. このとき, 条件 (SG_1) より, H の演

算をGの演算によって定義できる．任意の$a, b, c \in H$に対して，$a, b, c \in G$だからGが群であることから結合律（G_1）を満たす．任意の$a \in H$に対して，$a \in G$と考えてa^{-1}が存在するが，条件（SG_2）によって$a^{-1} \in H$であり，a^{-1}はHでの逆元となる．Hは空でないからある要素aをもち，$a^{-1} \in H$. したがって，$a \cdot a^{-1} = e \in H$. Hは単位元ももち，それ自身群である．

例 18.6.　$G = Z$を整数全体の足し算に関する群とする．自然数mに対して，$H = \{n \in Z \mid n$はmの倍数$\}$は部分群である．このHをmZと表す．

例題 18.2.　Gを群とし，H_1, H_2をGの部分群とすると，$H_1 \cap H_2$もGの部分群である．

証明　H_1が部分群であることより，任意の$a, b \in H$に対して，$a \cdot b \in H_1$, $a^{-1} \in H_1$である．H_2も部分群だから，$a \cdot b \in H_2$, $a^{-1} \in H_2$. したがって，$a \cdot b \in H_1 \cap H_2$, $a^{-1} \in H_1 \cap H_2$が成り立ち，$H_1 \cap H_2$も部分群である．😄

問題 18.2.　Gを群$H_\alpha \subset G, \alpha \in \Lambda$を部分群とすると$\bigcap_{\alpha \in \Lambda} H_\alpha$も部分群であるこを証明せよ．

群Gの部分群Hに対して，条件

（N）$\forall g \in G$, $\forall h \in H$, $g \cdot h \cdot g^{-1} \in H$

が成り立つとき，Hを**正規部分群**という．

群Gとその正規部分群Hが与えられたとき，G上の同値関係$\sim$を，$a, b \in G$に対して，$a \cdot b^{-1} \in H$のとき$a \sim b$と決める．実際，

（E_1）　任意の$a \in G$に対して，$a \cdot a^{-1} = e \in H$だから$a \sim a$が成り立つ．

（E_2）　$a \sim b$なら$a \cdot b^{-1} \in H$で，$(a \cdot b^{-1})^{-1} = b \cdot a^{-1} \in H$であり，$b \sim a$が成り立つ．

（E_3）　$a \sim b$, $b \sim c$なら，$a \cdot b^{-1} \in H$, $b \cdot c^{-1} \in H$であり，$(a \cdot b^{-1}) \cdot (b \cdot c^{-1}) = a \cdot c^{-1} \in H$となり，$a \sim c$が成り立つ．

この同値関係による商空間$G/\sim$をG/Hと書く．$a \in G$の属する同値類を$[a] \in G/H$と表す．すなわち，$[a] = \{b \mid a \cdot b^{-1} \in H\} = \{b \mid b = a \cdot h, h \in H\}$であり，$[a]$を$a \cdot H$とも表す．$G/H$に次のように演算を定義する．$[a] \cdot [b] = [a \cdot b]$とすると，$[a] = [a']$, $[b] = [b']$ならば，$a \cdot a'^{-1} \in H$, $b \cdot b'^{-1} \in H$で，Hは正規部分群だから，$(a \cdot b) \cdot (a' \cdot b')^{-1} = (a \cdot b) \cdot (b'^{-1} \cdot a'^{-1}) = a \cdot (b \cdot b'^{-1}) \cdot a'^{-1} = a \cdot (b \cdot b'^{-1}) \cdot a^{-1} \cdot (a \cdot a'^{-1}) \in H$となり，$[a \cdot b] = [a' \cdot b']$が成り立つ．これによって，次に見るように$G/H$も群となる．これを**商群**という．

（G_1）　$([a] \cdot [b]) \cdot [c] = [a \cdot b] \cdot [c] = [(a \cdot b) \cdot c] = [a \cdot (b \cdot c)] = [a] \cdot ([b] \cdot [c])$,

（G_2）　$[a] \cdot [e] = [a \cdot e] = [a]$, $[e] \cdot [a] = [e \cdot a] = [a]$,

（G_3）　$[a] \cdot [a^{-1}] = [a \cdot a^{-1}] = [e]$. ☹

問題 18.3.　Gが可換群のときG/Hも可換群であることを示せ．

例 18.7.　$G = \boldsymbol{Z}$, $H = m\boldsymbol{Z}$とすると，$a, b \in \boldsymbol{Z}$に対して，$a \sim b$は$a - b \in m\boldsymbol{Z}$のとき，

すなわち，$a-b$ が m の倍数のときであり，$\boldsymbol{Z}/m\boldsymbol{Z}=\{[0],[1],\cdots,[m-2],[m-1]\}$ である．$\boldsymbol{Z}/m\boldsymbol{Z}$ を簡単に $\boldsymbol{Z}_m$ と書く．

例 18.8. $G=\boldsymbol{R}$ とし，$\boldsymbol{R}$ 上の演算を通常の足し算によって決めれば，$\boldsymbol{R}$ が群になることは容易にわかる．$H=\boldsymbol{Z}$ は $\boldsymbol{R}$ の部分群であり，$G/H=\{[x]\mid 0\leqq x<1\}$ である．

G, G' を群とする．写像 $f: G\to G'$ が条件，任意の $a, b\in G$ に対して，$f(a\cdot b)=f(a)\cdot f(b)$ を満たすとき**準同型写像**という．準同型写像 $f: G\to G'$ が全単射のとき f を**同型写像**という．G から G' への同型写像が存在するとき G と G' を同型といい，$G\cong G'$ と書く，あるいは略式で $G=G'$ と書く．

問題 18.4. $f: G\to G'$ が準同型写像のとき，次が成り立つことを証明せよ．

（1） $f(e)=e$, $f(a^{-1})=f(a)^{-1}$.

（2） $f: G\to G'$ が単射 $\Leftrightarrow f^{-1}(\{e\})=\{e\}$.

問題 18.5. $S^1=\{(\cos\theta,\ \sin\theta)\in\boldsymbol{R}^2\mid\theta\in\boldsymbol{R}\}$ とし，$(\cos\theta,\ \sin\theta)\cdot(\cos\theta',\ \sin\theta')=(\cos(\theta+\theta'),\sin(\theta+\theta'))$ とすると，S^1 は群である．写像 $f: \boldsymbol{R}/\boldsymbol{Z}\to S^1$ を，$f([x])=(\cos 2\pi x,\sin 2\pi x)$ とすれば，f は同型写像になることを証明せよ．

例題 18.3. 準同型写像 $f: G\to G'$ があるとき，$\mathrm{Im}(f)=\{f(g)\mid g\in G\}$ は G' の部分群であり，$\mathrm{Ker}(f)=\{g\in G\mid f(g)=e\}$ は G の正規部分群である．

証明 $g'\in\mathrm{Im}(f)$, $h'\in\mathrm{Im}(f)$ とすると $\exists g\in G$; $f(g)=g'$, $\exists h\in G$; $f(h)=h'$. f は準同型だから，$g'\cdot h'=f(g)\cdot f(h)=f(g\cdot h)$ となり $g'\cdot h'\in\mathrm{Im}(f)$. 次に，$g'\in\mathrm{Im}(f)$ とすると，$\exists g\in G$; $f(g)=g'$. 問題 18.4 より，$g'^{-1}=f(g^{-1})$ だから，$g'^{-1}\in\mathrm{Im}(f)$. $\mathrm{Im}(f)$ は部分群である．$g,h\in\mathrm{Ker}(f)$ とすると，$f(g)=e$, $f(h)=e$. $f(g\cdot h)=f(g)\cdot f(h)=e\cdot e=e$ であり，$g\cdot h\in\mathrm{Ker}(f)$. $h\in\mathrm{Ker}(f)$ のとき，$f(h^{-1})=f(h)^{-1}=e^{-1}=e$ となり，$h^{-1}\in\mathrm{Ker}(f)$. $\mathrm{Ker}(f)$ は G の部分群である．また，$g\in G$. $h\in\mathrm{Ker}(f)$ に対して，$f(g\cdot h\cdot g^{-1})=f(g)\cdot f(h)\cdot f(g^{-1})=f(g)\cdot f(g^{-1})=f(g\cdot g^{-1})=f(e)=e$ となり，$g\cdot h\cdot g^{-1}\in\mathrm{Ker}(f)$ であるから，$\mathrm{Ker}(f)$は正規部分群である．😁

定理 18.1.（準同型定理） $f: G\to G'$ を準同型写像とする．このとき，$H=\mathrm{Ker}(f)$ として，準同型写像 $\bar{f}: G/H\to G'$ を $\bar{f}([a])=f(a)$ によって決めることができ，$\bar{f}$ は単射である．特に，f が全射なら $\bar{f}$ は同型である．

証明 $[a],[b]\in G/H$, $[a]=[b]$ とする．このとき，$a\cdot b^{-1}\in H=\mathrm{Ker}(f)$ だから，$f(a\cdot b^{-1})=f(a)\cdot f(b)^{-1}=e$ となり，$f(a)=f(b)$. したがって，$[a]\in G/H$ に対して，$\bar{f}([a])=f(a)$として写像が定義できる．$\bar{f}([a]\cdot[b])=\bar{f}([a\cdot b])=f(a\cdot b)=f(a)\cdot f(b)=\bar{f}([a])\cdot\bar{f}([b])$ となるから $\bar{f}$は準同型写像である．

$\bar{f}([a])=\bar{f}([b])$ とすれば，$f(a)=f(b)$ だから $f(a\cdot b^{-1})=f(a)\cdot f(b)^{-1}=e$, すなわち，$a\cdot b^{-1}\in\mathrm{Ker}(f)=H$ となり，$\bar{f}$は単射である．

f を全射とすると，$\forall a'\in G'$, $\exists a\in G$; $f(a)=a'$. したがって，$[a]\in G/H$ に対して，$\bar{f}([a])=f(a)=a'$ となり $\bar{f}$ も全射である．😁

系 18.1. $f: G\to G'$ が準同型のとき，$G/\mathrm{Ker}(f)$ と $\mathrm{Im}(f)$ は同型である．

証明 $f|^{\mathrm{Im}(f)}: G\to\mathrm{Im}(f)$ は全射だから，定理 18.1 より結論が成り立つ．😁

§19.　基本群

X, Yを位相空間，Iを閉区間 $[0,1]$ とする．連続写像$f, g: X \to Y$に対して，fとgが**ホモトピック**であるとは，連続写像$H: X \times I \to Y$が存在して，$H(x,0)=f(x)$，$H(x,1)=g(x)$ を満たすときをいう．Hをfとgの間の**ホモトピー**という．fとgがホモトピックのとき，$f \simeq g$と書く．

例 19.1.　$c: I \to \boldsymbol{R}^n$ を $x_0 \in \boldsymbol{R}^n$ への定値写像とする．任意の連続写像 $f: I \to \boldsymbol{R}^n$ はcとホモトピックである．実際，$H(x,s)=(1-s)f(x)+sx_0$ とすればHはfとgの間のホモトピーを与える．

問題 19.1.　上のHが連続であることを示せ．(Hint：例題10.3を用いよ．)

$\boldsymbol{R}^n$ の部分集合Yがy_0を基点として**星型**であるとは，

$$\forall y \in Y,\quad |yy_0| = \{(1-s)y_0 + sy \mid s \in I\} \subset Y$$

が成り立つときをいう．

問題 19.2.　Yがy_0を基点として星型のとき，任意の連続写像$f: X \to Y$はy_0への定値写像とホモトピックであることを示せ．

定理 19.1.　連続写像$f, g, h: X \to Y$に対して，次が成り立つ．

（1） $f \simeq f$，（2） $f \simeq g \Rightarrow g \simeq f$，（3） $f \simeq g$，$g \simeq h \Rightarrow f \simeq h$.

定理の証明の前にこれからよく用いる補題を示す．

補題 19.1.　X, Yを位相空間，A, Bを$X = A \cup B$である閉集合とする．$f_A: A \to Y$，$f_B: B \to Y$が連続で，$f_A|_{A \cap B} = f_B|_{A \cap B}$とすると，$f: X \to Y$を$x \in A$のとき，$f(x)=f_A(x)$，$x \in B$のとき$f(x)=f_B(x)$ として決めるとfは連続である．

証明　$f_A|_{A \cap B} = f_B|_{A \cap B}$だから，$f: X \to Y$は写像として定義できる．$f$の連続性を示す．$F \subset Y$を閉集合とすると，$f_A, f_B$の連続性から$f_A^{-1}(F) \subset A$，$f_B^{-1}(F) \subset B$はそれぞれ$A, B$ の中で閉集合である．したがって，$\exists F_A$，$F_B \subset X$; 閉集合，$f_A^{-1}(F) = A \cap F_A$，$f_B^{-1}(F) = B \cap F_B$．A, BはXで閉集合だから，$f_A^{-1}(F)$，$f_B^{-1}(F)$はXの閉集合となり，$f^{-1}(F) = f_A^{-1}(F) \cup f_B^{-1}(F)$ もXの閉集合となる．系11.1より，fは連続である．😄

(定理19.1の) **証明**　（1） $H(x,s)=f(x)$ とすれば，Hはfとfのホモトピーである．（2） fとgの間のホモトピーを$H: X \times I \to Y$とすれば，$G(x,s)=H(x,1-s)$ はgとfの間のホモトピーとなる．（3） fとgの間のホモトピーをF，gとhの間のそれをGとする．$H: X \times I \to$を，

$$H(x,s)=\begin{cases}F(x,2s), & 0\leqq s\leqq \dfrac{1}{2},\\ G(x,2s-1), & \dfrac{1}{2}\leqq s\leqq 1\end{cases}$$

とすれば，$s=1/2$ のとき $F(x,1)=g(x)=G(x,0)$ だから H は補題 19.1 により連続写像となる(図 21). $H(x,0)=F(x,0)=f(x)$, $H(x,1)=G(x,1)=h(x)$ だから H は f と h の間のホモトピーである. 😁

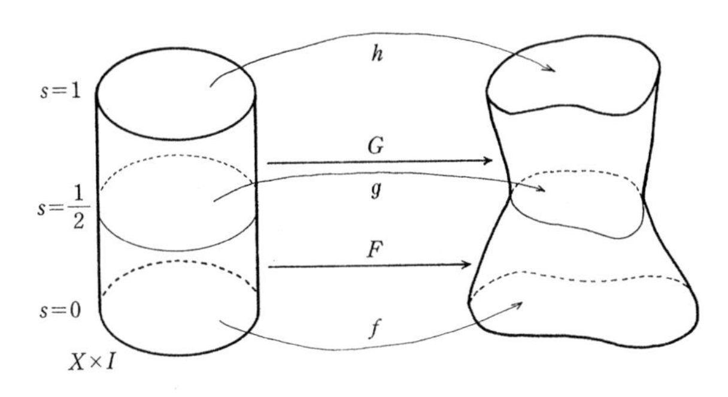

図 21

上の定理によって，ホモトピックの関係は X から Y への連続写像全体の集合上の同値関係である. この同値類を**ホモトピー類**とよぶ.

連続写像 $p:I\to X$ を $p(0)$ から $p(1)$ への**道**とよんだ. 道 $l:I\to X$ が $l(0)=l(1)=x_0$ のとき, l を X の中の x_0 を基点とする**ループ**とよぶ. X の中の x_0 を基点とするループ全体の集合を $\Omega(X,x_0)$ で表す. この集合上に同値関係を次のように決める. $l_1,l_2\in\Omega(X,x_0)$ が**ループとしてホモトピック**とは, l_1 と l_2 の間のホモトピー $H:I\times I\to X$ で, $\forall s\in I$, $H(0,s)=H(1,s)=x_0$ であるものが存在するときをいう. H を l_1 と l_2 の間の**ループとしてのホモトピー**とよぶ. 記号では，簡単のためホモトピックと同じく，$l_1\simeq l_2$ と書くことにする.

定理 19.2. $l_1,l_2,l_3\in\Omega(X,x_0)$ に対して次が成り立つ.

(1) $l_1\simeq l_1$, (2) $l_1\simeq l_2\Rightarrow l_2\simeq l_1$, (3) $l_1\simeq l_2, l_2\simeq l_3\Rightarrow l_1\simeq l_3$.

証明 定理 19.1 の証明において，$X=I$ とすればよい. 各ホモトピーがループとしてのホモトピーであることは確かめればわかる. 😁

x_0 を基点とするループ全体の集合 $\Omega(X,x_0)$ をループとしてのホモトピー $\simeq$ で割った商空間を $\pi_1(X,x_0)$ と表す. $\pi_1(X,x_0)$ に演算を決めて群としたい. $l\in\Omega(X,x_0)$ の同値類を $[\,l\,]$ と表す. まず, $l_1,l_2\in\Omega(X,x_0)$ に対して,

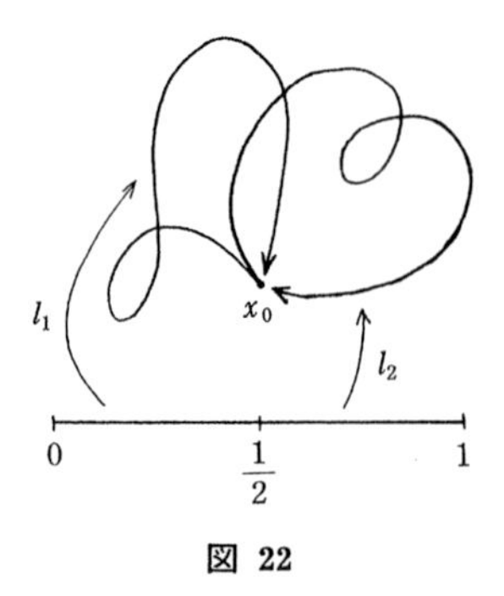

図 22

$$l_1 \cdot l_2(t) = \begin{cases} l_1(2t), & 0 \leqq t \leqq \dfrac{1}{2}, \\ l_2(2t-1), & \dfrac{1}{2} \leqq t \leqq 1 \end{cases}$$

によって，$l_1 \cdot l_2 \in \Omega(X, x_0)$ を決める(図 22). $l_1 \cdot l_2$ を l_1 と l_2 の積とよぶ．次に，$\alpha, \beta \in \pi_1(X, x_0)$ に対して，$\alpha \cdot \beta$ を定義する．$\alpha = [l_1]$, $\beta = [l_2]$, $l_1, l_2 \in \Omega(X, x_0)$ とする．このとき，$\alpha \cdot \beta = [l_1 \cdot l_2]$ と決め，$\alpha \cdot \beta$ を α と β の積という．この際，$\alpha \cdot \beta$ がそれぞれの代表元 l_1, l_2 の取り方によらないことを示すのが次の補題である．

補題 19.2.　$l_1, l'_1, l_2, l'_2 \in \Omega(X, x_0)$ に対して，$[l] = [l'_1]$, $[l_2] = [l'_2]$ ならば $[l_1 \cdot l_2] = [l'_1 \cdot l'_2]$ である．

証明　l_1 と l'_1 のループとしてのホモトピーを F, l_2 と l'_2 の間のループとしてのホモトピーを G とする．

$$H(t, s) = \begin{cases} F(2t, s), & 0 \leqq t \leqq \dfrac{1}{2} \\ G(2t-1, s), & \dfrac{1}{2} \leqq t \leqq 1 \end{cases}$$

とすれば，$t = \dfrac{1}{2}$ のとき，$F(1, s) = x_0 = G(0, s)$ だから H は定義できて連続である．また，

$$H(t, 0) = \begin{cases} F(2t, 0) = l_1(2t), & 0 \leqq t \leqq \dfrac{1}{2} \\ G(2t-1, 0) = l_2(2t-1), & \dfrac{1}{2} \leqq t \leqq 1 \end{cases} = l_1 \cdot l_2(t)$$

である．同様に，$H(t, 1) = l'_1 \cdot l'_2(t)$，さらに，$H(0, s) = F(0, s) = x_0$, $H(1, s) = G(1, s) = x_0$ だから，H は $l_1 \cdot l_2$ と $l'_1 \cdot l'_2$ の間のループとしてのホモトピーを与える．😁

この演算によって，$\pi_1(X, x_0)$ が群になることを示す．

補題 19.3.　$[l_1], [l_2], [l_3], [l] \in \pi_1(X, x_0)$ に対して，次が成り立つ．

（1）　$([l_1] \cdot [l_2]) \cdot [l_3] = [l_1] \cdot ([l_2] \cdot [l_3])$.

（2）　$[l] \cdot [c] = [l]$, $[c] \cdot [l] = [l]$，ただし，c は x_0 への定値写像．

（3）　$[l] \cdot [l^{-1}] = [c]$, $[l^{-1}] \cdot [l] = [c]$，ただし，l^{-1} は $l^{-1}(t) = l(1-t)$ で与えられるループとする．

証明　(1)　次のように$H: I\times I\to X$を決める．

$$H(t,s)=\begin{cases} l_1\left(\dfrac{4}{s+1}t\right), & 0\leqq t\leqq \dfrac{s+1}{4}, \\ l_2(4t-(s+1)), & \dfrac{s+1}{4}\leqq t\leqq \dfrac{s+2}{4}, \\ l_3\left(\dfrac{4t}{2-s}-\dfrac{s+2}{2-s}\right), & \dfrac{s+2}{4}\leqq t\leqq 1. \end{cases}$$

このHが$(l_1\cdot l_2)\cdot l_3$と$l_1\cdot(l_2\cdot l_3)$の間のループとしてのホモトピーとなっていることは確かめればわかる．

なお，Hの決め方は図23による．$s\in I$を固定して，$0\leqq t\leqq \frac{s+1}{4}$の間は$l_1$，$\frac{s+1}{4}\leqq t\leqq \frac{s+2}{4}$で$l_2$，$\frac{s+2}{4}\leqq t\leqq 1$で$l_3$をたどるように決めたのである．

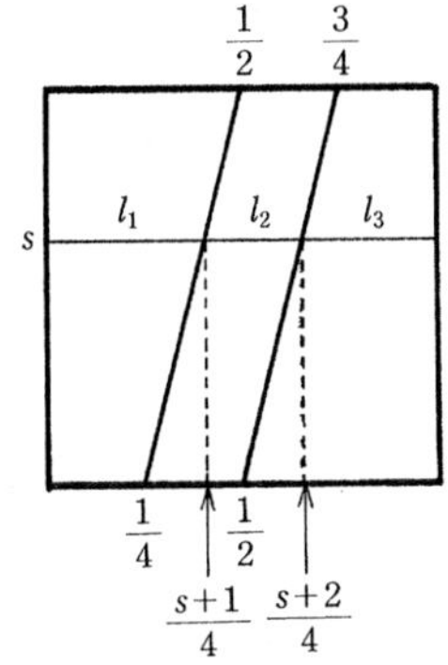

図 23

問題 19.3.　Hが連続写像として定義され，$(l_1\cdot l_2)\cdot l_3$と$l_1\cdot(l_2\cdot l_3)$の間のループとしてのホモトピーを与えることを詳しく確かめてみよ．

上の補題によって，ホモトピー類で考える限り，$(l_1\cdot l_2)\cdot l_3$と$l_1\cdot(l_2\cdot l_3)$を区別する必要がない．そこで簡単のため，$(l_1\cdot l_2)\cdot l_3$，$l_1\cdot(l_2\cdot l_3)$の代りに，$l_1\cdot l_2\cdot l_3$とも書くことにする．

(2)　H_1, H_2を次のように決める(図24)．

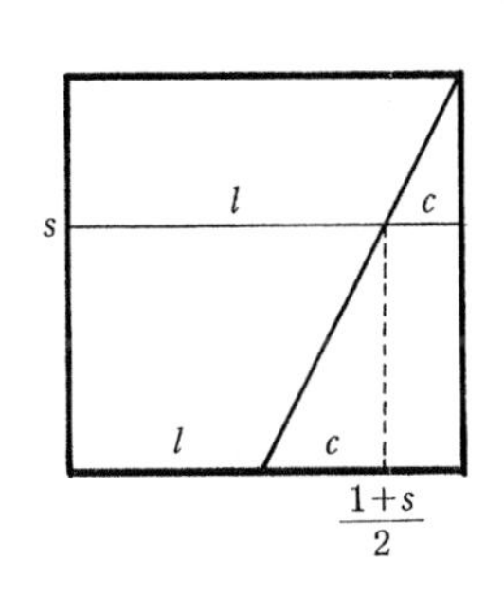

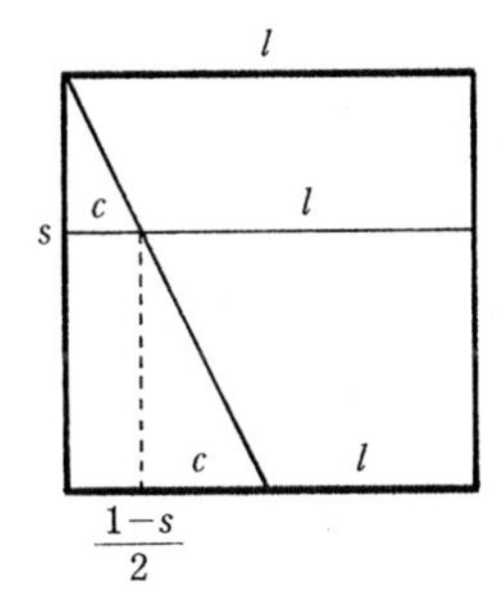

図 24

$$H_1(t,s)=\begin{cases} l\left(\dfrac{2t}{1+s}\right), & 0\leqq t\leqq \dfrac{1+s}{2}, \\ x_0, & \dfrac{1+s}{2}\leqq t\leqq 1, \end{cases}$$

$$H_2(t,s)=\begin{cases} x_0, & 0\leqq t\leqq \dfrac{1-s}{2}, \\ l\left(\dfrac{2t+s-1}{1+s}\right), & \dfrac{1-s}{2}\leqq t\leqq 1. \end{cases}$$

H_1 が $l\cdot c$ と l, H_2 が $c\cdot l$ と l の間のループとしてのホモトピーを与えることは，確かめればわかる．

（3） H_1, H_2 を次のように決めると，H_1 は $l\cdot l^{-1}$ と c, H_2 は $l^{-1}\cdot l$ と c とのループとしてのホモトピーを与える(図 25, 26).

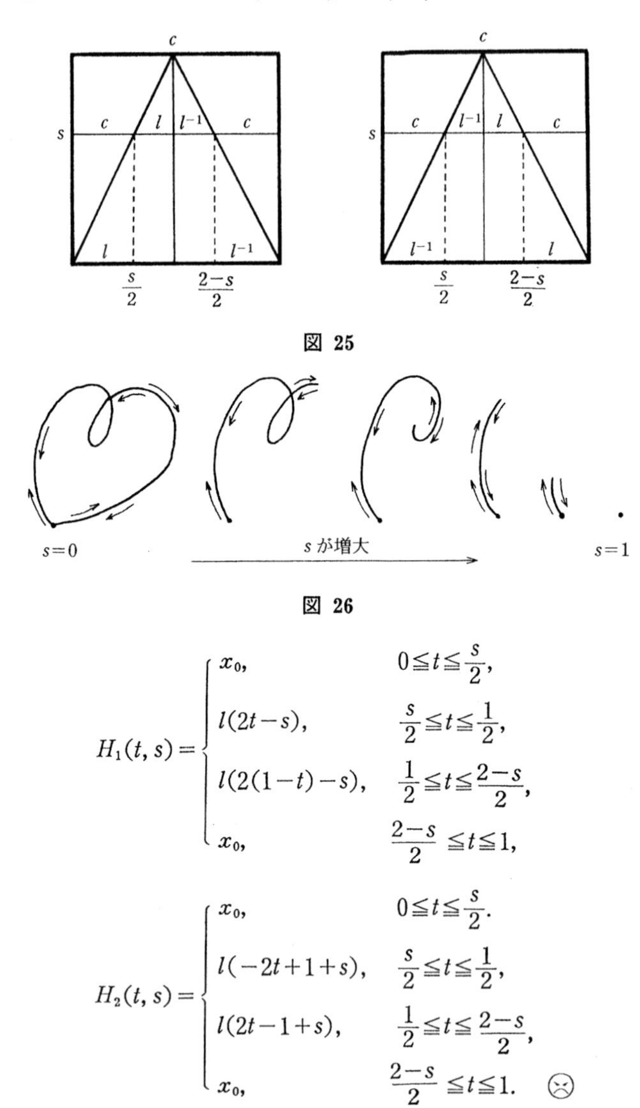

図 25

図 26

$$H_1(t,s)=\begin{cases} x_0, & 0\leqq t\leqq \dfrac{s}{2}, \\ l(2t-s), & \dfrac{s}{2}\leqq t\leqq \dfrac{1}{2}, \\ l(2(1-t)-s), & \dfrac{1}{2}\leqq t\leqq \dfrac{2-s}{2}, \\ x_0, & \dfrac{2-s}{2}\leqq t\leqq 1, \end{cases}$$

$$H_2(t,s)=\begin{cases} x_0, & 0\leqq t\leqq \dfrac{s}{2}. \\ l(-2t+1+s), & \dfrac{s}{2}\leqq t\leqq \dfrac{1}{2}, \\ l(2t-1+s), & \dfrac{1}{2}\leqq t\leqq \dfrac{2-s}{2}, \\ x_0, & \dfrac{2-s}{2}\leqq t\leqq 1. \end{cases}$$ ☹

問題 19.4.　上の H_1, H_2 が連続写像として定義され，求めるループとしてのホモトピーになっていることを確かめよ.

以上により，$\pi_1(X, x_0)$ が群となった. $\pi_1(X, x_0)$ をXの x_0 を基点とする**基本群**という.

§20. 基本群の位相不変性

連続写像 $f: X \to Y$ から，群の準同型写像 $f_*: \pi_1(X, x_0) \to \pi_1(Y, y_0)$, $(y_0 = f(x_0))$ を定義する. $\alpha \in \pi_1(X, x_0)$ とすると，ある $l \in \Omega(X, x_0)$ によって $\alpha = [l]$ となっている. $f \circ l: I \to Y$ を考えると，$f(l(0)) = f(l(1)) = f(x_0) = y_0$ だから，$f \circ l$ は y_0 を基点とするYのループとなる(図27). したがって，$[f \circ l] \in \pi_1(Y, y_0)$ である. $f_*([l]) = [f \circ l]$ によって準同型写像 $f_*: \pi_1(X, x_0) \to \pi_1(Y, y_0)$, $(y_0 = f(x_0))$ が決まることを示す.

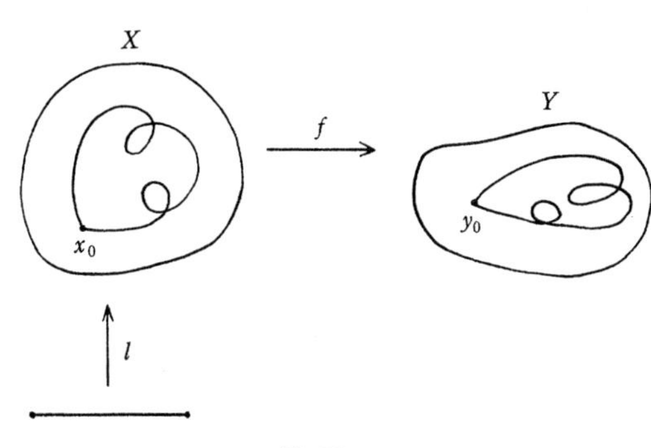

図 27

補題 20.1.

(1) $[f \circ l]$ はαの代表元 l の取り方によらない.

(2) $l_1, l_2 \in \Omega(X, x_0)$ に対して，$[f \circ (l_1 \cdot l_2)] = [f \circ l_1] \cdot [f \circ l_2]$ が成り立つ.

証明 (1) $[l] = [l']$ としたとき，$[f \circ l] = [f \circ l']$ を示す. l と l' のループとしてのホモトピーを $H: I \times I \to X$ とすると $f \circ H: I \times I \to Y$ は $f \circ l$ と $f \circ l'$ のループとしてのホモトピーを与える. 😁

問題 20.1. $f \circ H$ が $f \circ l$ と $f \circ l'$ のループとしてのホモトピー類与えることを確かめよ.

(2) 定義から

$$f \circ (l_1 \cdot l_2)(t) = \begin{cases} f(l_1(2t)), & 0 \leqq t \leqq \dfrac{1}{2} \\ f(l_2(2t-1)), & \dfrac{1}{2} \leqq t \leqq 1 \end{cases} = (f \circ l_1) \cdot (f \circ l_2)(t)$$

だから，$f \circ (l_1 \cdot l_2) = (f \circ l_1) \cdot (f \circ l_2)$ である. 😁

補題20.1によって，$\alpha = [l] \in \pi_1(X, x_0)$ に対して，$f_*: \pi_1(X, x_0) \to \pi_1(Y, y_0)$ を $f_*(\alpha) = [f \circ l]$ によって定義することができ，$f_*: \pi_1(X, x_0) \to \pi_1(Y, y_0)$ は

準同型写像である．f_* を連続写像 f から導びかれた基本群の準同型写像という．

問題 20.2.　次を示せ．

（1）　$id_X : X \to X$ 恒等写像に対して，$(id_X)_* = id_{\pi_1(X, x_0)}$．

（2）　連続写像 $f : X \to Y$，$g : Y \to Z$ に対して，$(g \circ f)_* = g_* \circ f_*$ が成り立つ．ただし，$f_* : \pi_1(X, x_0) \to \pi_1(Y, y_0)$，$y_1 = f(x_0)$，$g_* : \pi_1(Y, y_0) \to \pi_1(Z, z_0)$，$z_0 = g(y_0) = g \circ f(x_0)$ である．

定理 20.1.　$f : X \to Y$ が同相写像ならば，$f_* : \pi_1(X, x_0) \to \pi_1(Y, y_0)$ は同型写像である．ただし，$x_0 \in X$，$y_0 = f(x_0) \in Y$．

証明　f の逆写像 f^{-1} は連続だから，問題 20.2 より，

$$(f^{-1})_* \circ f_* = (f^{-1} \circ f)_* = (id_X)_* = id_{\pi_1(X, x_0)},$$

$$f_* \circ (f^{-1})_* = (f \circ f^{-1})_* = (id_Y)_* = id_{\pi_1(Y, y_0)}$$

となり，$(f^{-1})_*$ は f_* の逆写像である．☺

基本群は空間 X だけでなく基点 $x_0 \in X$ が与えられて決まる．しかし，道連結な空間では基点が異なっても基本群は同型である．以下，これを示す．

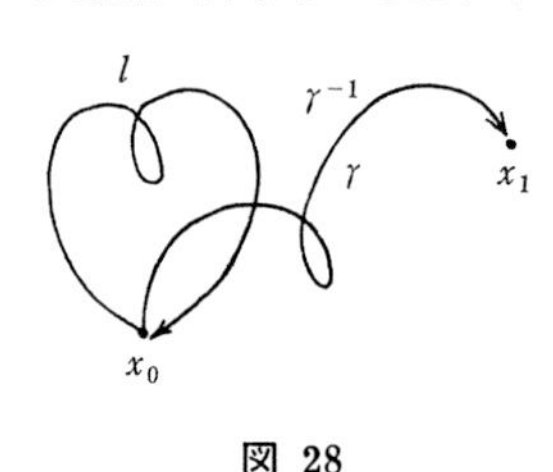

図 28

位相空間 X の中の 2 点 x_0, x_1 が道 γ で結べるとする．$[l] \in \pi_1(X, x_0)$ に対して，$\gamma_\#([l]) = [(\gamma^{-1} \cdot l) \cdot \gamma]$ とする．ここで，$\gamma^{-1}(t) = \gamma(1-t)$．$\gamma^{-1}$ はループではないが $\gamma^{-1}(1) = x_0 = l(0)$ だからループのときと同じ式で**道の積** $\gamma^{-1} \cdot l$ が定義される．$(\gamma^{-1} \cdot l)(1) = l(1) = x_1 = \gamma(0)$ だから，$(\gamma^{-1} \cdot l) \cdot \gamma$ も定義され，$(\gamma^{-1} \cdot l) \cdot \gamma$ は x_1 を基点とするループである（図 28）．

定理 20.2.　$\gamma_\#([l])$ は代表元 l の取り方によらずに決まり，同型写像 $\gamma_\# : \pi_1(X, x_0) \to \pi_1(X, x_1)$ を与える．

証明　（1）　$l \simeq l'$ のとき，$(\gamma^{-1} \cdot l) \cdot \gamma \simeq (\gamma^{-1} \cdot l') \cdot \gamma$ を示す．補題 19.1 は道の積に対しても同じ証明で成り立つから，$l \simeq l'$ なら $\gamma^{-1} \cdot l \simeq \gamma^{-1} \cdot l'$．同様に，$(\gamma^{-1} \cdot l) \cdot \gamma \simeq (\gamma^{-1} \cdot l') \cdot \gamma$．

（2）　$\gamma_\#([l_1] \cdot [l_2]) = \gamma_\#([l_1]) \cdot \gamma_\#([l_2])$ を示す．道の積についても補題 19.2 が成り立つから，$[(\gamma^{-1} \cdot l_1) \cdot \gamma] \cdot [(\gamma^{-1} \cdot l_2) \cdot \gamma] = [((\gamma^{-1} \cdot l_1) \cdot \gamma) \cdot ((\gamma^{-1} \cdot l_2) \cdot \gamma)] = [(\gamma^{-1} \cdot l_1) \cdot (\gamma \cdot \gamma^{-1}) \cdot (l_2 \cdot \gamma)] = [(\gamma^{-1} \cdot l_1) \cdot (l_2 \cdot \gamma)] = [(\gamma^{-1} \cdot (l_1 \cdot l_2)) \cdot \gamma]$ となる．

（3）　$(\gamma^{-1})_\# : \pi_1(X, x_1) \to \pi_1(X, x_0)$ は $\gamma_\#$ の逆写像である．実際，$(\gamma^{-1})_\# \circ \gamma_\#([l]) = \gamma_\#^{-1}([(\gamma^{-1} \cdot l) \cdot \gamma]) = [(\gamma^{-1})^{-1} \cdot ((\gamma^{-1} \cdot l) \cdot \gamma) \cdot \gamma^{-1}] = [(\gamma \cdot \gamma^{-1}) \cdot l \cdot (\gamma \cdot \gamma^{-1})] = [l]$．したがって，$(\gamma^{-1})_\# \circ \gamma_\# = id_{\pi_1(X, x_1)}$．同様に，$\gamma_\# \circ (\gamma^{-1})_\# = id_{\pi_1(X, x_1)}$ も成り立つ．☺

道連結な位相空間 X の基本群が自明な群であるとき，X を**単連結**な位相空間とよぶ．

例 20.1. $X \subset \boldsymbol{R}^n$ が $x_0 \in X$ を基点として星型ならば，Xは単連結である．特に，円板 $D^n = \{(x_1, \cdots, x_n) \mid x_1{}^2 + \cdots + x_n{}^2 \leqq 1\}$，$\boldsymbol{R}^n$ は単連結である．

問題 20.3. 単連結な空間Xの x_0 から x_1 への任意の 2 つの道 γ_1 と γ_2 は端点を固定してホモトピック，すなわち γ_1 と γ_2 のホモトピーで，$\forall s \in I, H(0, s) = x_0$，$H(1, s) = x^1$ を満たすものが存在することを示せ．

次に球面 $S^2 = \{(x, y, z) \in \boldsymbol{R}^3 \mid x^2 + y^2 + z^2 = 1\}$ が単連結であることを順を追って示す．

定理 20.3. U, V をXの開集合で，$X = U \cup V$ とする．U, V がそれぞれ単連結で，$U \cap V$ が空でなく道連結ならば，Xも単連結である．

証明　Xが道連結を示す．$x_0 \in U \cap V$ とする．$x, y \in U \cup V$ とすると，$x \in U$ とすればxと x_0 を結ぶUの中の道 p_1 が存在する．$x \in V$ ならVの中の道でxと x_0 を結べる．どちらにしてもxと x_0 はXの中の道 p_1 で結べる．同様に x_0 と y もXの中の道 p_2 で結べる．結局，xとyはXの中の道 $p_1 \cdot p_2$ で結べる(図 29)．

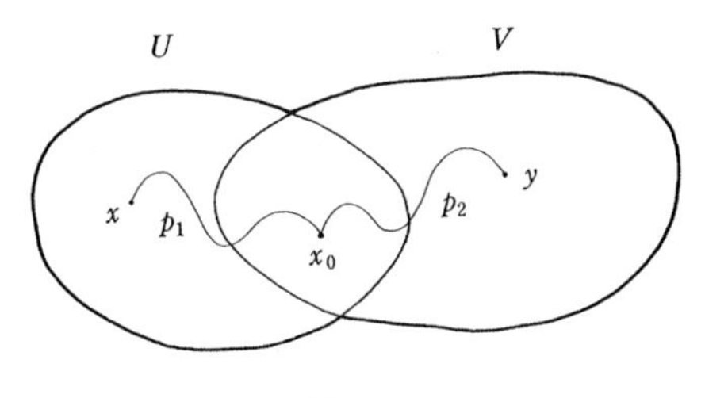

図 29

$\pi_1(X, x_0)$ が自明な群であることを示す．$[l] \in \pi_1(X, x_0)$ とする．$l : I \to X$ は連続だから，$\{l^{-1}(U), l^{-1}(V)\}$ はIの開被覆，この開被覆に対するルベッグ数を σ とする(定理 12.9)．自然数 k を $1/k < \sigma$ ととると，ルベッグ数の性質から，各 i に対して，$l([i/k, (i+1)/k) \subset U$ または $l([i/k, (i+1)/k]) \subset V$，$(i = 0, 1, 2, \cdots, k-1)$．どちらの場合も議論は同じだから，$l([0, 1/k]) \subset U$ とする．$t_0 = 0$ とし，t_1 を次のように決める．$l([i/k, (i+1)/k]) \subset U$ でなくなる最小の i を i_1，$(1 \leqq i_1 \leqq k-1)$ とし，$t_1 = i_1/k$ とする．決め方から，$l([0, t_1]) \subset U$．次に，$i \geqq i_1$ に対して$l([i/k, (i+1)/k]) \subset V$ でなくなる最小の i を i_2，$(i_1 < i_2 \leqq k-1)$ とし，$t_2 = i_2/k$ とする．このとき，$l([t_1, t_2]) \subset V$．以下同様にして，$0 = t_0 < t_1 < t_2 < \cdots < t_m < t_{m+1} = 1$があって，$l([t_0, t_1]) \subset U$，$l([t_1, t_2]) \subset V$，$l([t_3, t_4]) \subset U$，$l([t_4, t_5]) \subset V, \cdots$ と

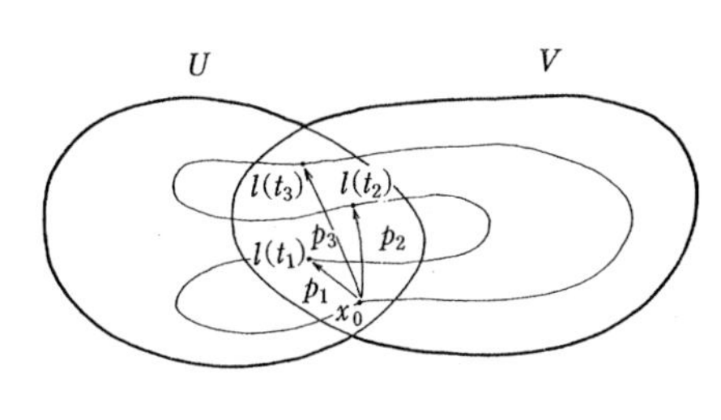

図 30

いう具合に，$l([t_i, t_{i+1}])$ がUとVに交互に含まれるようにすることができる(図30)．

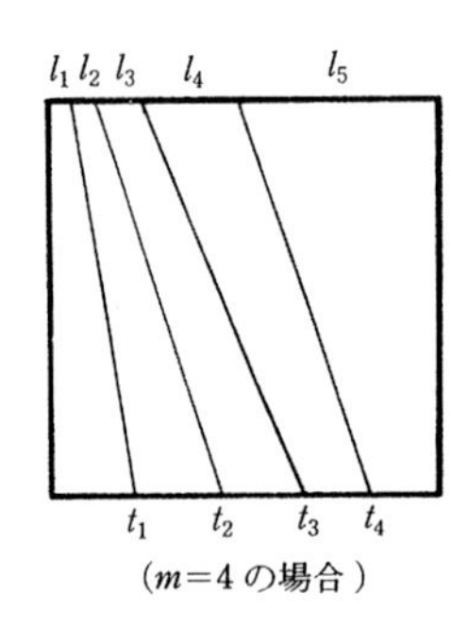

($m=4$ の場合)

図 31

ここで，$i=1, 2, \cdots, m+1$ に対して，道 $l_i: I \to X$ を $l_i(t) = l((t_i - t_{i-1})t + t_{i-1})$ とすると l_i と $l|_{[t_{i-1}, t_i]}$ の像は一致し，$[l] = [l_1 \cdot l_2 \cdot \cdots \cdot l_{m+1}]$ も成り立つ．l と $(\cdots((l_1 \cdot l_2) \cdot l_3) \cdots) \cdot l_{m+1}$ のループとしてのホモトピーは図31より作ることができる．

$U \cap V$ が道連結より，$\exists p_i: I \to U \cap V$; 道，$p_i(0) = x_0$, $p_i(1) = l(t_i)$. U, V は単連結で，$l_1 \cdot p_1^{-1}$, $p_i \cdot l_i \cdot p_{i+1}^{-1}$, $p_m \cdot l_{m+1}$ はUまたはVの中のループだから定値写像 c にホモトピックである．したがって，

$$
\begin{aligned}
l &\simeq l_1 \cdot l_2 \cdot l_3 \cdot \cdots \cdot l_{m+1} \\
&\simeq l_1 \cdot c \cdot l_2 \cdot c \cdot l_3 \cdot c \cdot \cdots \cdot c \cdot l_{m+1} \\
&\simeq l_1 \cdot (p_1^{-1} \cdot p_1) \cdot l_2 \cdot (p_2^{-1} \cdot p_2) \cdot l_3 \cdot (p_3^{-1} \cdot p_3) \cdot \cdots \cdot (p_m^{-1} \cdot p_m) \cdot l_{m+1} \\
&\simeq (l_1 \cdot p_1^{-1}) \cdot (p_1 \cdot l_2 \cdot p_2^{-1}) \cdot (p_2 \cdot l_3 \cdot p_3^{-1}) \cdot \cdots \cdot (p_{m-1} \cdot l_m \cdot p_{m-1}) \cdot (p_m \cdot l_{m+1}) \\
&\simeq c \cdot c \cdot c \cdot \cdots \cdot c \\
&\simeq c
\end{aligned}
$$

となり，l は c にホモトピックである．さらに，このホモトピーは $t=0, 1$ のときは x_0 に固定されているから，$[l] = [c]$ である．☺

上の定理の条件を少しゆるめることができる．

系 20.1.　U, V をXの開集合，$X = U \cup V$, $U \cap V$ は空でなく道連結とする．さらに，包含写像　$i: U \to X$, $j: V \to X$ から導びかれる準同型写像，　$i_*: \pi_1(U, x_0) \to \pi_1(X, x_0)$, $j_*: \pi_1(V, x_0) \to \pi_1(X, x_0)$, $(x_0 \in U \cap V)$ が定値写像ならXは単連結である．

証明　$i_*: \pi_1(U, x_0) \to \pi_1(X, x_0)$ が定値写像ということは $[l] \in \pi_1(U, x_0)$ に対して $i_*([l]) = [i \circ l] = [l]$ が $\pi_1(X, x_0)$ の要素として単位元であることを意味する．すなわち，ループ l はUの中では c にホモトピックとは限らないが，Xの中ではそうである．定理20.3の証明では，$l_1 \cdot p_1^{-1}$, $p_i \cdot l_i \cdot p_{i+1}^{-1}$, $p_{m+1} \cdot l_{m+1}$ がXの中で c とホモトピックであることを用いれば十分だから，この系も成り立つ．☺

例 20.2.　2次元球面 S^2 は単連結である．

$U = \left\{(x, y, z) \in S^2 | z < \frac{1}{2}\right\}$, $V = \left\{(x, y, z) \in S^2 | z > -\frac{1}{2}\right\}$ とすれば，$S^2 = U \cup V$, $U \cap V = \left\{(x, y, z) \in S^2 | -\frac{1}{2} < z < \frac{1}{2}\right\}$ は道連結である．さらに，以下に示すようにUとVは開円板と同相であるから単連結である．定理20.3より，S^2 は単連

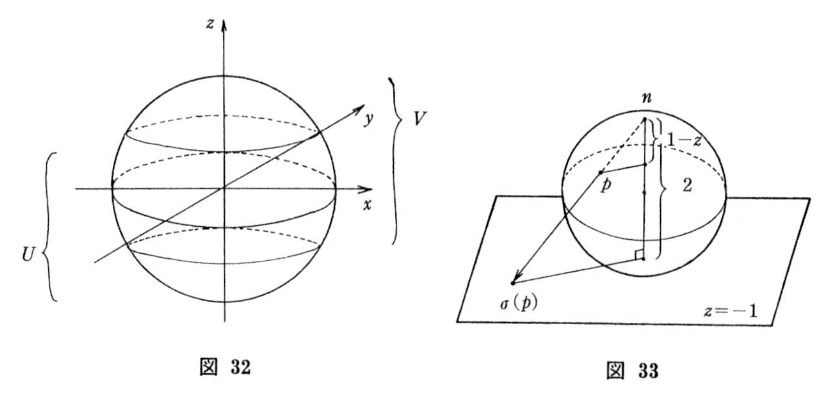

図 32　　図 33

結である(図 32).

Uが開円板と同相なことを，**立体射影**とよばれる同相写像 $\sigma: S^2-\{(0,0,1)\}\to \boldsymbol{R}^2$ を用いて示す．$n=(0,0,1)\in S^2$ とし，$p\in S^2-\{n\}$ とする．直線 np と平面 $z=-1$ との交点を $(\sigma_1(p),\sigma_2(p),-1)$ としたとき，$\sigma(p)=(\sigma_1(p),\sigma_2(p))$ とする．$p=(x,y,z)\in S^2$ とすると，$\sigma_1(p)=\dfrac{2x}{1-z}$，$\sigma_2(p)=\dfrac{2y}{1-z}$ となることは容易にわかるから σ は連続である(図 33).

逆に，$q=(q_1,q_2)\in \boldsymbol{R}^2$ に対して，$(q_1,q_2,-1)$ と n を通る直線が S^2 と交わる点を $\tau(q)$ とすることによって，$\tau:\boldsymbol{R}^2\to S^2-\{n\}$ を定義すると τ は σ の逆写像である．τ を式で表せば，

$$\tau(q)=\left(\frac{4q_1}{q_1^2+q_2^2+4},\ \frac{4q_2}{q_1^2+q_2^2+4},\ \frac{q_1^2+q_2^2-4}{q_1^2+q_2^2+4}\right)$$

であるから τ は連続であり，σ は同相写像である．

σ はUを $\{(x,y)\,|\,x^2+y^2<16\}$ に写すからUは開円板と同相である．VとUは同相だから(例えば，写像 $(x,y,z)\mapsto(x,y,-z)$ を考えればよい)，V も開円板と同相である．☹

問題 20.4.　n 次元球面 $S^n=\{(x_1,\cdots,x_{n+1})\in \boldsymbol{R}^{n+1}\,|\,x_1^2+\cdots+x_{n+1}^2=1\}$ は，$n\geqq 2$ ならば単連結であることを示せ．

§21.　被覆空間

基本群の計算の手段であると同時に，トポロジーでの基本的概念の1つである被覆空間について述べる．

E,B を位相空間とする．連続写像 $p:E\to B$ が**被覆写像**であるとは次の条件

を満たすときをいう．

（1）　$p:E\to B$ は全射，

（2）　各 $b\in B$ に対して，b の開近傍 $U(b)$ で次の性質をもつものが存在する．

(イ)　$p^{-1}(U(b))=\bigcup_{\alpha\in\Lambda}U_\alpha$，$U_\alpha\cap U_\beta=\phi$ $(\alpha\neq\beta)$，

(ロ)　各 $\alpha\in\Lambda$ について，$p|_{U_\alpha}:U_\alpha\to U(b)$ は同相写像である．

上のような性質をもつ $U(b)$ を**均等に被覆された**開集合，U_α を**切片**とよぶ．また，E を B 上の**被覆空間**ともいう．

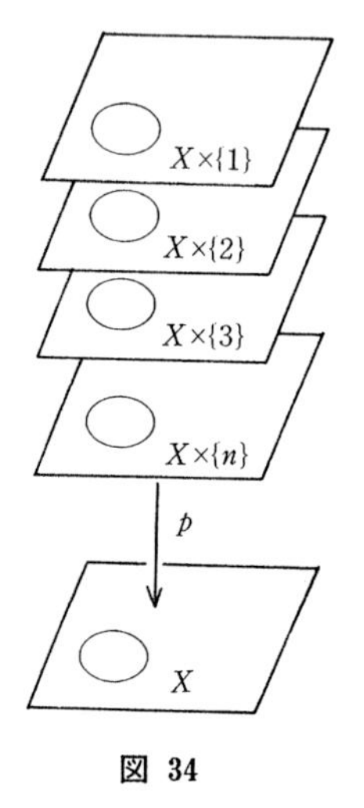

図 34

例 21.1.　（1）　$id_X:X\to X$ は被覆写像である．

（2）　$E=X\times\{1,2,\cdots,n\}$，$B=X$，$p:E\to B$ を $p(x,k)=x$ とすると $p:E\to B$ は被覆写像である．X 自身が均等に被覆され，$X\times\{i\},i=1,2,\cdots,n$ が切片である(図 34)．

例 21.2.　平面 $\boldsymbol{R}^2$ の中の単位円を $S^1=\{(\cos\theta,\sin\theta)\in\boldsymbol{R}^2|\theta\in\boldsymbol{R}\}$ とする．簡単のため，$(\cos\theta,\sin\theta)$ を $[\theta]$ と書く．このとき，全射の連続写像を，

$$p_n:S^1\to S^1,\quad p_n([\theta])=[n\theta]$$

と決める．$[\theta_0]\in S^1$ に対して，

$$U([\theta_0])=\left\{[\theta]\,\middle|\,|\theta-\theta_0|<\frac{\pi}{2}\right\}$$

とする．このとき，

$$p_n^{-1}([\theta_0])=\left\{\left[\frac{\theta_0}{n}\right],\left[\frac{\theta_0}{n}+\frac{2\pi}{n}\right],\left[\frac{\theta_0}{n}+\frac{4\pi}{n}\right],\cdots,\left[\frac{\theta_0}{n}+\frac{2(n-1)\pi}{n}\right]\right\}$$

であり，

$$p_n^{-1}(U([\theta_0]))=\bigcup_{j=0}^{n-1}U_j,\quad U_j=\left\{[\theta]\,\middle|\,\left|\theta-\frac{\theta_0+2j\pi}{n}\right|<\frac{\pi}{2n}\right\}$$

となる．$i\neq j$ なら $U_i\cap U_j=\phi$ であり，

$$p|_{U_j}:U_j\to U([\theta_0]),\quad j=0,1,\cdots,n-1$$

は同相写像である．なぜなら，

$$q_j:U([\theta_0])\to U_j,$$

$$q_j([\theta])=\frac{1}{n}\theta+\frac{2j\pi}{n},\ \ j=0,1,\cdots,n-1$$

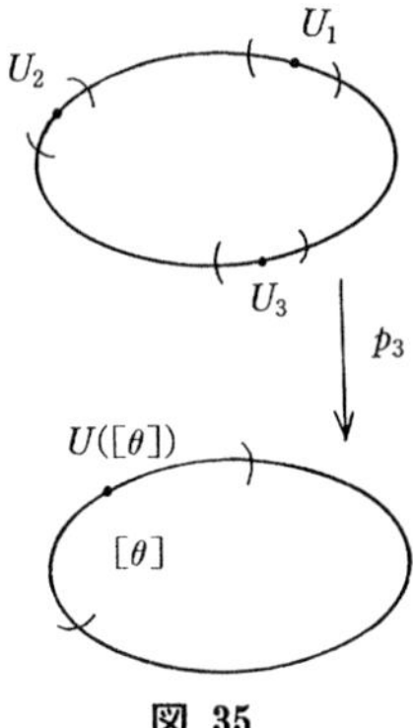

図 35

が $p|_{U_j}$ の連続な逆写像を与えるからである．結局，$p_n: S^1 \to S^1$ は被覆写像である．このように，$p^{-1}(b)$ が n 個の点からなる被覆写像 $p: E\to B$ を **n 重被覆写像**という(図 35).

例題 21.1. 被覆写像 $p: E\to B$ において，$p^{-1}(b)$ の連結成分は一点である．

証明 均等に被覆された b の開近傍を $U(b)$ とし，$p^{-1}(U(b))=\bigcup_{\alpha\in\Lambda}U_\alpha$, $U_\alpha\cap U_\beta=\phi$, $(\alpha\neq\beta)$, $p|_{U_\alpha}: U_\alpha\to U(b)$ 同相写像とする．$e\in p^{-1}(b)$ とすると，ある $\alpha(0)\in\Lambda$ に対して，$e\in U_{\alpha(0)}$ となる．$p|_{U_{\alpha(0)}}: U_{\alpha(0)}\to U(b)$ は1対1だから，$p^{-1}(b)\cap U_{\alpha(0)}=\{e\}$ である．$U'=\bigcup_{\alpha\neq\alpha(0)}U_\alpha$ も開集合で，$p^{-1}(b)\subset U_{\alpha(0)}\cup U'$, $U_{\alpha(0)}\cap U'=\phi$, $p^{-1}(b)-\{e\}\subset U'$ が成り立つから，$p^{-1}(b)$ での e の連結成分は $\{e\}$ である．☺

例 21.3. $E=\boldsymbol{R}$, $B=S^1$, $p:\boldsymbol{R}\to S^1$ を $p(t)=[2\pi t]$ とする．$p^{-1}([\theta])=\left\{\frac{\theta}{2\pi}+n\,|\,n\in\boldsymbol{Z}\right\}$ である．$[\theta_0]\in S^1$ に対して，$U([\theta_0])=\left\{\theta\,\middle|\,|\theta-\theta_0|<\frac{\pi}{2}\right\}$ とすると，

$$p^{-1}(U([\theta_0]))=\left\{t\,\middle|\,\left|t-\left(\frac{\theta_0}{2\pi}+n\right)\right|<\frac{1}{4},\ n\in\boldsymbol{Z}\right\}$$
$$=\left\{t\,\middle|\,|2\pi t-(\theta_0+2n\pi)|<\frac{\pi}{2},\ n\in\boldsymbol{Z}\right\}$$

である．

$$U_n=\left\{t\,\middle|\,|2\pi t-\theta_0-2n\pi|<\frac{\pi}{2}\right\}$$

とおくと，

$$q: U([\theta_0])\to U_n,$$
$$q([\theta])=\frac{\theta}{2\pi}+n$$

が，$p|_{U_n}: U_n\to U([\theta_0])$ の連続な逆写像となり，$p:\boldsymbol{R}\to S^1$ は被覆写像である．これを，S^1 上の**無限巡回被覆**とよぶ．

被覆空間の概念を用いて S^1 の基本群が無限巡回群 $\boldsymbol{Z}$ と同型であることを示そう．以下，被覆空間においては E，したがって B も道連結であるとする．

補題 21.1. (道の持ち上げ) $p: E\to B$ を被覆写像とする．B の中の道 $\gamma: I\to B$ と $p(e_0)=\gamma(0)$ なる点 $e_0\in E$ が与えられたとき，

（1）　$\tilde{\gamma}(0)=e_0$,

（2）　$p\circ\tilde{\gamma}=\gamma$

を満たすEの中の道$\tilde{\gamma}:I\to E$が唯一つ存在する．

（2）を満たす$\tilde{\gamma}$をγの**持ち上げ**と呼ぶ．

証明　各$b\in B$に対して，均等に被覆されるbの開近傍$U(b)$をとる．Iの開被覆$\{\gamma^{-1}(U(b))|b\in B\}$のルベッグ数を$\delta$とし，$0=t_0<t_1<\cdots<t_{k-1}<t_k=1$を$|t_i-t_{i-1}|<\delta$にとれば，$\exists b_i\in B$; $\gamma([t_i,t_{i+1}])\subset U(b_i)$．$\tilde{\gamma}$を次のようにつくる．$\tilde{\gamma}(0)=e_0$とし，$0\leqq t\leqq t_i$まで$p\circ\tilde{\gamma}(t)=\gamma(t)$となるように$\tilde{\gamma}$が定義されたとして，$t_i\leqq t\leqq t_{i+1}$の$t$に対して$\tilde{\gamma}$を定義する．$U=U(b_i)$とおいて，$p^{-1}(U)=\bigcup_{\alpha\in\Lambda}U_\alpha$, $p|_{U_\alpha}:U_\alpha\to U$同相写像とする．$p\circ\tilde{\gamma}(t_i)=\gamma(t_i)\in U$だから，$\tilde{\gamma}(t_i)\in p^{-1}(U)$．したがって，$\exists\alpha(0)\in\Lambda$; $\tilde{\gamma}(t_i)\in U_{\alpha(0)}$．同相写像$p|_{U_{\alpha(0)}}:U_{\alpha(0)}\to U$の逆写像を$q:U\to U_{\alpha(0)}$とする．$\tilde{\gamma}(t)=q\circ\gamma(t)$, $t_i\leqq t\leqq t_{i+1}$とすれば，$\tilde{\gamma}$は$[0,t_{i+1}]$上の写像として定義される(図 36)．

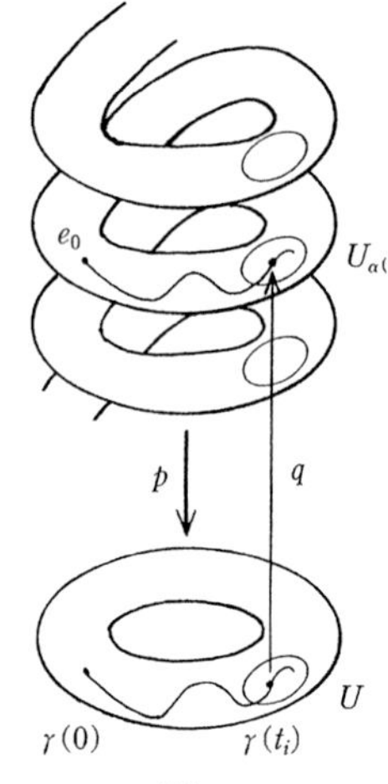

図 36

$$p\circ\tilde{\gamma}(t)=p\circ q\circ\gamma(t)=(p|_{U_{\alpha(0)}})\circ q\circ\gamma(t)=\gamma(t)$$

が成り立つ．これを繰り返して，連続写像$\tilde{\gamma}:I\to E$, $p\circ\tilde{\gamma}=\gamma$, $\tilde{\gamma}(0)=e_0$が定義される．次に，$\tilde{\gamma}$の一意性を示す．連続写像$\tilde{\gamma}':I\to E$, $p\circ\tilde{\gamma}'=\gamma$, $\tilde{\gamma}'(0)=e_0$がもう1つあるとする．$0\leqq t\leqq t_i$まで，$\tilde{\gamma}(t)=\tilde{\gamma}'(t)$として，$0\leqq t\leqq t_{i+1}$まで$\tilde{\gamma}(t)=\tilde{\gamma}'(t)$であることを示す．$\tilde{\gamma}'([t_i,t_{i+1}])\subset U_{\alpha(0)}$を示せば，$q$は$p|_{U_{\alpha(0)}}:U_{\alpha(0)}\to U$の逆写像だから，$t\in[t_i,t_{i+1}]$のとき，

$$\tilde{\gamma}'(t)=q\circ(p|_{U_{\alpha(0)}})\circ\tilde{\gamma}'(t)=q\circ p\circ\tilde{\gamma}'(t)=q\circ\gamma(t)=\tilde{\gamma}(t)$$

となる．ところが，$p\circ\tilde{\gamma}'([t_i,t_{i+1}])\subset U$だから，$\tilde{\gamma}'([t_i,t_{i+1}])\subset\bigcup_{\alpha\in\Lambda}U_\alpha$であるが，各$U_\alpha$は開集合で互いに交わらないから，$U'=\bigcup_{\alpha\neq\alpha(0)}U_\alpha$とすれば，$\tilde{\gamma}'([t_i,t_{i+1}])\subset U_{\alpha(0)}\cup U'$, $U_{\alpha(0)}\cap U'=\phi$である．$\tilde{\gamma}'(t_i)\in\tilde{\gamma}'([t_i,t_{i+1}])\cap U_{\alpha(0)}$だから，$\tilde{\gamma}'([t_i,t_{i+1}])$の連結性より$\tilde{\gamma}'([t_i,t_{i+1}])\subset U_{\alpha(0)}$である．☹

補題 21.2.（ホモトピーの持ち上げ）　$p:E\to B$を被覆空間，$H:I\times I\to B$を道のホモトピーとし，$H(0,s)=b_0$, $H(1,s)=b_1$, $0\leqq s\leqq 1$とする．$p(e_0)=b_0$なる$e_0\in E$が与えられたとき，次の条件を満たす道のホモトピー$\tilde{H}:I\times I\to E$が存在する．

（1）　$\tilde{H}(0,s)=e_0$，$\tilde{H}(1,s)=1$ 点，$0\leqq s\leqq 1$，

（2）　$H=p\circ\tilde{H}$.

（2）を満たす $\tilde{H}$ を H の**持ち上げ**と呼ぶ.

証明　$b\in B$ に対して，$U(b)$ を均等に被覆される b の開近傍とし，$I\times I$ の開被覆 $\{H^{-1}(U(b))\,|\,b\in B\}$ に対するルベッグ数を $\delta>0$ とする．$I\times I$ を分割して，$0=t_0<t_1<\cdots<t_k<t_{k+1}=1$，$0=s_0<s_1<\cdots<s_l<s_{l+1}=1$ とする．このとき，$\mathrm{dia}([t_i,t_{i+1}]\times[s_j,s_{j+1}])<\delta$，$0\leqq i\leqq k$，$0\leqq j\leqq l$ としておく．以下，補題 21.1 の証明での区間 $[t_i,t_{i+1}]$ を四角形 $Q_{ij}=[t_i,t_{i+1}]\times[s_j,s_{j+1}]$ に置き換えて証明する．$\tilde{H}(0,s)=e_0$ とし，$H|_{[0,1]\times\{0\}}$ を補題 21.1 によって持ち上げる．これによって，$\tilde{H}$ が $\{(t,s)\in I\times I\,|\,t=0$ または $s=0\}$ の部分で定義される．次に，$(i',j')<(i,j)$ を $j'<j$ または $(j=j',i'<i)$ と決めて，$\tilde{H}$ が $\bigcup_{(i',j')<(i,j)} Q_{i'j'}$ 上ですでに定義されているとして，Q_{ij} 上に $\tilde{H}$ を拡張する．図 37 において，斜線の部分まで定義されたとして点々の部分にまで $\tilde{H}$ を拡張する．$\mathrm{dia}(Q_{ij})<\delta$ より，$\exists b_{ij}\in B$; $Q_{ij}\subset H^{-1}(U(b_{ij}))$．$L=\{t_i\}\times[s_j,s_{j+1}]\cup[t_i,t_{i+1}]\times\{s_j\}$ は連結であり，$\tilde{H}$ は L 上ではすでに定義されている．$\tilde{H}(L)\subset p^{-1}(U(b_{ij}))$ で，$\tilde{H}(L)$ は連結だから 1 つの切片 V に含まれる．$p|_V: V\to U(b_{ij})$ の逆写像を $q: U(b_{ij})\to V$ として，

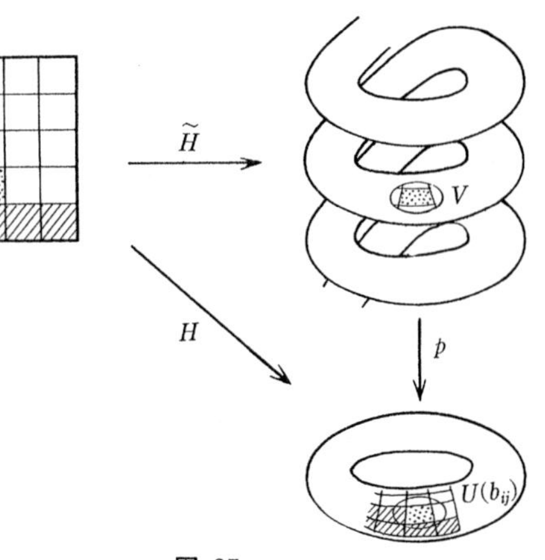

図 37

$$\tilde{H}(t,s)=q(H(t,s)),\qquad t_i\leqq t\leqq t_{i+1},\ s_j\leqq s\leqq s_{j+1}$$

と決めると，$\tilde{H}$ が Q_{ij} 上に拡張される．

この操作を続けて，$\tilde{H}$ を $I\times I$ 上に定義することができる．$p\circ\tilde{H}=H$ は作り方から成り立つ．$\tilde{H}(1,s)=1$ 点，$0\leqq s\leqq 1$ を示す．$p\circ\tilde{H}(1,s)=H(1,s)=b_1$ より，$\tilde{H}(\{1\}\times I)\subset p^{-1}(b_1)$．$\tilde{H}(\{1\}\times I)$ は連結だから，$p^{-1}(b_1)$ の連結成分に含まれる．すなわち，例題 21.1 によって 1 点になる．☹

系 21.1.　$b_0\in B$ を基点とするループ γ の持ち上げ $\tilde{\gamma}$ について，$\tilde{\gamma}(0)\neq\tilde{\gamma}(1)$ ならば，$[\gamma]$ は $\pi_1(B,b_0)$ の単位元ではない．

証明　対偶を示す．γ と定値写像のループとしてのホモトピーをHとすれば，補題 21.2 により，$\tilde{H}(t,0)=\tilde{\gamma}(t)$ となるHの持ち上げ $\tilde{H}$ が存在し，$\tilde{H}(0,s)=\tilde{\gamma}(0)$，$\tilde{H}(1,s)=1$ 点，である．また，$\tilde{H}(t,1)$ は定値写像の持ち上げだから，やはり定値である．結局，

$$\tilde{\gamma}(1)=\tilde{H}(1,0)=\tilde{H}(1,1)=\tilde{H}(0,1)=\tilde{\gamma}(0)$$

が成り立つ．😁

定理 21.1.　円周 S^1 の基本群は無限巡回群である．

証明　例 21.3 の無限巡回被覆 $p:\boldsymbol{R}\to S^1$ を考える．$\alpha\in\pi_1(S^1,x_0)$，$x_0=[0]$ とする．αを代表するループ $l:I\to S^1$ を1つとる，すなわち，$[l]=\alpha$．このとき，補題 21.1 によって，$\exists\tilde{l}:I\to\boldsymbol{R}$; $\tilde{l}(0)=0, l=p\circ\tilde{l}$. $\tilde{l}(1)\in p^{-1}(l(1))=p^{-1}([0])=\boldsymbol{Z}$．写像 $d:\pi_1(S^1,x_0)\to\boldsymbol{Z}$ を $d([l])=\tilde{l}(1)$ として定義し，d が同型写像であることを以下の順で示す．

（0）　$d(\alpha)$ が，α の代表元 l のとり方によらずに決まる．

（1）　d が準同型写像である．

（2）　d が単射である．

（3）　d が全射である．

（0）の証明：$[l']=[l]$ とすると，l と l' の間のホモトピー $H:I\times I\to S^1$ が存在する．$\tilde{H}(0,0)=0$ となるHの持ち上げ $\tilde{H}:I\times I\to S^1$ を補題 21.2 によって作る．

$$p\circ\tilde{H}(t,0)=H(t,0)=l(t),$$
$$p\circ\tilde{H}(t,1)=H(t,1)=l'(t)$$

だから，持ち上げの一意性より $\tilde{l}(t)=\tilde{H}(t,0)$，$\tilde{l}'(t)=\tilde{H}(t,1)$ が成り立つ．補題 21.2 より，$\tilde{H}(1,s)=1$ 点，$(0\leqq s\leqq 1)$ となるから，$\tilde{l}(1)=\tilde{H}(1,0)=\tilde{H}(1,1)=\tilde{l}'(1)$ である．

（1）の証明：$d([l_1]\cdot[l_2])=d([l_1])+d([l_2])$ を示す．$\tilde{l}_i(0)=0$ となる l_i の持ち上げを $\tilde{l}_i$，$i=1,2$ とする．$d([l_1])=\tilde{l}_1(1)$，$d([l_2])=\tilde{l}_2(1)$．

$$\tilde{l}(t)=\begin{cases}\tilde{l}_1(2t), & 0\leqq t\leqq \dfrac{1}{2},\\ \tilde{l}_2(2t-1)+\tilde{l}_1(1), & \dfrac{1}{2}\leqq t\leqq 1\end{cases}$$

とおくと，$\tilde{l}$ は連続写像である．$\tilde{l}_1(1)\in\boldsymbol{Z}$ に注意して，

$$p\circ\tilde{l}(t)=\begin{cases} p(\tilde{l}_1(2t)), & 0\leqq t\leqq\dfrac{1}{2} \\ p(\tilde{l}_2(2t-1)+\tilde{l}_1(1)), & \dfrac{1}{2}\leqq t\leqq 1 \end{cases}$$

$$=\begin{cases} l_1(2t), & 0\leqq t\leqq\dfrac{1}{2} \\ l_2(2t-1), & \dfrac{1}{2}\leqq t\leqq 1 \end{cases}$$

$$=l_1\cdot l_2(t).$$

$\tilde{l}$ は $l_1\cdot l_2$ の持ち上げで，$\tilde{l}(0)=\tilde{l}_1(0)=0$ だから，$d([l_1\cdot l_2])=\tilde{l}(1)$.

$$d([l_1]\cdot[l_2])=d([l_1\cdot l_2])=\tilde{l}(1)=\tilde{l}_2(1)+\tilde{l}_1(1)$$
$$=d([l_2])+d([l_1])=d([l_1])+d([l_2]).$$ 😄

（2）の証明：d は準同型写像だから，$\mathrm{Ker}\, d=\{1\}$ を示せばよい．$d([l])=0$ とすると $\tilde{l}$ を $\tilde{l}(0)=0$ なる l の持ち上げとすれば，$\tilde{l}(1)=0=\tilde{l}(0)$．そこで，

$$\widetilde{H}: I\times I\to \boldsymbol{R},\quad \widetilde{H}(t,s)=s\cdot\tilde{l}(t)$$

とすれば，$\widetilde{H}$ は連続写像である．$H(t,s)=p\circ\widetilde{H}(t,s)$ とすると，

$$H(t,0)=p\circ\widetilde{H}(t,0)=p(0\cdot\tilde{l}(t))=p(0)=[0],$$
$$H(t,1)=p\circ\widetilde{H}(t,1)=p(1\cdot\tilde{l}(t))=p\circ\tilde{l}(t)=l(t)$$

となる．また，

$$H(0,s)=p\circ\widetilde{H}(0,s)=p(s\cdot\tilde{l}(0))=p(s\cdot 0)=p(0)=[0],$$
$$H(1,s)=p\circ\widetilde{H}(1,s)=p(s\cdot\tilde{l}(1))=p(s\cdot 0)=p(0)=[0]$$

だから，H は l と c とのループとしてのホモトピーを与える．したがって，$[l]=[c]$ である． ☹

（3）の証明：$n\in\boldsymbol{Z}$ に対して，ループ $l_n: I\to S^1$ を，

$$l_n(t)=p(nt)$$

と決める．$l_n(0)=p(0)=[0]$，$l_n(1)=p(n)=[n]=[0]$ だから，l_n はループである．$\tilde{l}_n(t)=nt$ とすれば，$\tilde{l}_n$ は l_n の持ち上げで，$\tilde{l}_n(0)=0$，$\tilde{l}_n(1)=n$．したがって，$d([l_n])=\tilde{l}_n(1)=n$ となるから，d は全射である． ☹

問題 21.1. E が単連結のとき，被覆写像 $p: E\to B$ において，$\pi_1(B,b_0)$，$(b_0\in B)$ と $p^{-1}(b_0)$ の濃度が等しいことを示せ．

系 21.2. 平面から1点を除いた空間 $\boldsymbol{R}^2-\{(0,0)\}$ の基本群は $\boldsymbol{Z}$ と同型である．

証明 $X=\boldsymbol{R}^2-\{(0,0)\}$，$x_0=(1,0)$ とおく．包含写像 $i: S^1\to X$ から導びかれる基本群の準同型写像 $i_*: \pi_1(S^1,x_0)\to\pi_1(X,x_0)$ が同型であることを示す．X から S^1 への連続写像 r を，

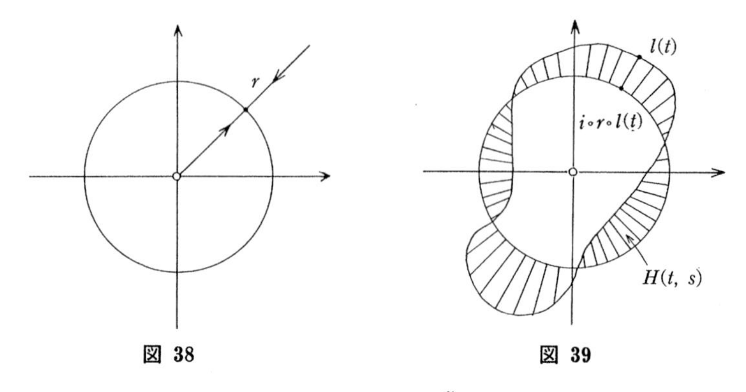

図 38　　　　　　図 39

$$r : X \to S^1,\ \ r(x) = \frac{x}{|x|}$$

と決める(図 38). $x \in S^1$ とすると $r \circ i(x) = \dfrac{x}{|x|} = x$ となり, $r \circ i = id_{S^1}$, したがって, $r_* \circ i_* = (r \circ i)_* = (id_{S^1})_* = id_{\pi_1(S^1, x_0)}$. $i_* \circ r_* = id_{\pi_1(X, x_0)}$ を示せばよい. $[l] \in \pi_1(X, x_0)$ としたとき, l と $i \circ r \circ l$ がループとしてホモトピックであることを示す.

$$H(t, s) = s(i \circ r \circ l(t)) + (1-s)l(t),\ \ (t, s) \in I \times I$$

とおくと, $H(t, s) \neq (0, 0)$ だから, 連続写像

$$H : I \times I \to X$$

が定義される.

$$H(0, s) = s(i \circ r \circ l(0)) + (1-s)l(0) = sx_0 + (1-s)x_0 = x_0,$$
$$H(1, s) = s(i \circ r \circ l(1)) + (1-s)l(1) = sx_0 + (1-s)x_0 = x_0$$

だから, H は l と $i \circ r \circ l$ の間のループとしてのホモトピーである(図 39). ☺

系 21.3. 球面 S^2 から2点 $(0, 0, \pm 1)$ を除いた空間の基本群も $\boldsymbol{Z}$ と同型である.

証明 $n = (0, 0, 1)$, $s = (0, 0, -1)$ とする. 立体射影 $\sigma : S^2 - \{n\} \to \boldsymbol{R}^2$ の定義域を $X = S^2 - \{n, s\}$ に, 終集合を $\boldsymbol{R}^2 - \{(0, 0)\}$ に制限すると, $\sigma|_X : X \to \boldsymbol{R}^2 - \{(0, 0)\}$ が得られ, これも同相写像である. 基本群の位相不変性(定理 20.1)によって, X の基本群も $\boldsymbol{Z}$ と同型である. ☺

系 21.4. S^2 から任意の異なる2点を除いた空間の基本群も $\boldsymbol{Z}$ と同型である.

証明 $X = S^2 - \{a, b\}$, $a \neq b$ とする. X と $S^2 - \{n, s\}$ が同相なことを示す. 回転は同相写像だから a を n に移す回転を考えて $a = n$ としてよい. 立体射影を $\sigma : S^2 - \{n\} \to \boldsymbol{R}^2$ とし, $\sigma(b)$ を0に移す $\boldsymbol{R}^2$ の平行移動を $\tau : \boldsymbol{R}^2 \to \boldsymbol{R}^2$ とする. $\tau' = \tau|_{\boldsymbol{R}^2 - \{\sigma(b)\}} : \boldsymbol{R}^2 - \{\sigma(b)\} \to \boldsymbol{R}^2 - \{0\}$ も同相写像であり, $\sigma_1 = \sigma|_{S^2 - \{n, b\}} : S^2 -$

$\{n,b\}\to \boldsymbol{R}^2-\{\sigma(b)\}$, $\sigma_2=\sigma|_{S^2-\{n,s\}}: S^2-\{n,s\}\to \boldsymbol{R}^2-\{0\}$ も同相写像であるから，$\sigma_2^{-1}\circ\tau'\circ\sigma_1: S^2-\{n,b\}\to S^2-\{n,s\}$ は同相写像である．☹

§22. ジョルダンの閉曲線定理

平面上のループが交わらないとき，そのループの像は平面をちょうど2つの部分に分けることを基本群を用いて証明する．これは一見当り前であるが，トーラス上では成り立たないことから，証明が必要なことであることがわかる(図 40)．

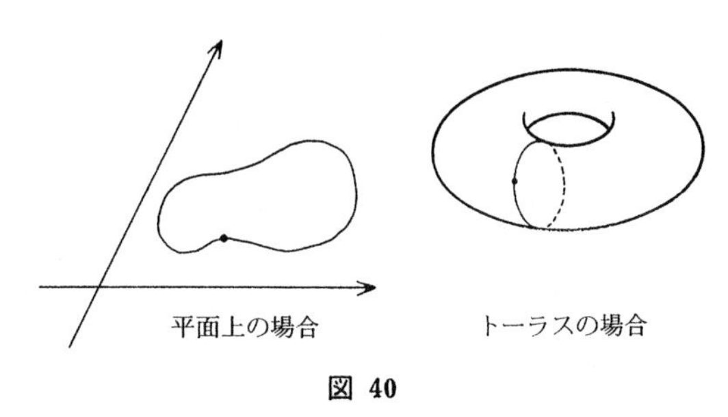

図 40

定理 20.3 においては，$U\cap V$ が道連結であることが必要であった．$U\cap V$ が連結でない場合には X の基本群が自明な群でないことを，$X=U\cup V$ 上の被覆空間を構成することによって示す．

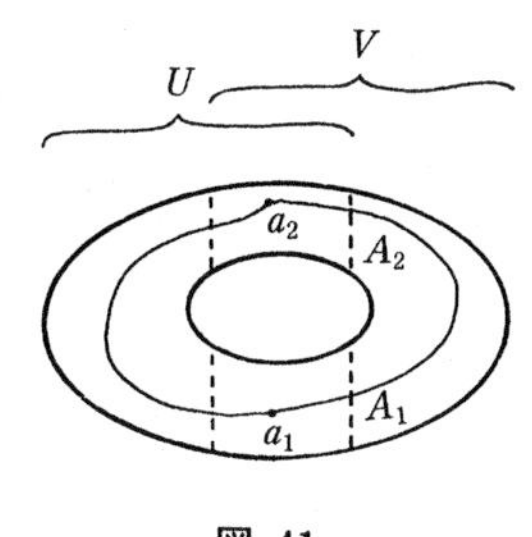

図 41

$U\cap V$ が連結でないとすると，開集合 $A_1, A_2\subset U\cap V$ があり，$U\cap V=A_1\cup A_2$, $A_1\cap A_2=\phi$, $A_1\neq\phi$, $A_2\neq\phi$ が成り立つ(図 41)．このとき，被覆写像 $p: Y\to X$ を作る．

$\tilde{Y}=U\times\{2n|n\in\boldsymbol{Z}\}\cup V\times\{2n+1|n\in\boldsymbol{Z}\}$ とし，$\tilde{Y}$ を $X\times\boldsymbol{Z}$ の部分位相空間と考え，$\tilde{Y}$ 上に次のような同値関係をいれる（$\boldsymbol{Z}$ は $\boldsymbol{R}$ の部分空間と考える)．
$y_1, y_2\in\tilde{Y}$ に対して，$y_1\sim y_2$ であるのは，

(0) $y_1=y_2$,

(1) $y_1=(x,2n)$, $y_2=(x,2n+1)$, $x\in A_1$,

(2) $y_1=(x,2n)$, $y_2=(x,2n-1)$, $x\in A_2$

のいずれかと決め，$y_1\sim y_2$ のとき $y_2\sim y_1$ でもあるとする．これが $\tilde{Y}$ 上の同値関係であることはすぐわかる．($A_1\cap A_2=\phi$ だから，(1) と (2) が同時に成り立つことはない．)

この同値関係による商空間，$Y=\tilde{Y}/\sim$ を考え，$\pi:\tilde{Y}\to Y$ を自然な射影とする．写像 $\tilde{p}:\tilde{Y}\to X$, $p: Y\to X$ を，$\tilde{p}(x,k)=x$, $p(\pi(x,k))=x$ によって決める

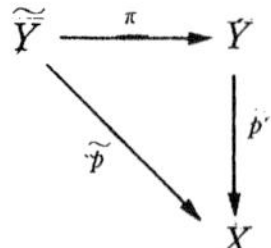

図 42

と，$\tilde{p}=p\circ\pi$ である(図 42).

補題 22.1.　写像 $\pi, \tilde{p}, p$ は**開写像**，すなわち，開集合を開集合に写す写像である．

証明　$\widetilde{Y}$ の開集合は，$O\subset X$ を X の開集合として，$O\times\{i\}\cap\widetilde{Y}$ の和集合として表せる．開集合の和集合は開集合だから $\tilde{p}(O\cap U\times\{2n\})$ と $\tilde{p}(O\cap V\times\{2n+1\})$ が開集合であることを示せば $\tilde{p}$ が開写像であることがわかる．ところが，$\tilde{p}(O\cap U\times\{2n\})=O\cap U$，$\tilde{p}(O\cap V\times\{2n+1\})=O\cap V$ であり，ともに開集合である．

$\pi(O\cap U\times\{2n\})$ が開集合であるためには，Y の位相の決め方から，$\pi^{-1}(\pi(O\cap U\times\{2n\}))$ が $\widetilde{Y}$ の開集合であればよい．$\pi^{-1}(\pi(O\cap U\times\{2n\}))=(O\cap U)\times\{2n\}\cup(O\cap U\cap A_1)\times\{2n+1\}\cup(O\cap U\cap A_2)\times\{2n-1\}$ となるが，右辺の 3 つの集合はすべて $\widetilde{Y}$ の開集合である．$\pi(O\cap V\times\{2n+1\})$ も同様に開集合であるから，π は開写像である．

Y の開集合を W とすると，$p(W)=p\circ(\pi(\pi^{-1}(W))=\tilde{p}(\pi^{-1}(W))$ であり，$\pi^{-1}(W)$ も開集合で $\tilde{p}$ が開写像だから $p(W)$ も開集合となり，p は開写像である．☹

定理 22.1.　$p: Y\to X$ は被覆写像である．

証明　$x\in U$ のとき，$p(\pi(x\times\{0\}))=\tilde{p}(x\times\{0\})=x$，$x\in$V のとき，$p(\pi(x\times\{1\}))=\tilde{p}(x\times\{1\})=x$ となり，p は全射である．U, V が均等に被覆されることを示す．$p^{-1}(U)=\pi(\pi^{-1}\circ p^{-1}(U))=\pi(\tilde{p}^{-1}(U))=\pi(\bigcup_{n\in Z}(U\times\{2n\}\cup(U\cap A_1)\times\{2n+1\}\cup(U\cap A_2)\times\{2n-1\}))=\bigcup_{n\in Z}\pi(U\times\{2n\})$ であり，$p|_{\pi(U\times\{2n\})}: \pi(U\times\{2n\})\to U$ は連続な全単射であるから，$(p|_{\pi(U\times\{2n\})})^{-1}$ が連続，すなわち，$p|_{\pi(U\times\{2n\})}$ が開写像であることをいえばよい．$\pi(U\times\{2n\})\subset Y$ は開集合だから $\pi(U\times\{2n\})$ の中の開集合を $\hat{O}$ とすれば，$\hat{O}$ は Y の中の開集合である．p は開写像だから，$p|_{\pi(U\times\{2n\})}(\hat{O})=p(\hat{O})$ は開集合となり，$p|_{\pi(U\times\{2n\})}$ も開写像である．V についても同様である．☺

系 22.1.　空でない開集合，$U, V\subset X$ があって，$X=U\cup V$．さらに，空でない開集合 $A_1, A_2\subset U\cap V$ があって，$U\cap V=A_1\cup A_2$，$A_1\cap A_2=\phi$ が成り立つとする．このとき，ある点 $a_1\in A_1$，$a_2\in A_2$ に対して，a_1 が a_2 と U, V のそれぞれの中の道で結べるならば，$\pi_1(X, a_1)$ は自明な群ではない(図 41).

証明　定理 22.1 の被覆写像 $p: Y\to X$ を考える．a_1 から a_2 への U の中での

道を α, V の中での道を β とする. ループ $\alpha\cdot\beta^{-1}$ の $\pi(a_1,0)$ を始点とする持ち上げは,

$$\tilde{\alpha}(t)=\pi(\alpha(t),0),$$
$$\tilde{\beta}(t)=\pi(\beta(t),-1)$$

として, $\tilde{\alpha}\cdot\tilde{\beta}^{-1}$ で与えられる. $(\pi(\alpha(1),0)=\pi(a_2,0)=\pi(a_2,-1)=\pi(\beta(1),-1)$ に注意.) $\tilde{\alpha}\cdot\tilde{\beta}^{-1}(1)=\pi(\beta(0),-1)=\pi(a_1,-1)\neq\pi(a_1,0)$ だから, $\tilde{\alpha}\cdot\tilde{\beta}^{-1}(0)\neq\tilde{\alpha}\cdot\tilde{\beta}^{-1}(1)$ となる. 系21.1により, $[\alpha\cdot\beta^{-1}]\neq e$ である. 😄

系 22.2. 空でない開集合 U, V, $A'_i, i=1,2,3$ があって, $X=U\cup V$, $U\cap V=A'_1\cup A'_2\cup A'_3$, $A'_i\cap A'_j=\phi$ $(i\neq j)$ とし, $a_i\in A'_i$, $i=1,2,3$ があって, a_1 と a_2, a_1 と a_3 が U と V それぞれの中の道で結べるとする(図 43). このとき, $\pi_1(X,a_1)$ は $\boldsymbol{Z}$ と同型でない.

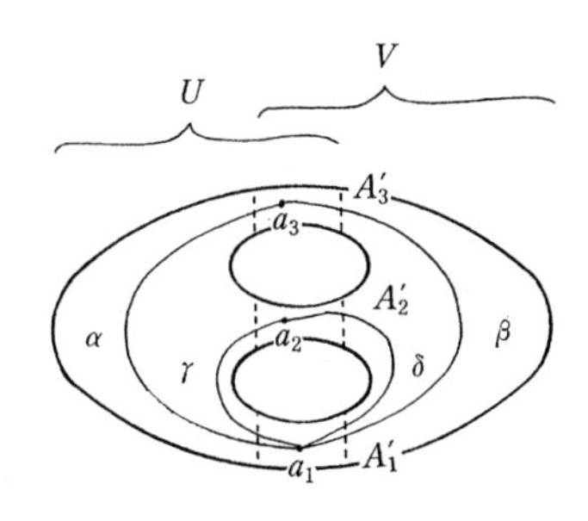

図 43

証明 $A_1=A'_1\cup A'_2$, $A_2=A'_3$ として, 被覆空間 $p:Y\to X$ を構成する. a_1 と a_3 を U の中で結ぶ道を α, V の中で結ぶ道を β, a_1 と a_2 を U の中で結ぶ道を γ, V の中で結ぶ道を δ とする. γ と δ の持ち上げは,

$$\tilde{\gamma}(t)=\pi(\gamma(t),0),$$
$$\tilde{\delta}(t)=\pi(\delta(t),1)$$

で与えられるから, $\tilde{\gamma}\cdot\tilde{\delta}^{-1}(0)=\pi(a_1,0)=\pi(a_1,1)=\tilde{\gamma}\cdot\tilde{\delta}^{-1}(1)$ である. 一方, α,β の $\pi(a_1,0)$ を始点とする持ち上げ $\tilde{\alpha},\tilde{\beta}$ に対しては, $\tilde{\alpha}\cdot\tilde{\beta}^{-1}(0)\neq\tilde{\alpha}\cdot\tilde{\beta}^{-1}(1)$ であるから, $[\alpha\cdot\beta^{-1}]\neq[\gamma\cdot\delta^{-1}]$ である. 仮に, $\phi:\pi_1(X,a_1)\to\boldsymbol{Z}$ を同型写像とし, $\phi([\alpha\cdot\beta^{-1}])=m, \phi([\gamma\cdot\delta^{-1}])=n$ とすれば, $\phi([\alpha\cdot\beta^{-1}]^n)=mn=\phi([\gamma\cdot\delta^{-1}]^m)$ となり, $[\alpha\cdot\beta^{-1}]^n=[\gamma\cdot\delta^{-1}]^m$ となる. $(\alpha\cdot\beta^{-1})^n=(\gamma\cdot\delta^{-1})^m$ の持ち上げを考えると, 先程と同様にして, $[\alpha\cdot\beta^{-1}]^n\neq[\gamma\cdot\delta^{-1}]^m$. したがって, $\pi_1(X,a_1)$ は $\boldsymbol{Z}$ と同型でない. ここで, $(\alpha\cdot\beta^{-1})^n$ は, $n>0$ のとき, $(\alpha\cdot\beta^{-1})\cdot\cdots\cdot(\alpha\cdot\beta^{-1})$ (n 個) を, $n<0$ のときは, $(\beta^{-1}\cdot\alpha)\cdot\cdots\cdot(\beta^{-1}\cdot\alpha)$ ($|n|$個) を表す. ☹

定理 22.2. 連続写像 $\alpha:I\to S^2$ が単射なとき, $S^2-\alpha(I)$ は道連結である.

定理の証明のために次の補題を用いる.

補題 22.2. 2点 $a,b\in S^2-\alpha(I)$ が, $S^2-\alpha([0,t_0])$, $S^2-\alpha([t_0,1])$, $(0<t_0<1)$ それぞれの中の道で結べるならば, a と b は $S^2-\alpha([0,1])$ の中の道

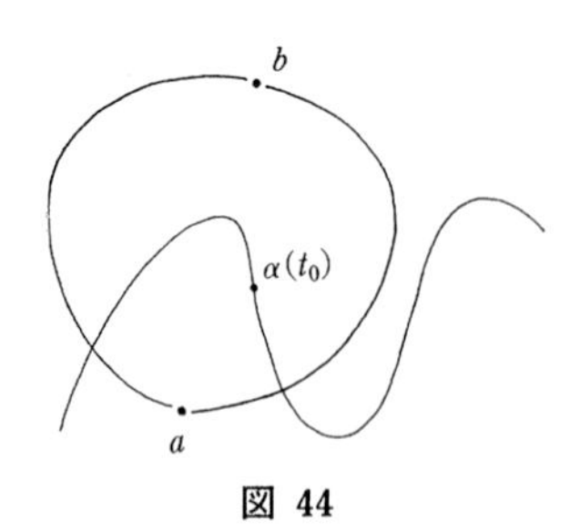

図 44

で結べる(図 44).

証明　$U=S^2-\alpha([0,t_0])$, $V=S^2-\alpha([t_0,1])$ とおくと，$\alpha([0,t_0])$, $\alpha([t_0,1])$ はコンパクトだから閉集合，したがって，U,V は開集合．a,b が $U\cap V=S^2-\alpha([0,1])$ の中の道で結べないとする．a の $U\cap V$ での道連結成分を U_a とし，$V_a=(U\cap V)-U_a$ とすれば，U_a は閉集合でもあるから U_a, V_a は開集合で，$U_a\cap V_a=\phi$(演習問題2の2,3参照)．系22.1によって，$U\cup V$ の基本群は自明な群ではない．一方，α が単射だから．$U\cup V=S^2-\{\alpha(t_0)\}$ となり，これは $\boldsymbol{R}^2$ と同相だから基本群は自明な群である．これは矛盾．☹

(定理22.2の) **証明**　ある $a,b\in S^2-\alpha(I)$ が $S^2-\alpha(I)$ の中の道で結べないと仮定する．補題22.2により，a,b は $S^2-\alpha\left(\left[0,\frac{1}{2}\right]\right)$ か $S^2-\alpha\left(\left[\frac{1}{2},1\right]\right)$ の少なくともどちらか一方の中では道で結ぶことができない．それを，$S^2-\alpha([s_1,t_1])$ とする．今の議論を繰り返して，a,b は $S^2-\alpha\left(\left[s_1,\frac{s_1+t_1}{2}\right]\right)$ か $S^2-\alpha\left(\left[\frac{s_1+t_1}{2},t_1\right]\right)$ のどちらか一方の中の道で結ぶことができない．それを $S^2-\alpha([s_2,t_2])$ とする，この操作を続けることによって，閉区間の列，

$$A_0=[0,1]\supset A_1\supset A_2\supset\cdots,\qquad A_i=[s_i,t_i]$$

で，a,b が $S^2-\alpha(A_i)$ の中の道で結ぶことができないものが存在する(図 45)．区間 A_i の長さは $\left(\frac{1}{2}\right)^i$ である．区間縮小法によって，$\bigcap_{i=1}^{\infty}A_i=\{\tau\}$．$S^2-\{\alpha(\tau)\}$ は $\boldsymbol{R}^2$ と同相だから，a と b を結ぶ道 $\gamma:I\to S^2-\{\alpha(\tau)\}$ が存在する．$\gamma(I)$ は閉で，$\alpha(\tau)\notin\gamma(I)$ だから，$\exists\varepsilon>0$; $B_\varepsilon(\alpha(\tau))\cap\gamma(I)=\phi$．$\alpha$ の連続性から，$\exists\delta>0$; $\alpha([\tau-\delta,\tau+\delta])\subset B_\varepsilon(\alpha(\tau))$．十分大きな N をとれば，$A_N\subset[\tau-\delta,\tau+\delta]$ であり，$\alpha(A_N)\subset B_\varepsilon(\alpha(\tau))$．したがって，$\alpha(A_N)\cap\gamma(I)=\phi$ となり，γ は $S^2-\alpha(A_N)$ の中で a,b を結ぶ道となり，A_N の取り方に矛盾する．☹

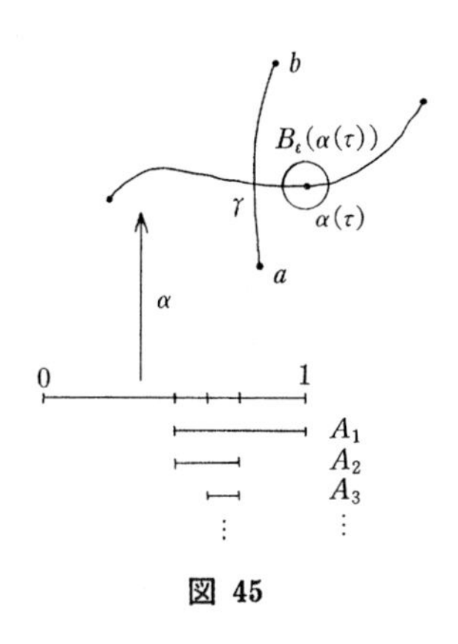

図 45

定理 22.3. (ジョルダンの閉曲線定理)　単純なループを $\gamma:I\to S^2$ とすると，$S^2-\gamma(I)$ は2つの連結成分をもち，$\gamma(I)$ はそれらの境界になっている．ただし，γ が単純とは $\gamma|_{[0,1)}$ が単射であることをいう．

定理22.3の内容を3つの命題に分けて証明する.

命題 22.1.　$S^2-\gamma(I)$ は道連結でない.

命題22.1の証明のために次の補題を示す.

補題 22.3.　$f: I\to S^2-\{a,b\}$ を連続写像とする. a,b が $S^2-f(I)$ の中の道で結べるなら, f は定値写像にホモトピックで, そのホモトピー H を, $f(t_1)=f(t_2)$ ならば $H(t_1,s)=H(t_2,s)$, $(0\leqq s\leqq 1)$ が成り立つようにとれる.

証明　系21.4の証明より, $S^2-\{a,b\}$ と $S^2-\{n,s\}$ $(n=(0,0,1),\ s=(0,0,-1))$ が同相であったから, $a=n$, $b=s$ としてよい. 立体射影を σ として, $\bar{f}=\sigma\circ f: I\to \boldsymbol{R}^2-\{0\}$ とする. s が n と $S^2-f(I)$ の中の道で結べるから, 0は $\boldsymbol{R}^2-\bar{f}(I)$ の中でいくらでも遠くの点と結べる. $\bar{f}(I)$はコンパクトだから, $\exists p\in \boldsymbol{R}^2$; $\forall x\in I$, $|\bar{f}(x)|<|p|$, 0と p が $\boldsymbol{R}^2-\bar{f}(I)$ の中の道 α で結べる(図 46). このとき, $F: I\times I\to \boldsymbol{R}^2-\{0\}$ を, $F(x,t)=\bar{f}(x)-\alpha(t)$ と決める. $\alpha(I)\subset \boldsymbol{R}^2-\bar{f}(I)$ より, $F(x,t)\neq 0$. 次に, $G: I\times I\to \boldsymbol{R}^2-\{0\}$ を,

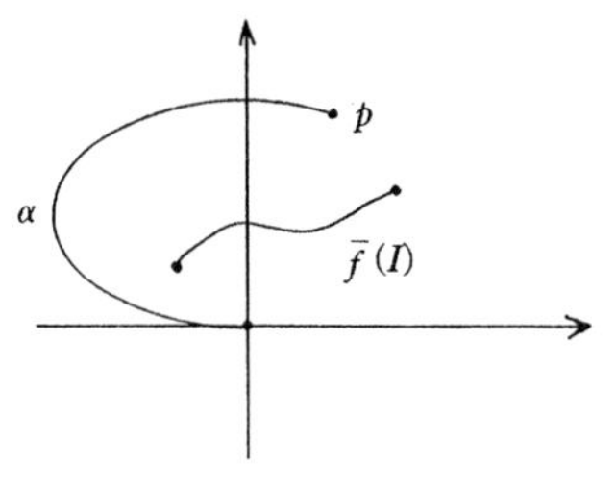

図 46

$$G(x,t)=(1-t)\bar{f}(x)-p$$

と決める. $|p|>|\bar{f}(x)|\geqq|(1-t)\bar{f}(x)|$ より, $G(x,t)\neq 0$. さらに,

$$H(x,t)=\begin{cases} F(x,2t), & 0\leqq t\leqq \dfrac{1}{2}, \\ G(x,2t-1), & \dfrac{1}{2}\leqq t\leqq 1 \end{cases}$$

とすると, $\sigma^{-1}\circ H$ が求めるホモトピーとなる. ☹

(命題22.1の) **証明**　$\gamma\left(\left[0,\frac{1}{2}\right]\right)=A_1$, $\gamma\left(\left[\frac{1}{2},1\right]\right)=A_2$とおき, $\gamma(0)=a$, $\gamma\left(\frac{1}{2}\right)=b$ とすると, $\gamma([0,1])=A_1\cup A_2$, $A_1\cap A_2=\{a,b\}$. $U=S^2-A_1$, $V=S^2-A_2$ とおくと, $U\cup V=S^2-\{a,b\}$, $U\cap V=S^2-\gamma([0,1])$. $i: U\to S^2-\{a,b\}$, $j: V\to S^2-\{a,b\}$ を包含写像とし, $x_0\in S^2-\gamma([0,1])$ とする.

$$i_*: \pi_1(U,x_0)\to\pi_1(S^2-\{a,b\},x_0),$$
$$j_*: \pi_1(V,x_0)\to\pi_1(S^2-\{a,b\},x_0)$$

が単位元への定値写像であることをいえば, $S^2-\{a,b\}$ の基本群は自明な群ではないから, 系20.1によって, $U\cap V$ は道連結でない. $[l]\in\pi_1(U,x_0)$ をとる. $\gamma'(t)=\gamma(t/2)$, $0\leqq t\leqq 1$ とすると, γ' は a,b を結ぶ道で, $l(I)\subset U=S^2-$

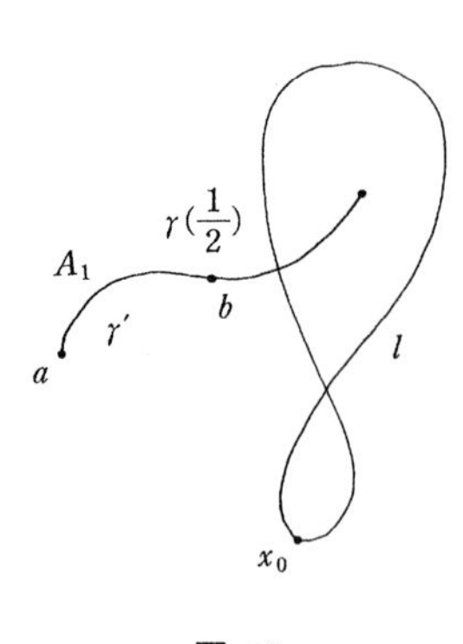

図 47

$\gamma\left(\left[0, \frac{1}{2}\right]\right)$ より $\gamma'(I)\cap l(I)=\phi$(図 47). 補題 22.3 により，l はある $q\in S^2-\{a, b\}$ への定値写像とホモトピックである．すなわち，連続写像

$$H : I\times I\to S^2-\{a, b\},$$

$$H(t, 0)=l(t),\ H=(t, 1)=q,$$

$$H(0, s)=H(1, s)$$

が存在する．$h(s)=H(0, s)=H(1, s)$ とおく．Hを用いて，l と $h\cdot h^{-1}$ へのホモトピー $\bar{H} : I\times I\to S^2-\{a, b\}$ を次のように作る．この作り方は，図 48 による．

$$\bar{H}(t, s)=\begin{cases} h(4t), & s\leqq\frac{1}{2},\ 0\leqq t\leqq\frac{s}{2}, \text{①} \\ H\left(\frac{2t-s}{2(1-s)}, 2s\right), & s\leqq\frac{1}{2},\ \frac{s}{2}\leqq t\leqq 1-\frac{s}{2}, \text{②} \\ h(4(1-t)), & s\leqq\frac{1}{2},\ 1-\frac{s}{2}\leqq t\leqq 1, \text{③} \\ h\left(\frac{2t}{s}\right), & s\geqq\frac{1}{2},\ 0\leqq t\leqq\frac{s}{2}, \text{④} \\ q, & s\geqq\frac{1}{2},\ \frac{s}{2}\leqq t\leqq 1-\frac{s}{2}, \text{⑤} \\ h\left(\frac{2(1-t)}{s}\right), & s\geqq\frac{1}{2},\ 1-\frac{s}{2}\leqq t\leqq 1. \text{⑥} \end{cases}$$

上の決め方で各接ぎ目が同じ値となることは確かめればわかるので，$\bar{H}$は連続写像である．

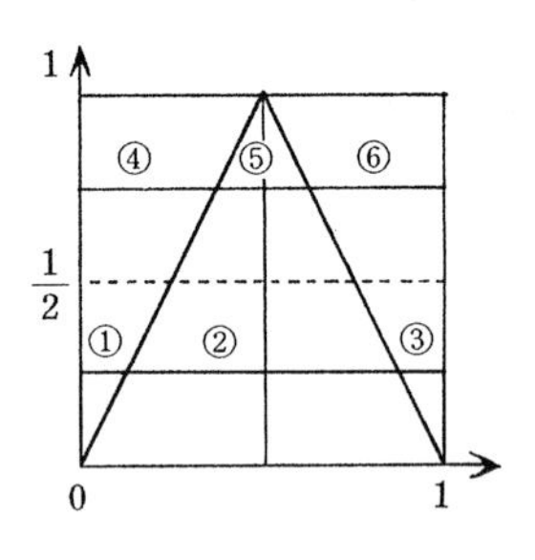

図 48

$$\bar{H}(t, 1)=\begin{cases} h(2t), & 0\leqq t\leqq\frac{1}{2} \\ h(2(1-t)), & \frac{1}{2}\leqq t\leqq 1 \end{cases}=h\cdot h^{-1}(t),$$

$$\bar{H}(0, s)=h(0),\ \bar{H}(1, s)=h(0)$$

だから，$\bar{H}$ は l と $h\cdot h^{-1}$ の $\boldsymbol{R}^2-\{a, b\}$ のループとしてのホモトピーを与える．すなわち，$i_*([l])=[i\circ l]=[h\cdot h^{-1}]=e$. j_* についても全く同様である． ☹

命題 22.2. $S^2-\gamma(I)$ は，2つの連結成分からなる．

証明 命題 22.1 より $S^2-\gamma(I)$ は2つ以上の連結成分をもつから，3つ以上の連結成分をもつと仮定して矛盾を導びく．$S^2-\gamma(I)$ の連結成分の2つを A_1,

A_2とする. $B=S^2-(\gamma(I)\cup A_1\cup A_2)\neq\phi$と仮定する. A_1, A_2, Bは$S^2-\gamma(I)$の中で開集合である. 定理22.2によって, $U=S^2-\gamma\left(\left[0,\frac{1}{2}\right]\right)$, $V=S^2-\gamma\left(\left[\frac{1}{2},1\right]\right)$は道連結, したがって, $a_1\in A_1$, $a_2\in A_2$, $b\in B$に対して, a_1とa_2, a_1とbをそれぞれU, Vの中の道で結ぶことができる. 系22.2により, $\pi_1(U\cup V, a_1)=\pi_1\left(S^2-\left\{\gamma(0),\gamma\left(\frac{1}{2}\right)\right\}, a_1\right)$は$\boldsymbol{Z}$と同型ではない. これは系21.4に矛盾する. ☹

命題 22.3. $S^2-\gamma(I)$の連結成分をA_1, A_2とすると, $\gamma(I)$はA_1およびA_2の境界でもある.

証明 A_iの境界をbA_iで表す. $bA_1=\gamma(I)$を示す. $x\in bA_1$とする. $x\in bA_1\subset\bar{A}_1$より, $\exists x_j\in A_1$, $j\in\boldsymbol{N}$; $x_j\to x$. 仮に, $x\in A_2$とすれば, A_2が開集合だから, ある$\delta>0$に対して$B_\delta(x)\subset A_2$, 十分大きなNに対して, $\boldsymbol{x_N\in B_\delta(x)\subset A_2}$となり, $A_1\cap A_2=\phi$に反する. したがって, $x\notin A_1\cup A_2$となり, $x\in\gamma(I)$. $bA_1\subset\gamma(I)$がいえた. 逆に, $x\in\gamma(I)$とすると, $\exists t_0\in I$; $x=\gamma(t_0)$. $t_0=0$(あるいは1)の場合は, ループの出発点を変えて, $0<t_0<1$としてよい. (これは, 記述を簡単にするためであって, 本質的なことではない.) xの任意の開近傍をOとする. γの連続性より, $\exists\delta>0$; $\gamma([t_0-\delta, t_0+\delta])\subset O$. $C_1=\gamma([t_0-\delta, t_0+\delta])$, $C_2=\gamma([0, t_0-\delta]\cup[t_0+\delta, 1])$とおく. 定理22.2より$S^2-C_1$と$S^2-C_2$は道連結である. そこで, $a\in A_1$, $b\in A_2$をとり, aとbをS^2-C_2の中の道αで結ぶ. $\alpha(I)\cap C_1=\phi$であれば, a, bが$S^2-\gamma(I)$の道で結ばれてしまうから, $\alpha(I)\cap C_1\neq\phi$ (図49). $J=\alpha^{-1}(C_1)$は空でない閉集合である. $u_0=\inf J$とすると$u_0\in J$だから, $\alpha(u_0)\in C_1$. $u<u_0$とすると, αを$[0, u]$に制限した道$\alpha|_{[0,u]}$は$S^2-(C_1\cup C_2)$の中の道であり, $\alpha(u)\in A_1$である. αは連続だから, $\alpha(u_0)=\lim_{u\to u_0}\alpha(u)\in\bar{A}_1$. したがって, $O\cap A_1\neq\phi$であり, $x\in\bar{A}_1$. $x\notin A_1$だから, $x\in bA_1$となり, $\gamma(I)\subset bA_1$. A_2についても全く同様にして, $\gamma(I)=bA_2$がいえる. ☹

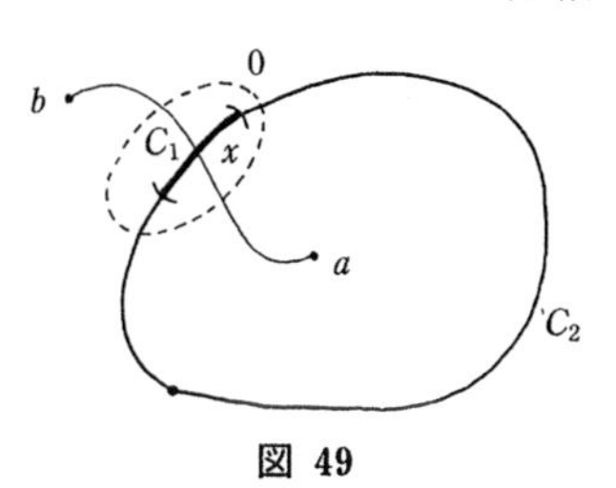

図 49

演習問題 5

1. X, Yを位相空間, $f, g: X \to Y$を連続写像とし, $x_0 \in X$に対して$f(x_0)=g(x_0)=y_0$とする. さらに, fとgがx_0を固定してホモトピック, すなわち, $\exists H: X\times I \to Y$; 連続写像, $H(x,0)=f(x)$, $H(x,1)=g(x)$, $H(x_0,s)=y_0$とする. このとき, f,gから導びかれる基本群の準同型写像, $f_*, g_*: \pi_1(X,x_0)\to\pi_1(Y,y_0)$ は等しいことを示せ.

2. X, Y を位相空間, $f, g: X\to Y$を連続写像とする. $x_0\in X$とし, $y_0=f(x_0)$, $y_1=g(x_0)$ とする. fとgがホモトピック, すなわち, $\exists H: X\times I\to Y$; 連続写像, $H(x,0)=f(x)$, $H(x,1)=g(x)$ とする. $u: I\to Y$ を $u(s)=H(x_0,s)$ と定義すれば, uはy_0とy_1を結ぶ道である. このとき,

$$g_*=u_\#\circ f_*$$

が成り立つことを示せ(図 50).

(図 51 を用いて, $(u\cdot(f\circ l))\cdot u^{-1}$ と $g\circ l$ の間のループとしてのホモトピーを作れ.)

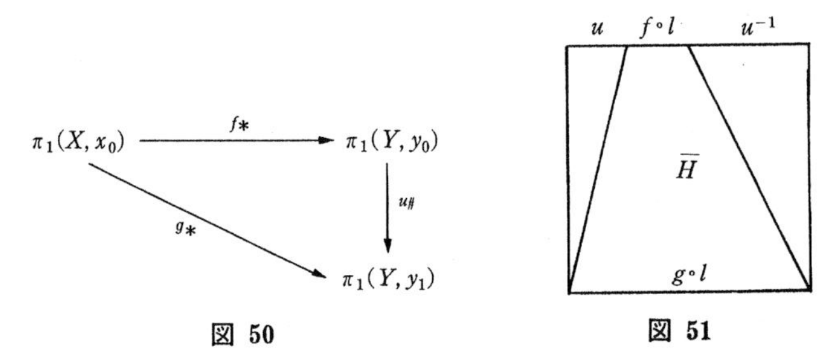

図 50　　図 51

3. 位相空間X, Yに対して, 連続写像$f: X\to Y$, $g: Y\to X$があって, $g\circ f\simeq id_X$, $f\circ g\simeq id_Y$を満たすとき, XとYは**同じホモトピー型をもつ**という. このとき, 基本群の準同型写像 $f_*: \pi_1(X,x_0)\to\pi_1(Y,f(x_0))$ は同型写像であることを証明せよ. (基点に注意して, f_*が全単射であることを示せ.)

上の事実を基本群の**ホモトピー不変性**とよぶ.

4. $A\subset \boldsymbol{R}^n$が$x_0$を基点として星型のとき, Aは1点 $\{x_0\}$ と同じホモトピー型であることを示せ.

5. $S^1\times(-1,1)$ と S^1 のホモトピー型は等しいことを示せ.

6. 群G_1, G_2の直積集合$G_1\times G_2$に演算を, $(g_1,g_2), (h_1,h_2)\in G_1\times G_2$に対して, $(g_1,g_2)\cdot(h_1,h_2)=(g_1\cdot h_1,\ g_2\cdot h_2)$ によって定める.

(1)　このとき$G_1\times G_2$も群となることを示せ.

(2)　位相空間X, Yに対して, $x_0\in X$, $y_0\in Y$とする. 直積位相空間$X\times Y$の基本群 $\pi_1(X\times Y,(x_0,y_0))$ は $\pi_1(X,x_0)\times\pi_1(Y,y_0)$ と同型であることを示せ.

(3)　トーラスT^2の基本群を求めよ.

7. $S^2=\{(x,y,z)\in\boldsymbol{R}^3 \mid x^2+y^2+z^2=1\}$ の中に同値関係を次のように決める. $x,y\in S^2$

に対して，$x=\pm y$ のとき $x \sim y$ とする．S^2 のこの同値関係による商空間 $S^2/\sim$ を $\boldsymbol{P}^2$ と表し **2 次元射影空間**という．

（1） $\pi: S^2 \to \boldsymbol{P}^2 = S^2/\sim$ を自然な射影としたとき，これが 2 重被覆空間であることを示せ．

（2） $\boldsymbol{P}^2$ の基本群が $\boldsymbol{Z}_2$ であることを示せ．（問題 21.1 参照）

8. X, Y を位相空間としたとき，写像 $f: X \to Y$ が**局所同相**であるとは，

$$\forall x \in X,\ \exists N_x;\ x \text{ の開近傍},\ f|_{N_x}: N_x \to f(N_x) \text{ は同相写像}$$

が成り立つときをいう．

（1） $p: E \to B$ が被覆空間なら，p は局所同相であることを示せ．

（2） $\boldsymbol{R}^+ = \{x \in \boldsymbol{R} \mid x > 0\}$ とし，$f: \boldsymbol{R}^+ \to S^1$ を $f(\theta) = e^{2\pi i\theta}$ とすると，f は局所同相だが被覆写像ではないことを示せ．

第6章

複体と閉曲面

複雑なものを単純なものの組合せと考えるのは，科学における基本の1つである．ここでは，幾何学的図形に対してそういった考え方を述べる．

§23. 単体と複体

$\boldsymbol{R}^n$ の1点 $a=(a_1, a_2, \cdots, a_n)$ だけからなる部分集合 $\{a\}$ を**0次元単体**といい，$|a|$ と書く．$\boldsymbol{R}^n$ の異なる2点，a, b に対して，

$$|ab|=\{\lambda a+\mu b \mid 0\leqq\lambda\leqq 1, 0\leqq\mu\leqq 1, \lambda+\mu=1\}$$

は線分であるが，これを a, b を頂点とする**1次元単体**という．$\boldsymbol{R}^n$ の中の1直線上にない3点，a, b, c に対して，

$$|abc|=\{\lambda a+\mu a+\nu c \mid 0\leqq\lambda, \mu, \nu\leqq 1, \lambda+\mu+\nu=1\}$$

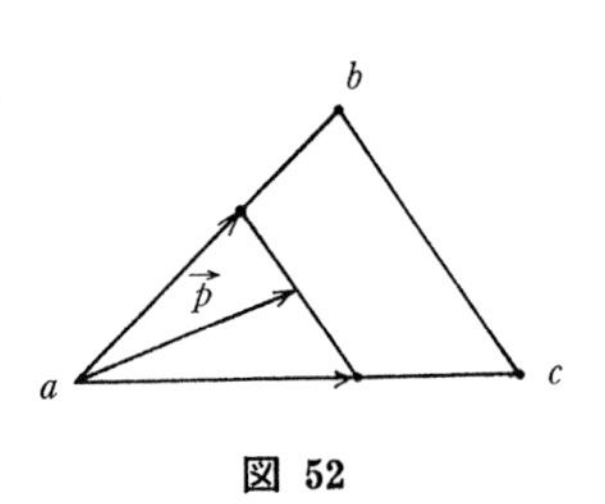

図 52

は3点 a, b, c を頂点とする三角形 $\triangle abc$ 上の点全体からなる $\boldsymbol{R}^n$ の部分集合である．なぜなら，a を始点とし $\lambda a+\mu b+\nu c$ を終点とするベクトル $\vec{p}$ を考えると，$(\lambda-1)=-\mu-\nu$ だから，

$$\vec{p}=\lambda a+\mu b+\nu c-a=\mu(b-a)+\nu(c-a),$$

$\mu'=\mu/(1-\lambda)$，$\nu'=\nu/(1-\lambda)$ と置けば，

$$\vec{p}=\mu'[(1-\lambda)(b-a)]+\nu'[(1-\lambda)(c-a)],$$

$0\leqq\mu', \nu'\leqq 1$，$\mu'+\nu'=1$，$0\leqq 1-\lambda\leqq 1$ が成り立つからである(図 52)．

$|abc|$ を a, b, c を頂点とする**2次元単体**という．0次元単体，1次元単体，2

次元単体を合わせて，単に**単体**とよび，σ, τ, γ などで表す．単体 σ の頂点の一部または全部（だけ）を頂点とする単体 τ を σ の**辺単体**といい，$\sigma > \tau$ と書く．例えば，$|abc|$ に対して，次が成り立つ．

$$|abc| > |abc|,\ |abc| > |ab|,\ |abc| > |bc|,$$
$$|abc| > |ac|,\ |abc| > |a|,\ |abc| > |b|,\ |abc| > |c|$$

n 次元ユークリッド空間 $\boldsymbol{R}^n$ の中の有限個の単体を要素とする集合 K があって，次の条件を満たすとき，K を**単体的複体**という；

(SC_1)　$\sigma \in K,\ \sigma > \tau \Rightarrow \tau \in K,$

(SC_2)　$\sigma, \tau \in K,\ \sigma \cap \tau \neq \phi \Rightarrow \sigma > \sigma \cap \tau,\ \tau > \sigma \cap \tau.$

単体的複体 K に含まれる単体の最大の次元を K の**次元**という．

例 23.1.　図53（i）に示した図形は，

$$K = \{|abc|, |ab|, |bc|, |ac|, |bd|, |dc|, |de|, |a|, |b|, |c|, |d|, |e|\}$$

として，2次元単体的複体である．

一方，（ii），（iii），（iv）に示した図形はいずれも単体的複体ではない．

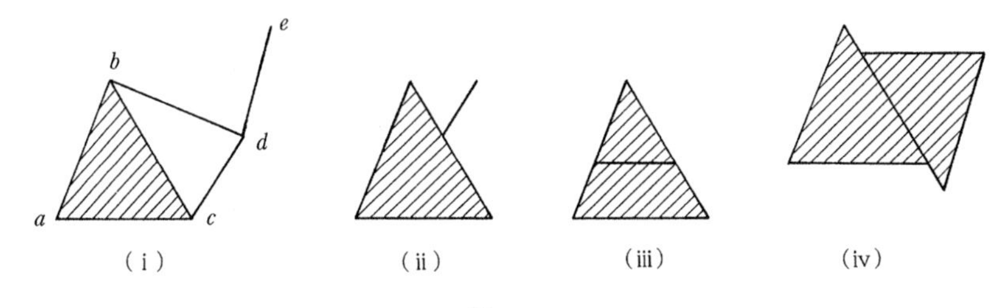

図 53

単体的複体 K の部分集合 L がやはり単体的複体になっているとき，L を K の**部分複体**という．例23.1の（i）において，$L = \{|bc|, |bd|, |dc|, |b|, |c|, |d|\}$ は K の部分複体であるが，$L' = \{|bc|, |bd|, |dc|\}$ はそうでない．$K = \{\sigma_1, \sigma_2, \cdots, \sigma_r\}$ としたとき，$|K| = \bigcup_{i=1}^{r} \sigma_i$ とすると，$|K| \subset \boldsymbol{R}^n$ である．$|K|$ を単体的複体 K の決める**多面体**という．単体は $\boldsymbol{R}^n$ の閉集合であるから，$|K|$ も閉集合である．位相空間 X に対して，ある単体的複体 K と $|K|$ から X への同相写像 h：$|K| \to X$ があるとき，h を X の**単体分割**という．X の単体分割が存在するとき，X を**単体分割可能**という．

例題 23.1.　円周 S^1 を単体分割せよ．

解答　円周 S^1 に内接する三角形 abc をとる．$K = \{|ab|, |bc|, |ac|, |a|,$

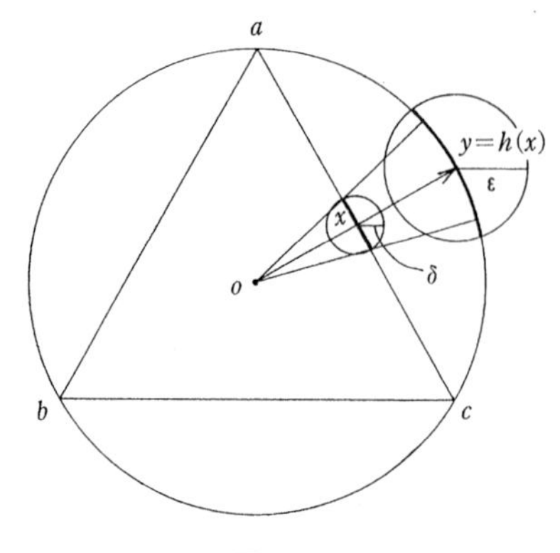

図 54

$|b|, |c|\}$ とすると，$|K|=|ab|\cup|bc|\cup|ac|$ である．$x\in|K|$ に対して，半直線 $\overrightarrow{ox}$ が S^1 と交わる点を $h(x)$ として，写像 $h:|K|\to S^1$ を定義する．このとき，$\varepsilon>0$ に対して，$\delta>0$ を図54のようにとればよいから h は連続写像である．

逆に，$y\in S^1$ に対して，線分 $\overline{yo}$ と $|abc|$ との交わりを $g(y)$ とすれば，連続な写像 $g:S^1\to|K|$ が得られる．g は h の逆写像だから h は同相写像である．😊

問題 23.1.　$\boldsymbol{R}^3$ の中の2次元球面 $S^2=\{(x,y,z)\,|\,x^2+y^2+z^2=1\}$ を単体分割せよ．

1次元単体 $|ab|$ に対して，図55のような2つの**向き**を考える．(i)の向きをもった1次元単体 $|ab|$ を $\langle a,b\rangle$，または，$-\langle b,a\rangle$ で表し，(ii)の向きをもった1次元単体 $|ab|$ を $-\langle a,b\rangle$，または，$\langle b,a\rangle$ で表す．

2次元単体 $|abc|$ に対して，図56のような2つの**向き**を考える．(平面上での右回りと左回りである.)(i)の向きをもった2次元単体 $|abc|$ を $\langle a,b,c\rangle$，または，$-\langle a,c,b\rangle$ で表し，(ii)の向きをもった2次元単体 $|abc|$ を $-\langle a,b,c\rangle$，または，$\langle a,c,b\rangle$ で表す．

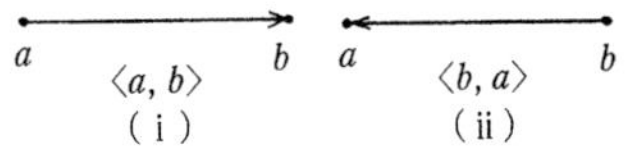

a　$\langle a,b\rangle$　b　　a　$\langle b,a\rangle$　b
(i)　　(ii)

図 55

向きの付いた2次元単体 $\langle a,b,c\rangle$ から，辺単体 $|a,b|, |b,c|, |c,a|$ に対して，自然に，向き $\langle a,b\rangle, \langle b,c\rangle, \langle c,a\rangle$ が定まる．これらの向きを2次元単体 $\langle a,b,c\rangle$ から**導入された向き**という．単体 σ に向きが決まっているとき，その向きの付いた単体を $\langle\sigma\rangle$ と表す．

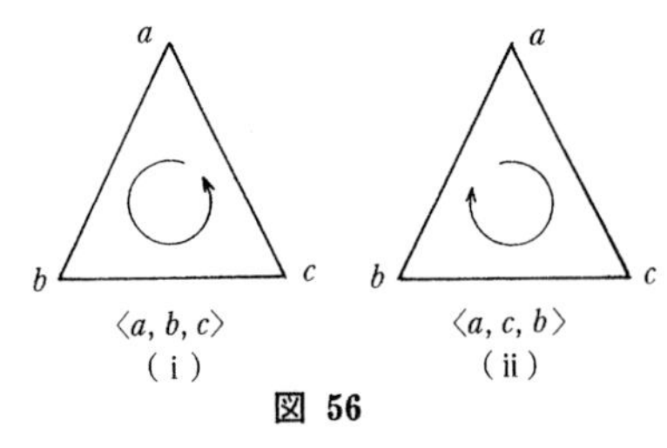

図 56

1次元単体的複体 K において，K の任意の0次元単体がちょうど2つの1次元単体の辺になっているとき K を**1次元同次複体**という．2次元単体的複体 K において，次の2つの条件を満たすとき，K を**2次元同次複体**という．

(1)　K の任意の1次元単体 τ に対して，τ を辺とする K の2つの2次元単体γ_1, γ_2が存在する．このようなγ_1とγ_2を隣り合っているという．

（2）　0次元単体$\sigma \in K$に対して，σを辺とする任意の2つの2次元単体τ, τ'を考えると，必ずσを辺とする2次元単体の列，$\tau_0=\tau, \tau_1, \cdots, \tau_k=\tau'$があって，$\tau_i$と$\tau_{i+1}$は隣り合っている(図57)．

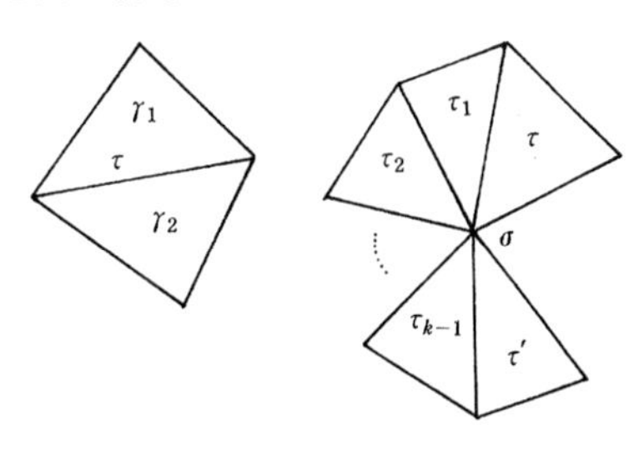

図 57

2次元同次複体Kにおいて，頂点σを辺とする単体とその辺からなる単体的複体を$St(\sigma;K)$と表し，**星状複体**とよぶ．2次元単体$\tau \in St(\sigma;K)$に関するσの対辺をすべて集めると円周をなす．これは（1）より，σの対辺をたどるといつまでもたどれるから必ずもとに戻り，σの対辺全体はいくつかの円周となる．（2）からこの円周はただ1つであるからである．

2次元同次複体Kの各2次元単体に向きを付けて，$\langle \gamma_i \rangle$とする．Kの各1次元単体τを辺とする2つの2次元単体をγ_i, γ_jとする．$\langle \gamma_i \rangle$から導入されるτの向きと，$\langle \gamma_j \rangle$から導入されるτの向きとが逆になるように各γ_iの向きを決められるとき，Kを**向き付け可能**という．

1次元または2次元同次複体Kによって単体分割された位相空間Xを，それぞれ，**1次元**または**2次元組合せ多様体**という．さらに，Kが向き付け可能なとき，Xを**向き付け可能組合せ多様体**という．

例題 23.2.　球面S^2が向き付け可能2次元組合せ多様体であることを示せ．

解答　Xの単体分割を与える単体的複体として，

$$K=\{|abc|, |abd|, |acd|, |bcd|, |ab|, |bc|, |ac|, |bd|, |da|, |cd|, |a|, |b|, |c|, |d|\}$$

をとる．例題23.1と同じように，各$x \in |K|$に対して，半直線$\overrightarrow{ox}$がS^2と交わる点を$h(x)$として，写像$h: |K| \to S^2$を定義する．例題23.1と本質的に同じ議論で，hは同相写像であり，S^2の単体分割を定義することがわかる．4つの2次元単体の向きを$\langle a,b,c \rangle$, $\langle b,d,c \rangle$, $\langle a,c,d \rangle$, $\langle a,d,b \rangle$と定めればKは向き付け可能な2次元同次複体となる(図58)．😊

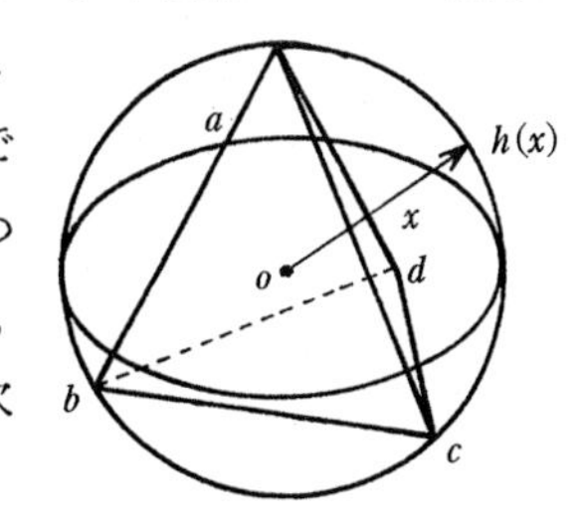

図 58

Mを道連結な1次元組合せ多様体とし，$h: |K|$

$\to M$ をその単体分割とする．K の1つの0次元単体を σ_0 とすると，σ_0 はちょうど2つの1次元単体の辺になっている．その1つを $|\sigma_0\sigma_1|$ とする．σ_1 も2つの1次元単体の辺だから，$|\sigma_0\sigma_1|$ 以外にもう1つ σ_1 を辺とする1次元単体 $|\sigma_1\sigma_2|$ が存在する．この操作を続けると，0次元単体は有限個だから，ある $r(\geqq 3)$ に対して，σ_r は $\sigma_0, \cdots, \sigma_{r-1}$ のどれかに等しくなる．もし，$\sigma_r=\sigma_i, 1\leqq i \leqq r-1$ ならば，σ_i は3つの1次元単体の辺になってしまうので，$\sigma_r=\sigma_0$ である．今，Mを道連結と仮定しているので，$\sigma_0, \cdots, \sigma_r$ 以外に0次元単体はない．結局，$|K|$ は円周 S^1 と同相であり次の定理を得る．😁

定理 23.1. 道連結な1次元組合せ多様体は円周 S^1 と同相である．

系 23.1. 1次元組合せ多様体は，有限個の円周の交わらない和集合と同相である．

証明 各道連結成分に定理を適用すればよい．😁

§24. 閉曲面の分類

この節では古典的結果である2次元組合せ多様体の分類について述べる．2次元組合せ多様体を簡単に**閉曲面**とよぶ．Mを道連結な閉曲面とし，$t:|K|\to M$ を組合せ多様体としての単体分割とする．K の2次元単体 $\sigma_1, \cdots, \sigma_r$ を次のように平面上に並べる．$\sigma_1=|abc|\in K$ に対して，平面上に三角形 $a'b'c'$ をとる．Kは2次元同次複体であるから，$|bc|$ を辺とする2次元単体が $|abc|$ 以外に1つ存在する．それを $|bcd|=\sigma_2\in K-\{\sigma_1\}$ とし，d' を直線 $b'c'$ に関して a' と反対側にとる．こうして，凸四角形 $a'b'd'c'$ を得る．次に，$|cd|$ を辺にもつ $|bcd|$ 以外の2次元単体を $|cde|=\sigma_3\in K-\{\sigma_1, \sigma_2\}$ とする．e' を直線 $c'd'$ に関して b' と反対側にとり，五角形 $a'b'd'e'c'$ を作る．このとき，e' を線分 $c'd'$ の中点に十分近くとれば，五角形 $a'b'd'e'c'$ は凸五角形にとれる．この操作を続

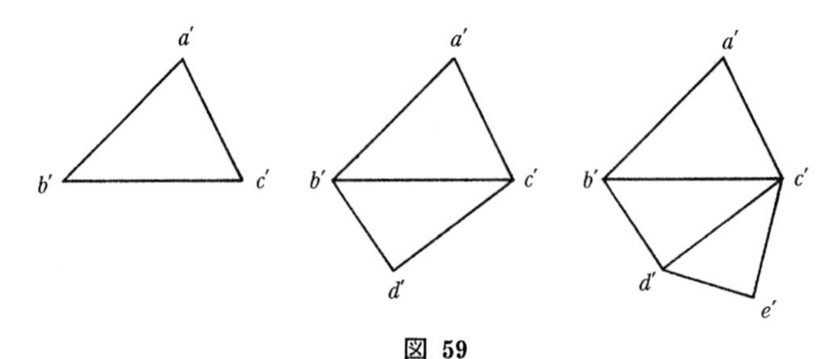

図 59

けると，Kは道連結だからすべてのKの２次元単体を平面上に並べることができ，その結果凸$(r+2)$角形Ω_{r+2}が得られる(図 59).

$|K|$ と Ω_{r+2} を比べる．Ω_{r+2} の境界上の各辺 $\alpha'\beta'$ はKの１次元単体 $\alpha\beta$ が写されたものであるが，$\alpha\beta$ を辺とする２次元単体は２つあったから，$\alpha\beta$ は Ω_{r+2} の境界上にもう１つ写されている．つまり，Ω_{r+2} の境界上の辺は，２つずつ組になってKの１つの１次元単体に対応している．Kの１つの１次元単体に対応している Ω_{r+2} の境界上の１組の辺を同一視して得られる位相空間は $|K|$ と同相である．このとき，１次元単体の数を l とすれば，$3r=2l$ が成り立つから r は偶数である．同相の範囲で考えれば，Ω_{r+2} は正 $(r+2)$ 角形としておいてよい．

結局，閉曲面に対して $2n$ 角形 Ω とその周上の辺を２つずつ同一視する仕方が決まった．Ω の周上をある辺から出発して１周する．最初の辺を向きもこめて a_1 と書く．次の辺が a_1 に同一視される場合，その仕方は２通りある．１周する向きに関して同じ向きに同一視されるとき第２の辺を a_1，逆の向きに同一視されるとき a_1^{-1} と表す．第２の辺が a_1 と同一視されないときは，a_2 と表す．これを繰り返すと，$2n$ 個の文字の列 $x_1x_2\cdots x_{2n}$ が得られ，各 x_i は $a_1, \cdots, a_n, a_1^{-1}, \cdots, a_n^{-1}$ のどれかである．このようにして得られる $2n$ 角形を $\Omega(x_1\cdots x_{2n})$ と表し，もとの閉曲面を $\tilde{\Omega}(x_1\cdots x_{2n})$ と表す．

以下，同相な閉曲面は同じとみなす．

例 24.1. （１） $\tilde{\Omega}(a_1a_1^{-1}a_2a_2^{-1})$ は球面である(図 60).

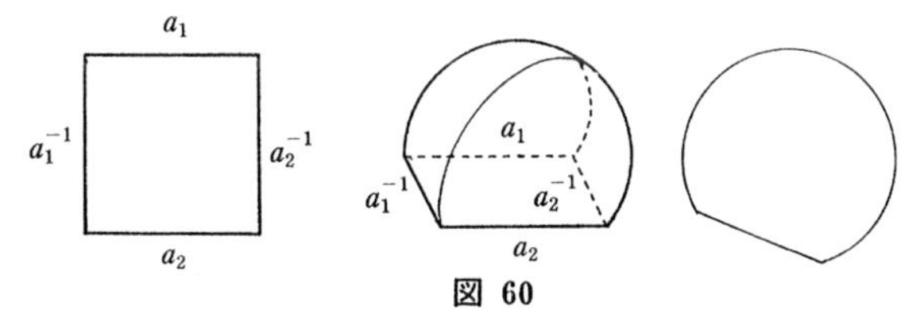

図 60

（２） $\tilde{\Omega}(a_1a_2a_1^{-1}a_2^{-1})$ はトーラスである(図 61 の曲面をトーラスという).

閉曲面を $\tilde{\Omega}(x_1\cdots x_{2n})$ の形に表現したとき，次が成り立つ.

定理 24.1. 閉曲面 $\tilde{\Omega}(x_1\cdots x_{2n})$ が向き付け不可能であるための必要十分条件は，ある $i\neq j$ に対して，$x_i=a$，$x_j=a$ となっていることである.

証明 周上の同一視されるすべての１単体の組が $x_i=a$，$x_j=a^{-1}$ の形になっているとする．同一視を考えずに平面上で同調する向きに各２次元単体に向き

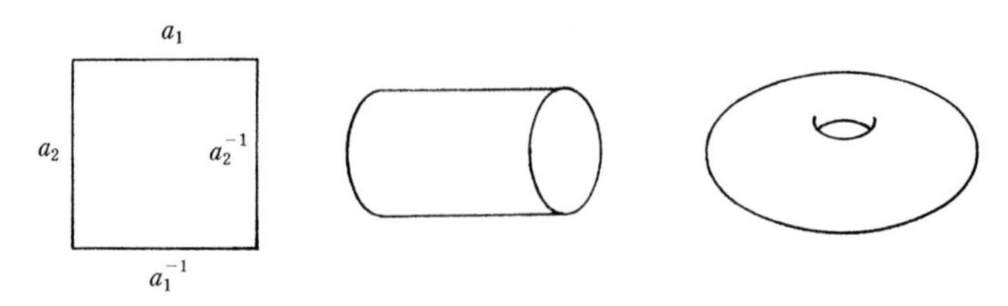

図 61

を付ければ，その向きによって周上の1単体上でも同調する向きになるから，この曲面は向き付け可能である．

ある $i\neq j$ に対して，$x_i=a$，$x_j=a$ となっているとする．仮に向き付け可能とする．周上の同一視を考慮せずに平面上の多角形として各2次元単体に同調する向きが決まる．これは，2通りあるがどちらの場合も周上の1次元単体を同一視すれば，その1次元単体の両側の2次元単体の向きが同調しないから，この閉曲面は向き付け不可能である(図 62)．😄

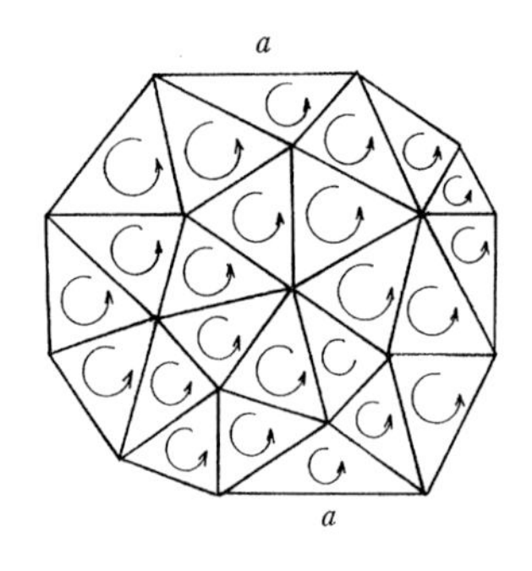

図 62

与えられた曲面を $\tilde{\Omega}(x_1\cdots x_{2n})$ の形に表したときの同相の範囲での代表を求める．向き付け可能な場合は次が成り立つ．以下証明を与える．

定理 24.2.　向き付け可能な閉曲面は次のいずれかと同相である．

(i)　$\tilde{\Omega}(aa^{-1}bb^{-1})$,

(ii)　$\tilde{\Omega}(a_1b_1a_1^{-1}b_1^{-1}a_2b_2a_2^{-1}b_2^{-1}\cdots a_kb_ka_k^{-1}b_k^{-1})$.

補題 24.1.　向き付け可能な閉曲面に対して，表示 $\Omega(x_1\cdots x_{2n})$を適当に選んで，$\Omega(x_1\cdots x_{2n})$ のすべての頂点が同一視されているか，または，$\Omega(aa^{-1}bb^{-1})$ の形にできる．

証明　まず，$n\geqq 3$ の場合を考える．頂点の番号を付けかえて，頂点 p_1 が $p_2, \cdots, p_r$ と同一視されているとする．$r<2n$ のとき，$p_{r+1}, \cdots, p_{2n}$ の中で $p_1, \cdots, p_r$ のどれかと隣り合っているものがある．番号を付けかえて，p_r と p_{r+1} が隣り合っているとする．p_{r+1} に隣り合う p_r でない頂点を p_q とする(図 63)．

辺 p_rp_{r+1} を u，辺 $p_{r+1}p_q$ を v と表すと，$1\leqq q\leqq r$ のときは $v=u^{-1}$ であり，$r<q$ のときは，$v\neq u$，$v\neq u^{-1}$ である．

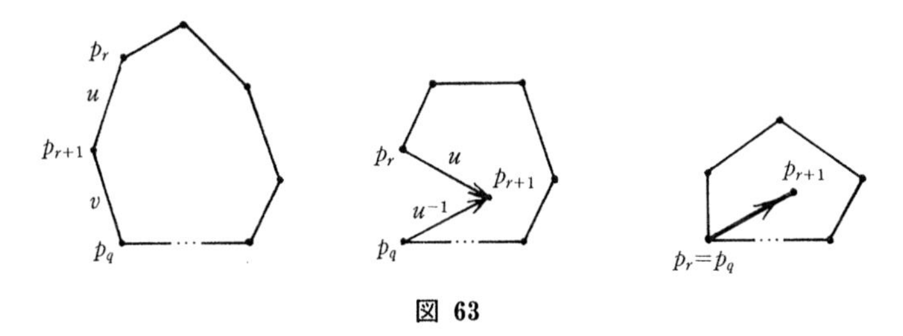

図 63

（i）$v=u^{-1}$ のときは，図63のように u と u^{-1} を同一視すれば，p_{r+1} が頂点でなくなり，p_q と p_r は同一視されて1つの頂点になる．

（ii）$v\neq u$，$v\neq u^{-1}$ のときは，v^{-1} が u,v 以外のどこかに必ず現れている．そこで，いったん線分 p_rp_q に沿って切り離し，v と v^{-1} を同一視する．このとき，頂点の数は変わらないが p_1 と同一視される頂点が1つ増える(図 64)．

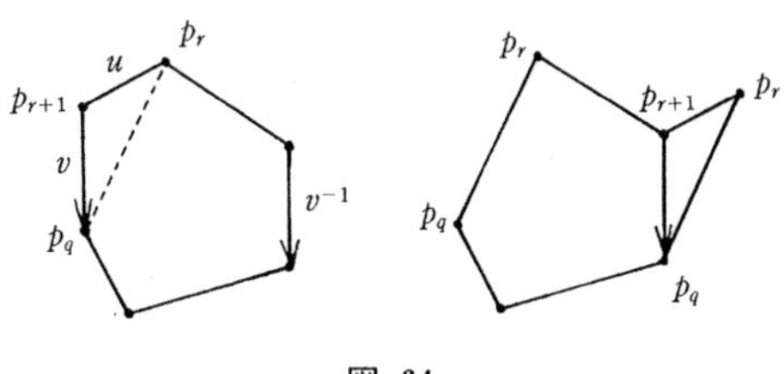

図 64

上のいずれの場合も $2n-r$ は減少するから，この操作を繰り返して $2n=r$ とできる．$n=2$ の場合は操作（i）はできないが，向き付け可能であるから，$\Omega(aba^{-1}b^{-1})$ か $\Omega(aa^{-1}bb^{-1})$ である．前者の場合はすべての頂点が同一視されている．😁

補題 24.2.（切り貼り1）$\Omega(x_1\cdots x_{2n})$ において，すべての頂点が同一視されているとし，$x_1=u$，$x_2x_3\cdots x_{j-1}=P$，$x_j=v$，$x_{j+1}\cdots x_{k-1}=Q$，$x_k=u^{-1}$，$x_{k+1}\cdots x_{l-1}=R$，$x_l=v^{-1}$，$x_{l+1}\cdots x_{2n}=S$ となっている．すなわち，$x_1\cdots x_{2n}=uPvQu^{-1}Rv^{-1}S$ のとき，$\tilde{\Omega}(x_1\cdots x_{2n})$ は $\tilde{\Omega}(wvQPw^{-1}Rv^{-1}S)$ と同相であり，$\Omega(wvQPw^{-1}Rv^{-1}S)$ においてもすべての頂点が同一視されている．

証明　u の始点となる頂点と v の始点となる頂点を線分で結び，この線分に沿って切り離し，u と u^{-1} とを張り合わせると，図65のように $\Omega(wvQPw^{-1}Rv^{-1}S)$ が得られ，すべての頂点は同一視されたままである．😁

補題 24.3.　$\tilde{\Omega}(x_1\cdots x_{2n})$ を向き付け可能な曲面とし，$\Omega(x_1\cdots x_{2n})$ のすべての頂点が同一視されているとする．このとき，$x_i=u$，$x_j=u^{-1}$，$i<j$ とすると，$x_l=v$，$x_m=v^{-1}$，$m<i<l<j$ または $i<l<j<m$ となる m,l が存在する．

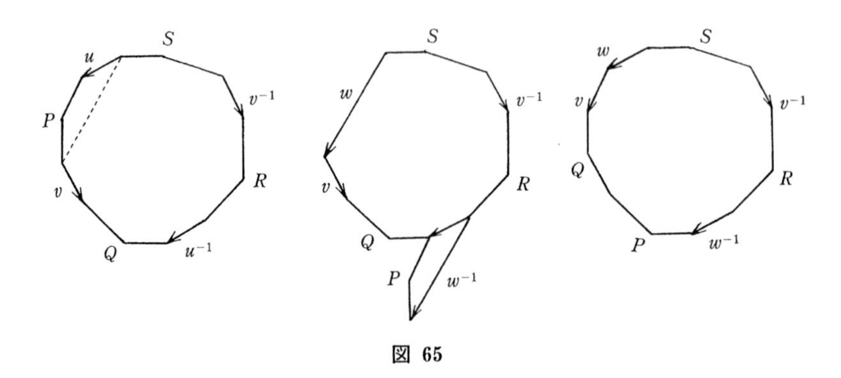

図 65

証明　まず，u と u^{-1} が隣り合っていれば，u と u^{-1} に共通の頂点は他のどの点とも同一視されず仮定に反する．また，u と u^{-1} の間のすべての辺 x_l $(i<l<k)$ が u と u^{-1} の間の辺と同一視されるとすれば，それらの間の頂点は u とu^{-1} に関して逆側にある辺 $x_m(m<i$ または $j<m)$ の頂点とは同一視されないので仮定に反する．㋳

（定理 24.2 の）**証明**　補題 24.1 により，与えられた曲面を $2n$ 角形 $\Omega(x_1\cdots x_{2n})$ と表現したとき，すべての頂点は同一視されているとする．補題 24.3 により，$\tilde{\Omega}(x_1\cdots x_{2n})=\tilde{\Omega}(uPvQu^{-1}Rv^{-1}S)$ の形としてよい．一般に，どの辺を最初の文字にとってもよいから，$\tilde{\Omega}(x_1\cdots x_{2n})=\tilde{\Omega}(x_ix_{i+1}\cdots x_{2n}x_1\cdots x_{i-1})$ が成り立つことに注意して，切り貼り 1 を繰り返し用いると次のことが成り立つ．

$$\begin{aligned}\tilde{\Omega}(x_1\cdots x_{2n})&=\tilde{\Omega}(uPvQu^{-1}Rv^{-1}S)=\tilde{\Omega}(wvQPw^{-1}Rv^{-1}S)\\&=\tilde{\Omega}(vQPw^{-1}Rv^{-1}Sw)=\tilde{\Omega}(yw^{-1}RQPy^{-1}Sw)\\&=\tilde{\Omega}(w^{-1}RQPy^{-1}Swy)=\tilde{\Omega}(zy^{-1}SRQPz^{-1}y)\\&=\tilde{\Omega}(z^{-1}yzy^{-1}SRQP)\quad\text{（文字を代えて）}\\&=\tilde{\Omega}(a_1b_1a_1^{-1}b_1^{-1}SRQP).\end{aligned}$$

結局，$\tilde{\Omega}(x_1\cdots x_{2n})=\tilde{\Omega}(a_1b_1a_1^{-1}b_1^{-1}x_5'x_6'\cdots x_{2n}')$ がいえた．次に，$x_{2n}'=v^{-1}$ とおいて，補題 24.3 の証明と同様にして，

$$\tilde{\Omega}(x_1\cdots x_{2n})=\tilde{\Omega}(a_1b_1a_1^{-1}b_1^{-1}S'uP'vQ'u^{-1}R'v^{-1})$$

となる u, u^{-1} が存在することがわかる．したがって

$$\tilde{\Omega}(x_1\cdots x_{2n})=\tilde{\Omega}(uP'vQ'u^{-1}R'v^{-1}a_1b_1a_1^{-1}b_1^{-1}S')$$

において前と同じ議論を適用して，

$$\tilde{\Omega}(uP'vQ'u^{-1}R'v^{-1}a_1b_1a_1^{-1}b_1^{-1}S')=\tilde{\Omega}(a_2b_2a_2^{-1}b_2^{-1}a_1b_1a_1^{-1}b_1^{-1}S'R'Q'P')$$

となる．この操作を続けて，文字の番号を変えて，

$$\tilde{\Omega}(x_1\cdots x_{2n})=\tilde{\Omega}(a_1b_1a_1^{-1}b_1^{-1}a_2b_2a_2^{-1}b_2^{-1}\cdots a_kb_ka_k^{-1}b_k^{-1})$$

となる．

$\Omega(x_1\cdots x_{2n})$ において，すべての頂点が同一視されてはいないのは，$\Omega(aa^{-1}bb^{-1})$ の場合だけとしてよかったから，定理 24.2 が証明された．☹

向き付け不可能な場合は次が成り立つ．

定理 24.3. 向き付け不可能な閉曲面は次の形の曲面のいずれかと同相である．

(i) $\tilde{\Omega}(abab)$,

(ii) $\tilde{\Omega}(a_1a_1a_2a_2\cdots a_ka_k)$ $(k\geqq 2)$.

これを証明するために，切り貼り 1 と同様な補題をさらに必要とする．

補題 24.4.（切り貼り 2）
$\tilde{\Omega}(uPuQ)=\tilde{\Omega}(vvP^{-1}Q)$.

証明 図 66 の切り貼りによって同相な空間であることがわかる．☺

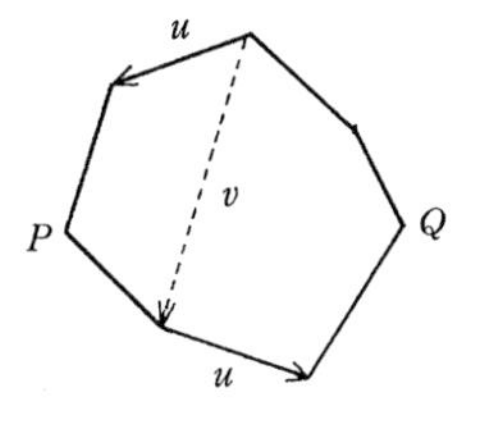

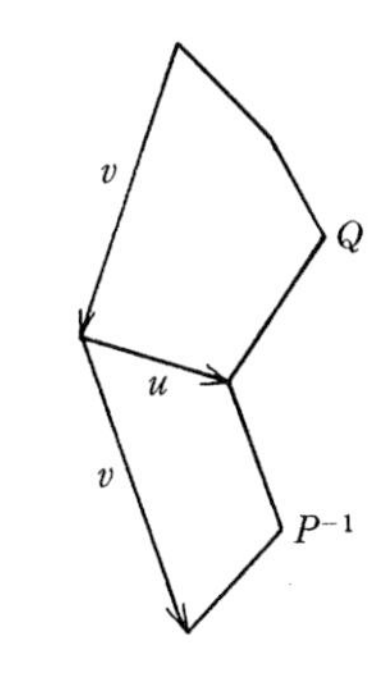

図 66

補題 24.5.（切り貼り 3）
$\tilde{\Omega}(PuQuR)=\tilde{\Omega}(vQP^{-1}vR)$.

証明 図 67 の切り貼りによって同相な空間であることがわかる．☺

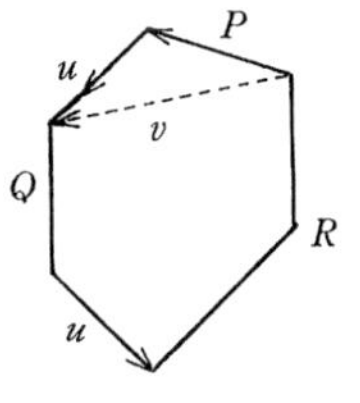

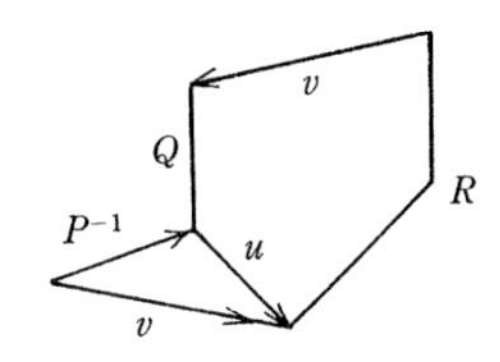

図 67

（定理 24.3 の）**証明** 与えられた閉曲面は向き付け不可能だから，ある $i<j$ に対して，$x_i=u$, $x_j=u$ となっている．すなわち，

$$\begin{aligned}\tilde{\Omega}(x_1\cdots x_{2n})&=\tilde{\Omega}(x_1\cdots x_{i-1}ux_{i+1}\cdots x_{j-1}ux_{j+1}\cdots x_{2n})\\&=\tilde{\Omega}(ux_{i+1}\cdots x_{j-1}ux_{j+1}\cdots x_{2n}x_1\cdots x_{i-1})=\tilde{\Omega}(uPuQ)\\&=\tilde{\Omega}(vvP^{-1}Q)\quad\text{（切り貼り 2）}.\end{aligned}$$

$P^{-1}Q$ の中に，$x_i=a$, $x_j=a$ となっている x_i, x_j がまだあるときは，

$$\begin{aligned}\tilde{\Omega}(vvP^{-1}Q)&=\tilde{\Omega}(vvP_0aRaS)=\tilde{\Omega}(P_0aRaSvv)\\&=\tilde{\Omega}(bRP_0{}^{-1}bSvv)\quad\text{（切り貼り 3）}\\&=\tilde{\Omega}(ccP_0R^{-1}Svv)\quad\text{（切り貼り 2）}\\&=\tilde{\Omega}(vvccP_0R^{-1}S).\end{aligned}$$

$P_0R^{-1}S$ の中に $x_i=a$, $x_j=a$ となっている x_i, x_j がまだあるときは，今の議論を繰り返すことによって，

$$\tilde{\Omega}(x_1\cdots x_{2n})=\tilde{\Omega}(a_1a_1a_2a_2\cdots a_sa_sx'_{2s+1}\cdots x'_{2n})$$

となり，$x'_{2s+1}\cdots x'_{2n}$ の部分には，$x'_i=a$，$x'_j=a$ となっている x'_i, x'_j がないようにできる．この部分に対して向き付け可能な場合の議論を行う．$n\geqq 3$ の場合，$a_1a_1a_2a_2\cdots a_sa_s$ の部分の頂点はすべて同一視されているから補題24.1の証明の出発点で同一視されている頂点としてとれば，$a_1a_1\cdots a_sa_s$ の部分に影響を与えないですべての頂点が同一視されているようにできる．$x'_{2s+1}\cdots x'_{2n}$ の部分に向き付け可能な場合の議論を適用して，

$$\begin{aligned}\tilde{\Omega}(x_1\cdots x_{2n})&=\tilde{\Omega}(a_1a_1a_2a_2\cdots a_sa_sx'_{2s+1}\cdots x'_{2n})\\&=\tilde{\Omega}(a_1a_1a_2a_2\cdots a_sa_s\alpha_1\beta_1\alpha_1^{-1}\beta_1^{-1}\cdots\alpha_t\beta_t\alpha_t^{-1}\beta_t^{-1})\end{aligned}$$

とできる．さらに変形して，

$$=\tilde{\Omega}(a_sa_s\alpha_1\beta_1\alpha_1^{-1}\beta_1^{-1}\cdots\alpha_t\beta_t\alpha_t^{-1}\beta_t^{-1}a_1a_1\cdots a_{s-1}a_{s-1})$$

($Q=\alpha_2\beta_2\alpha_2^{-1}\beta_2^{-1}\cdots\alpha_t\beta_t\alpha_t^{-1}\beta_t^{-1}a_1a_1\cdots a_{s-1}a_{s-1}$ として)

$$\begin{aligned}&=\tilde{\Omega}(a_sa_s\alpha_1\beta_1\alpha_1^{-1}\beta_1^{-1}Q)\\&=\tilde{\Omega}(a'_s\beta_1^{-1}\alpha_1^{-1}a'_s\alpha_1^{-1}\beta_1^{-1}Q)\quad(\text{切り貼り 2})\\&=\tilde{\Omega}(\beta_1^{-1}\alpha_1^{-1}a'_s\alpha_1^{-1}\beta_1^{-1}Qa'_s)\\&=\tilde{\Omega}(zz\alpha_1a'^{-1}_s\alpha_1Qa'_s)\quad(\text{切り貼り 2})\\&=\tilde{\Omega}(\alpha_1a'^{-1}_s\alpha_1Qa'_szz)\\&=\tilde{\Omega}(yya'_sQa'_szz)\quad(\text{切り貼り 2})\\&=\tilde{\Omega}(a'_sQa'_szzyy)\\&=\tilde{\Omega}(xxQ^{-1}zzyy)\quad(\text{切り貼り 2})\\&=\tilde{\Omega}(Q^{-1}zzyyxx)\\&=\tilde{\Omega}(x^{-1}x^{-1}y^{-1}y^{-1}z^{-1}z^{-1}Q)\quad(\text{裏返して})\\&=\tilde{\Omega}(a_sa_sa_{s+1}a_{s+1}a_{s+2}a_{s+2}Q)\quad(\text{記号を変えて})\\&=\tilde{\Omega}(a_sa_sa_{s+1}a_{s+1}a_{s+2}a_{s+2}\alpha_2\beta_2\alpha_2^{-1}\beta_2^{-1}\cdots\alpha_t\beta_t\alpha_t^{-1}\beta_t^{-1}a_1a_1\cdots a_{s-1}a_{s-1})\\&=\tilde{\Omega}(a_1a_1\cdots a_{s+2}a_{s+2}\alpha_2\beta_2\alpha_2^{-1}\beta_2^{-1}\cdots\alpha_t\beta_t\alpha_t^{-1}\beta_t^{-1})\end{aligned}$$

となる．

この議論を繰り返して $\alpha\beta\alpha^{-1}\beta^{-1}$ の部分を $a_{i+1}a_{i+1}a_{i+2}a_{i+2}$ の形に書き直して，$\tilde{\Omega}(x_1\cdots x_{2n})=\tilde{\Omega}(a_1a_1a_2a_2\cdots a_ka_k)$ となる．$n=2$ の場合，向き付け不可能なものは，次の4種類である．$\Omega(aabb)$，$\Omega(aabb^{-1})$，$\Omega(abab)$，$\Omega(abab^{-1})$．切り貼り2を用いれば，$\tilde{\Omega}(aabb)=\tilde{\Omega}(abab^{-1})$，$\tilde{\Omega}(abab)=\tilde{\Omega}(aabb^{-1})$ であり，$\Omega(aabb)$ は $\Omega(a_1a_1a_2a_2\cdots a_ka_k)$ において $k=2$ の場合であるから，定理24.3が証明された．

これで閉曲面の表示の標準形が得られたが，具体的にそれらがどんなものであるか考えてみよう．まず，向き付け可能な曲面を考える．

（i） $\Omega(aa^{-1}bb^{-1})$ は球面を表している．（例 24.1）

（ii） $\Omega(aba^{-1}b^{-1})$ はトーラスを表している．（例 24.2）

（iii） $\Omega(a_1b_1a_1^{-1}b_1^{-1}a_2b_2a_2^{-1}b_2^{-1})$ は図68のように切り貼りをすると，“2人乗りの浮袋”が得られる．この曲面を**種数**2の閉曲面という．

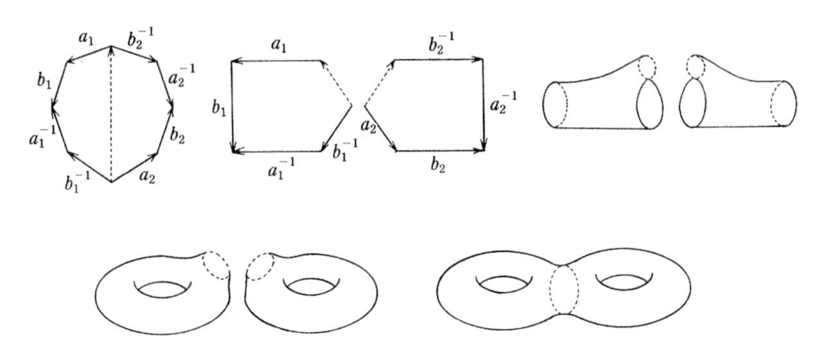

図 68

（iv）　$\Omega(a_1b_1a_1^{-1}b_1^{-1}a_2b_2a_2^{-1}b_2^{-1}a_3b_3a_3^{-1}b_3^{-1})$ は種数3の閉曲面を表す(図 69).

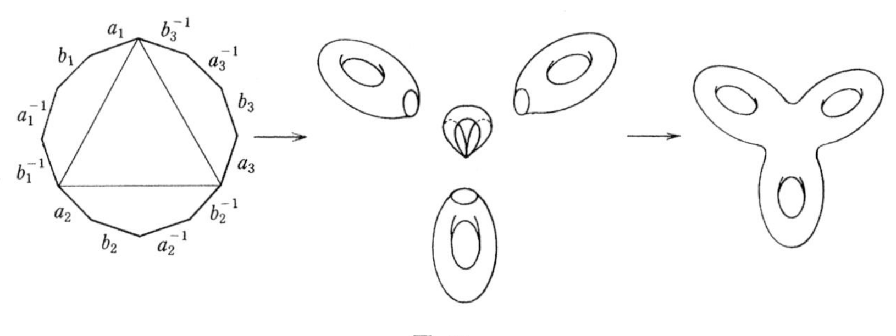

図 69

同様に考えて，一般に

（v）　$\Omega(a_1b_1a_1^{-1}b_1^{-1}a_2b_2a_2^{-1}b_2^{-1}\cdots a_kb_ka_k^{-1}b_k^{-1})$　$(k\geqq 1)$

は種数 k の閉曲面を表す(図 70).

向き付け可能な閉曲面は，上に述べたように R^3 の中の曲面として実現された.

図 70

次に，向き付け不可能な閉曲面について調べよう.

（vi）　$\Omega(abab)$ の場合は図71のように $\Omega(aabb^{-1})$ と同じ曲面を表すが，メビウスバンドの境界の半分ずつを同一視したもの，あるいは円盤の周囲半分ずつを同一視したものと考えられる．この曲面を**射影空間**という.

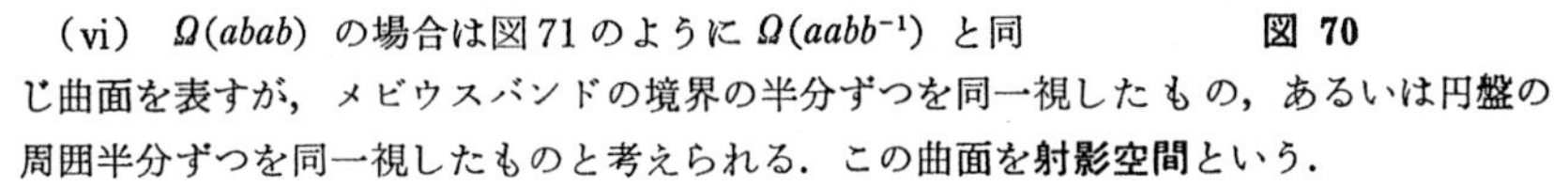

（vii）　$\Omega(a_1a_1a_2a_2)$ は図72の曲面，クラインボトルを表す.

（viii）　$\Omega(a_1a_1a_2a_2a_3a_3)$.（図 73）

（ix）　$\Omega(a_1a_1\cdots a_ka_k)$.（図 74）

$\Omega(a_1a_1\cdots a_ka_k)$ は k 個の射影平面のそれぞれから円盤を取り除き，その境界の円周を球から k 個の円盤を除いたものでそれらをつないだものである.

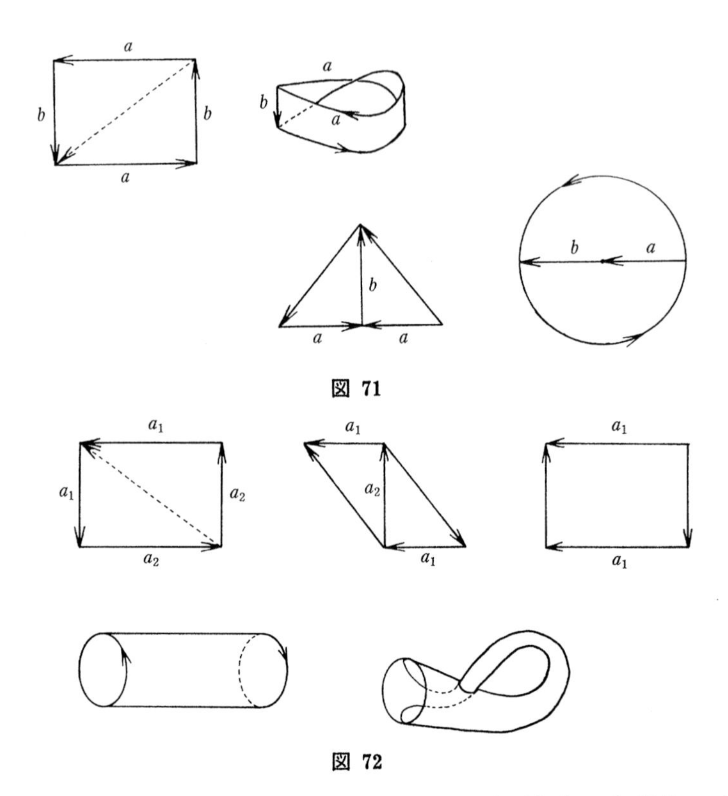

図 71

図 72

2次元組合せ多様体は定理24.2, 24.3の標準形で表される閉曲面のどれかと同相であるが，分類を完成させるためには異なる標準形をもつ閉曲面は同相でないことをいわなければならない．これは次章と付録で述べるホモロジー群を用いて示される．

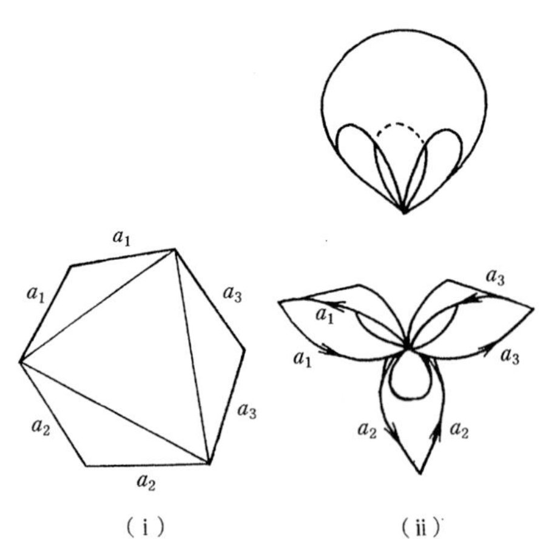

(i)　(ii)

図 73

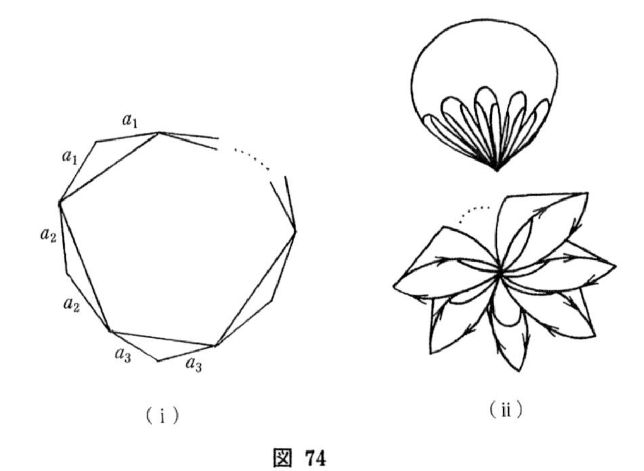

図 74

演 習 問 題 6

1.　ベクトル $\boldsymbol{a}_1, \cdots \boldsymbol{a}_k \in \boldsymbol{R}^n$ が**一次独立**とは

$$\forall \lambda_1, \cdots, \lambda_k \in \boldsymbol{R},\ \ \lambda_1 \boldsymbol{a}_1 + \cdots + \lambda_k \boldsymbol{a}_k = \boldsymbol{0} \Rightarrow \lambda_1 = \lambda_2 = \cdots = \lambda_k = 0$$

が成り立つことをいう．一次独立でないとき，一次従属という．次を示せ．

（1）　$\boldsymbol{a}, \boldsymbol{b}, \boldsymbol{c} \in \boldsymbol{R}^n$ が一直線上にあることと，ベクトル $\boldsymbol{c}-\boldsymbol{a}$，$\boldsymbol{b}-\boldsymbol{a}$ が一次従属であることとは同値である．

（2）　点 $\boldsymbol{a}_0, \boldsymbol{a}_1, \cdots, \boldsymbol{a}_k \in \boldsymbol{R}^n$ が**一般の位置**にあるとは，ベクトル $\boldsymbol{a}_1-\boldsymbol{a}_0, \boldsymbol{a}_2-\boldsymbol{a}_0, \cdots, \boldsymbol{a}_k-\boldsymbol{a}_0$ が一次独立のときをいう．この定義は $\boldsymbol{a}_0, \boldsymbol{a}_1, \cdots, \boldsymbol{a}_k$ の番号の付け方，すなわち，$\boldsymbol{a}_0$ をどのベクトルとするかによらない．

（3）　点 $\boldsymbol{a}_0, \cdots, \boldsymbol{a}_k$ が一般の位置にあるとき，それらの一部分，$\boldsymbol{a}_{i(1)}, \cdots, \boldsymbol{a}_{i(l)}$ $(0 \leqq i(1) < \cdots < i(l) \leqq k)$ も一般の位置にある．

2.　Kを単体的複体，K_1, K_2 をその部分複体とするとき $K_1 \cup K_2$，$K_1 \cap K_2$ も単体的複体であることを示せ．（K_i と $|K_i|$ を混同しないこと．）

3.　図75はトーラスの単体分割を与えたつもりであるが，（ⅰ）はよいが（ⅱ）は単体分割になっていない．その理由を説明せよ．（各対辺が同一視されることに注意せよ．）

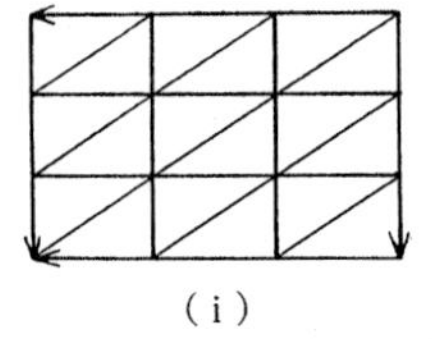

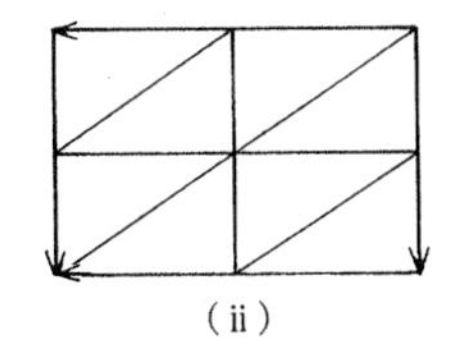

図 75

4.　単体的複体Kにおいて，Kのi次元単体の数を $\alpha_i(K)$ としたとき，$\chi(K) = \alpha_0(K) - \alpha_1(K) + \alpha_2(K)$ をKの**オイラー数**という．

（1）　図76に示す1次元単体的複体のオイラー数を求めよ．

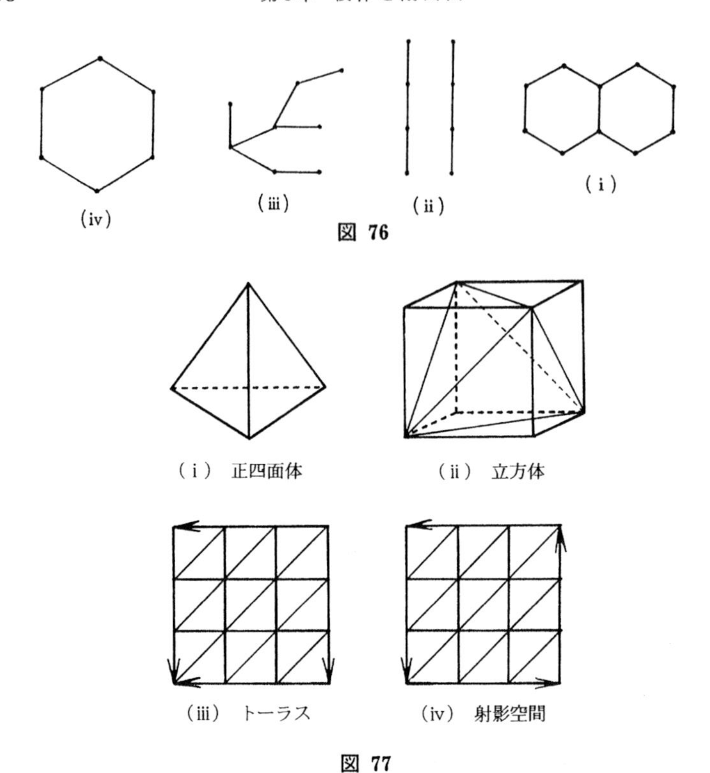

図 76

図 77

（2）　図 77 に示す 2 次元単体的複体のオイラー数を求めよ．

5.　K_1, K_2 を K の部分複体としたとき，$\chi(K_1 \cup K_2) = \chi(K_1) + \chi(K_2) - \chi(K_1 \cap K_2)$ が成り立つことを示せ．

第7章

ホモロジー群

基本群と並んで重要なホモロジー群について述べる．ホモロジー群は可換群なので基本群より取扱いが容易である．

§25.　ホモロジー群

演算を＋の記号で表した可換群を**加群**とよぶ．加群の部分群を部分加群とよぶ．§18 で述べた，$\boldsymbol{Z}$, $\boldsymbol{Z}_2$ などは加群である．2つの加群 G_1, G_2 の直積集合 $G=G_1\times G_2$ 上に演算＋を次のように決める．

$(g_1, g_2), (h_1, h_2)\in G_1\times G_2$ に対して，

$$(g_1, g_2)+(h_1, h_2)=(g_1+h_1, g_2+h_2).$$

この演算によって，$G_1\times G_2$ は加群になる．この加群を G_1+G_2 と表し，G_1 と G_2 の**直和**とよぶ．n 個の加群 $G_1, \cdots, G_n$ に対しても，同様に成分毎の演算を考えて，直和 $G_1+\cdots+G_n$ が決まる．

n 個の記号 $\alpha_1, \cdots, \alpha_n$ が与えられたとき，集合

$$F(\alpha_1, \cdots, \alpha_n)=\{\lambda_1\alpha_1+\cdots+\lambda_n\alpha_n \mid \lambda_i\in\boldsymbol{Z}, i=1, 2, \cdots, n\}$$

に対して演算を次のように決める．

$$(\lambda_1\alpha_1+\cdots+\lambda_n\alpha_n)+(\lambda_1'\alpha_1+\cdots+\lambda_n'\alpha_n)=(\lambda_1+\lambda_1')\alpha_1+\cdots+(\lambda_n+\lambda_n')\alpha_n.$$

この演算によって $F(\alpha_1, \cdots, \alpha_n)$ は加群になる．実際，写像 $f: F(\alpha_1, \cdots, \alpha_n)\to\boldsymbol{Z}+\cdots+\boldsymbol{Z}$（$n$ 個）を $f(\lambda_1\alpha_1+\cdots+\lambda_n\alpha_n)=(\lambda_1, \cdots, \lambda_n)$ と決めれば f は同型写像となる．$F(\alpha_1, \cdots, \alpha_n)$ を $\alpha_1, \cdots, \alpha_n$ で生成される**自由加群**，$\alpha_1, \cdots, \alpha_n$ を $F(\alpha_1, \cdots, \alpha_n)$ の**生成元**とよぶ．次の補題はよく使われる．

補題 25.1.　加群 H と $h_1, \cdots, h_n\in H$ に対して，準同型写像 $f: F(\alpha_1, \cdots, \alpha_n)$

$\to H$ で $f(\alpha_1)=h_1,\ f(\alpha_2)=h_2, \cdots, f(\alpha_n)=h_n$ となるものが唯一つ存在する.

証明　$a\in F(\alpha_1, \cdots, \alpha_n)$ とすると，$a=\lambda_1\alpha_1+\cdots+\lambda_n\alpha_n$. このとき，$f(a)=\lambda_1 h_1+\cdots+\lambda_n h_n$ と決めると，当然，$f(\alpha_i)=h_i,\ i=1,2,\cdots,n$ は成り立つ.

$b=\mu_1\alpha_1+\cdots+\mu_n\alpha_n\in F(\alpha_1, \cdots, \alpha_n)$ とすると，

$$\begin{aligned}
f(a+b)&=f((\lambda_1\alpha_1+\cdots+\lambda_n\alpha_n)+(\mu_1\alpha_1+\cdots+\mu_n\alpha_n))\\
&=f((\lambda_1+\mu_1)\alpha_1+\cdots+(\lambda_n+\mu_n)\alpha_n)\\
&=(\lambda_1+\mu_1)h_1+\cdots+(\lambda_n+\mu_n)h_n,\\
f(a)+f(b)&=f(\lambda_1\alpha_1+\cdots+\lambda_n\alpha_n)+f(\mu_1\alpha_1+\cdots+\mu_n\alpha_n)\\
&=(\lambda_1 h_1+\cdots+\lambda_n h_n)+(\mu_1 h_1+\cdots+\mu_n h_n)\\
&=(\lambda_1+\mu_1)h_1+\cdots+(\lambda_n+\mu_n)h_n
\end{aligned}$$

となり，f は準同型写像である.

$g: F(\alpha_1, \cdots, \alpha_n)\to H$ を $g(\alpha_i)=h_i,\ i=1, \cdots, n$ を満たす準同型写像とすれば，$a=\lambda_1\alpha_1+\cdots+\lambda_n\alpha_n$ に対して，

$$\begin{aligned}
g(a)&=g(\lambda_1\alpha_1+\cdots+\lambda_n\alpha_n)=g(\lambda_1\alpha_1)+\cdots+g(\lambda_n\alpha_n)\\
&=\lambda_1 g(\alpha_1)+\cdots+\lambda_n g(\alpha_n)=\lambda_1 h_1+\cdots+\lambda_n h_n
\end{aligned}$$

となるから，$g=f$ である. 😄

例題 25.1.　$G=\boldsymbol{Z}+\boldsymbol{Z}$ とし，$H=\{2l(1,1)\,|\,l\in\boldsymbol{Z}\}\subset G$ とする. H は G の部分加群であり，G/H は $\boldsymbol{Z}+\boldsymbol{Z}_2$ と同型である.

証明　補題 25.1 より，準同型写像 $f: \boldsymbol{Z}+\boldsymbol{Z}\to\boldsymbol{Z}+\boldsymbol{Z}_2$ を $f((1,0))=(1,[0]),\ f((0,1))=(-1,[1])$ と決める. $(k,[m])\in\boldsymbol{Z}+\boldsymbol{Z}_2$ に対して，$f(k+m,m)=f(k+m,0)+f(0,m)=(k+m,[0])+(-m,m[1])=(k,[m])$ だから，f は全射である.

また，$f(k,m)=(k-m,[m])$ だから，

$$\begin{aligned}
\mathrm{Ker}\, f&=\{(k,m)\,|\,k-m=0,[m]=0\}\\
&=\{(k,m)\,|\,k=m,m=2l,l\in\boldsymbol{Z}\}
\end{aligned}$$

となり，$\mathrm{Ker}\, f=H$ である. 準同型定理(定理 18.1)より，G/H は $\boldsymbol{Z}+\boldsymbol{Z}_2$ と同型である. ☹

問題 25.1.　$G=\boldsymbol{Z}+\cdots+\boldsymbol{Z}$ (n 個)，$H=\{2l(1,1,\cdots,1)\,|\,l\in\boldsymbol{Z}\}$ としたとき，H は G の部分加群で，G/H は $\underbrace{\boldsymbol{Z}+\cdots+\boldsymbol{Z}}_{(n-1)\text{個}}+\boldsymbol{Z}_2$ と同型であることを示せ.

これから単体的複体に対して，ホモロジー群とよばれる加群を順を追って定義する.

以下の議論は K の次元を制限しなくても本質的に同じことであるが，簡単のため K の次元を 2 以下とする.

Kの2次元単体を$\sigma_1, \cdots, \sigma_u$とする．これらに向きを付けて，$\langle\sigma_1\rangle, \cdots, \langle\sigma_u\rangle$とし，それらで生成される自由加群を$C_2(K)$と表し**2次元鎖群**とよぶ．$c=m_1\langle\sigma_1\rangle+\cdots+m_u\langle\sigma_u\rangle\in C_2(K)$をKの**2次元鎖**(2次元チェイン)とよぶ．

$\langle\sigma_i\rangle$に対して，逆の向きをもった単体を$-\langle\sigma_i\rangle$で表したが，$-\langle\sigma_i\rangle$は$C_2(K)$において$(-1)\langle\sigma_i\rangle$を表すとする．また，$\langle\sigma_i\rangle=1\langle\sigma_i\rangle$であり，$m_i=0$である場合は項$m_i\langle\sigma_i\rangle$を省いてもよいとする．

同様に，Kの1次元単体$\tau_1, \cdots, \tau_v$に向きを付け，$\langle\tau_1\rangle, \cdots, \langle\tau_v\rangle$で生成される自由加群を$C_1(K)$とし，**1次元鎖群**とよぶ．

0次元単体には向きは付かないから，単に0次元単体$\gamma_0, \cdots, \gamma_w$の代りに$\langle\gamma_0\rangle, \cdots, \langle\gamma_w\rangle$と書くことにして，$\langle\gamma_0\rangle, \cdots, \langle\gamma_w\rangle$で生成される自由加群を$C_0(K)$とし，**0次元鎖群**とよぶ．

次に，加群の間の準同型写像$\partial_i: C_i(K)\to C_{i-1}(K)$，$i=1, 2$を決める．

補題25.1により，準同型写像∂_2を決めるには$C_2(K)$の生成元$\langle\sigma_1\rangle, \cdots, \langle\sigma_u\rangle$に対する値を決めればよい．$\langle\sigma_i\rangle=\langle a_i, b_i, c_i\rangle$としたとき，

$$\partial_2(\langle\sigma_i\rangle)=\langle b_i, c_i\rangle-\langle a_i, c_i\rangle+\langle a_i, b_i\rangle=\langle a_i, b_i\rangle+\langle b_i, c_i\rangle+\langle c_i, a_i\rangle$$

とする(図78)．上式の右辺は$C_1(K)$に属するから，準同型写像$\partial_2: C_2(K)\to C_1(K)$が決まる．同様に，$\langle\tau_i\rangle=\langle a_i, b_i\rangle\in C_1(K)$に対して，

$$\partial_1(\langle\tau_i\rangle)=\langle b_i\rangle-\langle a_i\rangle$$

と決めて，準同型写像

$$\partial_1: C_1(K)\to C_0(K)$$

を得る(図79)．

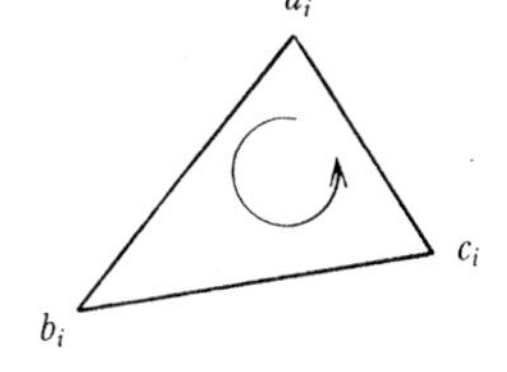

図 78

a_i　b_i

図 79

記述を簡略にするため，$C_3(K)=\{0\}$，$C_{-1}(K)=\{0\}$とし，$\partial_3: C_3(K)\to C_2(K)$，$\partial_0: C_0(K)\to C_{-1}(K)$は0への定値写像とする．

このようにして，次のような準同型写像の列が決まる．

$$\{0\}\xrightarrow{\partial_3}C_2(K)\xrightarrow{\partial_2}C_1(K)\xrightarrow{\partial_1}C_0(K)\xrightarrow{\partial_0}\{0\}$$

∂_iを***i*次元境界作用素**とよぶ．$\mathrm{Ker}\,\partial_i$，$\mathrm{Im}\,\partial_{i+1}$は例題18.3によって$C_i(K)$の部分加群である．

$\mathrm{Ker}\,\partial_i$を$Z_i(K)$と書き，***i*次元サイクル群**(輪体群)とよび，その要素を***i***

次元サイクル(輪体)とよぶ.

$\mathrm{Im}\,\partial_{i+1}$ を $B_i(K)$ と書き，**i 次元境界群**とよび，その要素を **i 次元バウンダリー**(境界)とよぶ.

補題 25.2. $B_i(K)$ は $Z_i(K)$ の部分加群である.

証明 $\partial_1\circ\partial_2$ が0への定値写像であることを示す. $\langle\sigma_i\rangle=\langle a_i, b_i, c_i\rangle$ として, $\partial_1\circ\partial_2(\langle a_i, b_i, c_i\rangle)=\partial_1(\langle a_i, b_i\rangle+\langle b_i, c_i\rangle+\langle c_i, a_i\rangle)=\langle b_i\rangle-\langle a_i\rangle+\langle c_i\rangle-\langle b_i\rangle+\langle a_i\rangle-\langle c_i\rangle=0$ だから，任意の $c^2=m_1\langle\sigma_1\rangle+m_2\langle\sigma_2\rangle+\cdots+m_u\langle\sigma_u\rangle\in C_2(K)$ に対して,

$$\begin{aligned}\partial_1\circ\partial_2(c^2)&=\partial_2\circ\partial_1(m_1\langle\sigma_1\rangle+m_2\langle\sigma_2\rangle+\cdots+m_u\langle\sigma_u\rangle)\\&=\partial_2(m_1\partial_1(\langle\sigma_1\rangle)+m_2\partial_1(\langle\sigma_2\rangle)+\cdots+m_u\partial_1(\langle\sigma_u\rangle))\\&=m_1\partial_2(\partial_1(\langle\sigma_1\rangle)+m_2\partial_2(\partial_1\langle\sigma_2\rangle)+\cdots+m_u\partial_2(\partial_1(\langle\sigma_u\rangle)\\&=0+0+\cdots+0=0.\end{aligned}$$

$c^1\in B_1(K)$ とすれば $B_1(K)$ の決め方から, $\exists c^2\in C_2(K)$; $c^1=\partial_2(c^2)$. したがって, $\partial_1(c^1)=\partial_1(\partial_2(c^2))=\partial_1\circ\partial_2(c^2)=0$. すなわち, $c_1\in\mathrm{Ker}(\partial_1)=Z_1(K)$.

これで, $B_1(K)\subset Z_1(K)$ がいえた. $B_1(K)$, $Z_1(K)$ はともに $C_1(K)$ の部分加群で，演算は同じであるから, $B_1(K)$ は $Z_1(K)$ の部分加群である. $Z_0(K)=C_0(K)$ であったから, $B_0(K)$ は $Z_0(K)$ の部分加群でもある. 😁

$Z_q(K)$ の $B_q(K)$ に関する商群を $H_q(K)$ で表し, K の **q 次元ホモロジー群**という. すなわち,

$$H_q(K)=Z_q(K)/B_q(K),\quad q=0,1,2.$$

$B_2(K)=\{0\}$ だから, $H_2(K)=Z_2(K)$ である. $z\in Z_q(K)$ に対して, $H_q(K)=Z_q(K)/B_q(K)$ における z の同値類を $[z]$ と書き, q 次元サイクル z で決まる q 次元ホモロジー類という. $[z]=[z']$ のとき z と z' をホモロガスという.

単体的複体 K の任意の頂点 a, b がいくつかの1次元単体の列で結べるとき，すなわち, K の1次元単体の列, $|a_0a_1|, |a_1a_2|, \cdots, |a_{r-1}a_r|$ で, $a_0=a$, $a_r=b$ であるものが存在するとき, K を**連結**という. このとき, $|K|$ は道連結である.

定理 25.1. K を連結な単体的複体とすると, $H_0(K)=\boldsymbol{Z}$.

証明 $c^0\in Z_0(K)=C_0(K)$ をとると, $c^0=l_1\langle\gamma_1\rangle+l_2\langle\gamma_2\rangle+\cdots+l_w\langle\gamma_w\rangle$ と書ける. γ_1, γ_i, $2\leqq i\leqq w$ に対して, K の連結性より, $\exists|a_0^ia_1^i|, |a_1^ia_2^i|, \cdots, |a_{r-1}^ia_r^i|$; $a_0^i=\gamma_1$, $a_r^i=\gamma_i$.

$$c_i^1=\langle a_0^i, a_1^i\rangle+\langle a_1^i, a_2^i\rangle+\cdots+\langle a_{r-1}^i, a_r^i\rangle\in C_1(K)$$

とすれば,

$$\partial_1(c_i^1)=\langle a_1^i\rangle-\langle a_0^i\rangle+\langle a_2^i\rangle-\langle a_1^i\rangle+\cdots+\langle a_i^r\rangle-\langle a_{r-1}^i\rangle$$
$$=-\langle a_0^i\rangle+\langle a_r^i\rangle=-\langle\gamma_1\rangle+\langle\gamma_i\rangle\in B_0(K)$$

であり，$[\langle\gamma_1\rangle]=[\langle\gamma_i\rangle]\in H_0(K)$，$2\leqq i\leqq w$ である．したがって，

$$[c^0]=[l_1\langle\gamma_1\rangle+l_2\langle\gamma_2\rangle+\cdots+l_w\langle\gamma_w\rangle]$$
$$=l_1[\langle\gamma_1\rangle]+l_2[\langle\gamma_2\rangle]+\cdots+l_w[\langle\gamma_w\rangle]$$
$$=(l_1+l_2+\cdots+l_w)[\langle\gamma_1\rangle]\in H_0(K)$$

次に，$n[\langle\gamma_1\rangle]=0$ とすると，$n\langle\gamma_1\rangle\in B_0(K)$．したがって，$\exists c^1=n_1\langle\tau_1\rangle+\cdots+n_v\langle\tau_v\rangle\in C_1(K)$；$\partial_1(c^1)=n\langle\gamma_1\rangle$．$\langle\tau_i\rangle=\langle a_i,b_i\rangle$ とすれば，$\partial_1(c^1)=n_1\langle b_1\rangle-n_1\langle a_1\rangle+\cdots+n_v\langle b_v\rangle-n_v\langle a_v\rangle$．$\langle a_i\rangle$，$\langle b_i\rangle$ のうち，いくつかは $\langle\gamma_1\rangle$ であるが，そのうちの一つを $\langle b_k\rangle$ とする．($\langle a_k\rangle$ のときも議論は同じである.) このとき，

$$\partial_1(c^1)=\cdots+n_k(\langle b_k\rangle-\langle a_k\rangle)+\cdots$$
$$=\cdots+n_k\langle b_k\rangle-n_k\langle a_k\rangle+\cdots$$

となり，$\partial_1(c^1)=n\langle\gamma_1\rangle$ となるためには，$n_k\langle a_k\rangle$ は他の項で打ち消されなければならない．そのためには，τ_k 以外に a_k を頂点とする1次元単体 τ_j が存在する．τ_j の a_k 以外の頂点に注目すれば，これも $\partial_1(c^1)$ で打ち消されなければならない．結局，この議論を続ければ，頂点は有限個だから必ず $\langle b_k\rangle$ に戻り $n_k\langle b_k\rangle$ も打ち消される．

γ_1 に等しい他の b_j, a_j についても，同じ議論が成り立つから $n=0$ である．結局，$n\in\boldsymbol{Z}$ に対して，$n[\langle\gamma_1\rangle]\in H_0(K)$ を対応させる写像は全単射であり，$H_0(K)$ は $\boldsymbol{Z}$ と同型である．☹

$|K|$の連結成分ごとに定理25.1の証明を行えば，次が得られる．系25.1 $|K|$の連結成分の個数を k とすれば，

$$H_0(K)=\boldsymbol{Z}+\cdots+\boldsymbol{Z}\ （k\text{個}).$$

例 25.1.　Kを2次元単体とその辺からなる単体的複体とする．すなわち，

$$K=\{|abc|,|ab|,|bc|,|ac|,|a|,|b|,|c|\}$$

とする (図80).

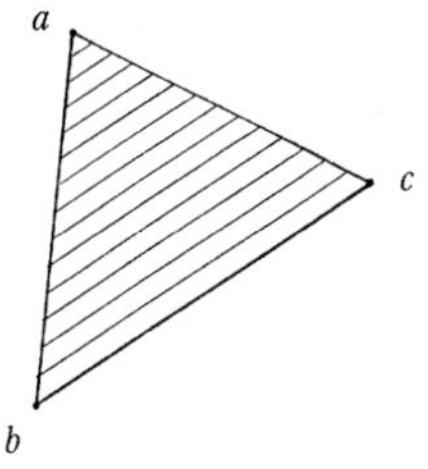

図 80

$$C_2(K)=\{n\langle a,b,c\rangle\,|\,n\in\boldsymbol{Z}\},$$
$$C_1(K)=\{m_1\langle a,b\rangle+m_2\langle b,c\rangle+m_3\langle c,a\rangle\,|\,m_1,m_2,m_3\in\boldsymbol{Z}\}.$$

次に，$\partial_2(n\langle a,b,c\rangle)=n\langle a,b\rangle+n\langle b,c\rangle+n\langle c,a\rangle=0$ とすると，$n=0$．すなわち，$Z_2(K)=H_2(K)=\{0\}$．また，

$$\partial_1(m_1\langle a, b\rangle + m_2\langle b, c\rangle + m_3\langle c, a\rangle)$$
$$= (m_3 - m_1)\langle a\rangle + (m_1 - m_2)\langle b\rangle + (m_2 - m_3)\langle c\rangle$$

だから,

$$\partial_1(m_1\langle a, b\rangle + m_2\langle b, c\rangle + m_3\langle c, a\rangle) = 0 \Leftrightarrow m_1 = m_2 = m_3,$$

つまり,

$$Z_1(K) = \{m\langle a, b\rangle + m\langle b, c\rangle + m\langle c, a\rangle \mid m \in \boldsymbol{Z}\}.$$

一方, $\partial_2(n\langle a, b, c\rangle) = n\langle a, b\rangle + n\langle b, c\rangle + n\langle c, a\rangle$ だから, $B_1(K) = \mathrm{Im}(\partial_2) = \{n\langle a, b\rangle + n\langle b, c\rangle + n\langle c, a\rangle \mid n \in \boldsymbol{Z}\}$ となり, $B_1(K) = Z_1(K)$. したがって, $H_1(K) = Z_1(K)/B_1(K) = \{0\}$.

また, Kは連結だから定理25.1により, $H_0(K) = \boldsymbol{Z}$. まとめると,

$$H_q(K) = \begin{cases} \boldsymbol{Z}, & q = 0, \\ \{0\}, & q = 1, 2. \end{cases}$$ 😁

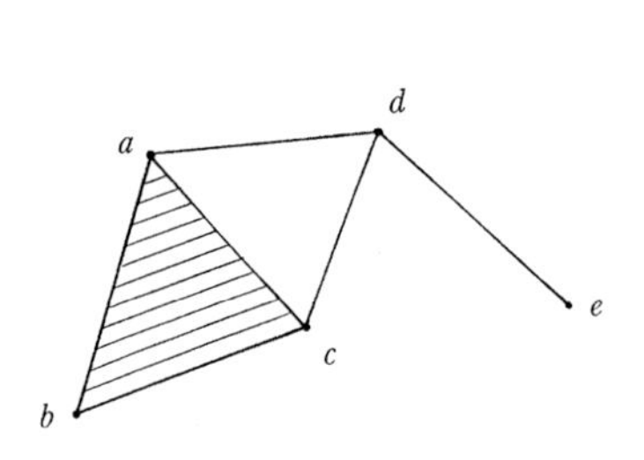

図 81

例題 25.2.　Kを図81に示す単体的複体とする. すなわち, $K = \{|abc|, |ab|, |bc|, |ca|, |ad|, |cd|, |de|, |a|, |b|, |c|, |d|, |e|\}$ のとき, Kのホモロジー群を求めよ.

解答　$C_2(K) = \{n\langle a, b, c\rangle \mid n \in \boldsymbol{Z}\}$,

$$C_1(K) = \{m_1\langle a, b\rangle + m_2\langle b, c\rangle + m_3\langle c, a\rangle + m_4\langle a, d\rangle + m_5\langle d, c\rangle + m_6\langle d, e\rangle \mid m_i \in \boldsymbol{Z}\}.$$

前と同じようにして,

$$B_1(K) = \{n\langle a, b\rangle + n\langle b, c\rangle + n\langle c, a\rangle \mid n \in \boldsymbol{Z}\}.$$

$Z_1(K)$ を求める.

$\partial_1(m_1\langle a, b\rangle + m_2\langle b, c\rangle + m_3\langle c, a\rangle + m_4\langle a, d\rangle + m_5\langle d, c\rangle + m_6\langle d, e\rangle) = (-m_1 + m_3 - m_4)\langle a\rangle + (m_1 - m_2)\langle b\rangle + (m_2 - m_3 + m_5)\langle c\rangle + (m_4 - m_6 - m_5)\langle d\rangle + m_6\langle e\rangle = 0$ とすると, $-m_1 + m_3 - m_4 = 0$, $m_1 - m_2 = 0$, $m_2 - m_3 + m_5 = 0$, $m_4 - m_6 - m_5 = 0$, $m_6 = 0$ だから, $m_6 = 0$, $m_4 = m_5$, $m_1 = m_2$, $m_3 = m_1 + m_4$. したがって, $m_1 = m_2 = \alpha$, $m_4 = m_5 = \beta$ とおいて,

$$Z_1(K) = \{\alpha\langle a, b\rangle + \alpha\langle b, c\rangle + (\alpha + \beta)\langle c, a\rangle + \beta\langle a, d\rangle + \beta\langle d, c\rangle \mid \alpha, \beta \in \boldsymbol{Z}\}.$$

$c^1 \in Z_1(K)$ とすれば, $c^1 = \alpha\langle a, b\rangle + \alpha\langle b, c\rangle + (\alpha + \beta)\langle c, a\rangle + \beta\langle a, d\rangle + \beta\langle d, c\rangle$ に対して, $b^1 = -\alpha\langle a, b\rangle - \alpha\langle b, c\rangle - \alpha\langle c, a\rangle \in B_1(K)$ だから, $[c^1] = [c^1 + b^1] = [\beta(\langle c, a\rangle + \langle a, d\rangle + \langle d, c\rangle)] \in H_1(K)$. そこで, $k \in \boldsymbol{Z}$ に対して, $k[(\langle c, a\rangle + \langle a,$

$d\rangle+\langle d,c\rangle)]\in H_1(K)=Z_1(K)/B_1(K)$ を対応させる写像を考えれば上の議論から全射である．また，$k[(\langle c,a\rangle+\langle a,d\rangle+\langle d,c\rangle)]\in B_1(K)$ とすれば，$k\langle c,a\rangle+k\langle a,d\rangle+k\langle d,c\rangle=n\langle a,b\rangle+n\langle b,c\rangle+n\langle c,a\rangle$ だから，$k=n=0$．したがって，上の写像は単射でもある．Kが連結であることに注意して，

$$H_q(K)=\begin{cases}\boldsymbol{Z}, & q=0,1,\\ \{0\}, & q=2.\end{cases}$$ ☺

§26.　鎖複体と鎖写像

一般に，加群 C_i, $i=0,1,2$ と準同型写像 $\partial_i:C_i\to C_{i-1}$, $i=1,2$ が条件 $\partial_1\circ\partial_2=0$ を満たすとき，加群と写像の列

$$C_2\xrightarrow{\partial_2}C_1\xrightarrow{\partial_1}C_0$$

を**鎖複体**とよぶ．鎖複体から各次元の輪体群 $Z_i=\mathrm{Ker}\,\partial_i$，境界群 $B_i=\mathrm{Im}\,\partial_{i+1}$ が決まり，i 次元ホモロジー群 $H_i=Z_i/B_i$, $i=0,1,2$ も決まる．ただし，$B_2=\{0\}$, $Z_0=C_0$ とする．

2つの鎖複体，$C_2\xrightarrow{\partial_2}C_1\xrightarrow{\partial_1}C_0$ と $C'_2\xrightarrow{\partial'_2}C'_1\xrightarrow{\partial'_1}C'_0$ があるとき，準同型写像 $f_i:C_i\to C'_i$, $i=0,1,2$ が条件

$$f_{i-1}\circ\partial_i=\partial'_i\circ f_i,\qquad i=1,2$$

を満たすならば，f_i, $i=0,1,2$ を鎖複体 $C_2\xrightarrow{\partial_2}C_1\xrightarrow{\partial_1}C_0$ から鎖複体 $C'_2\xrightarrow{\partial'_2}C'_1\xrightarrow{\partial'_1}C'_0$ への**鎖写像**という．このとき，図82の図式が可換であるという．

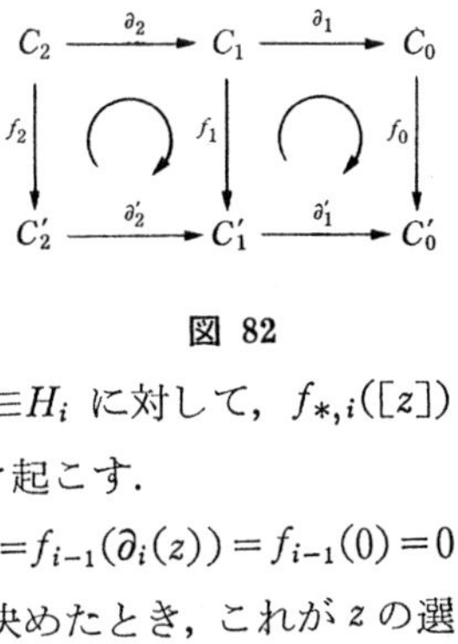

$$\begin{array}{ccccc} C_2 & \xrightarrow{\partial_2} & C_1 & \xrightarrow{\partial_1} & C_0 \\ \downarrow{\scriptstyle f_2} & \circlearrowright & \downarrow{\scriptstyle f_1} & \circlearrowright & \downarrow{\scriptstyle f_0} \\ C'_2 & \xrightarrow{\partial'_2} & C'_1 & \xrightarrow{\partial'_1} & C'_0 \end{array}$$

図 82

補題 26.1.　鎖写像 $f_i:C_i\to C'_i$, $i=0,1,2$ は，$[z]\in H_i$ に対して，$f_{*,i}([z])=[f_i(z)]$ によって，準同型写像 $f_{*,i}:H_i\to H'_i$ を引き起こす．

証明　$z\in Z_i$ とする．f_i は鎖写像だから，$\partial'_i(f_i(z))=f_{i-1}(\partial_i(z))=f_{i-1}(0)=0$ が成り立ち，$f_i(z)\in Z'_i$．次に，$f_{*,i}([z])=[f_i(z)]$ と決めたとき，これが z の選び方によらないことを示す．$[z]=[z']$ とすると，$z-z'\in B_i=\mathrm{Im}\partial_{i+1}$ だから，$\exists\eta\in C_{i+1}$; $\partial_{i+1}(\eta)=z-z'$．したがって，

$$f_i(z)-f_i(z')=f_i(z-z')=f_i(\partial_{i+1}(\eta))=\partial'_{i+1}(f_{i+1}(\eta))$$

となり，$f_i(z)-f_i(z')\in\mathrm{Im}\partial'_{i+1}=B'_i$．すなわち，$[f_i(z)]=[f_i(z')]$．$f_{*,i}:H_i\to H'_i$ が準同型写像であることは，f_i が準同型写像であることから直ちにわかる．☹

例 26.1.　恒等写像 $id_{C_i}: C_i \to C_i$，$i=0,1,2$ は鎖写像であって，$f_i = id_{C_i}$ から決まる $f_{*,i}$ も恒等写像である．

鎖複体 $C_2 \xrightarrow{\partial_2} C_1 \xrightarrow{\partial_1} C_0$ に対して，$\partial_i(C_i') \subset C_{i-1}'$ を満たす部分加群 C_i' があるとき，$\partial_i' = \partial_i|_{C_i'}: C_i' \to C_{i-1}'$ とすると，鎖複体 $C_2' \xrightarrow{\partial_2'} C_1' \xrightarrow{\partial_1'} C_0'$ が得られるが，これを**部分鎖複体**という．

問題 26.1.　$C_2' \xrightarrow{\partial_2'} C_1' \xrightarrow{\partial_1'} C_0'$ を $C_2 \xrightarrow{\partial_2} C_1 \xrightarrow{\partial_1} C_0$ の部分鎖複体としたとき，包含写像 $i_j: C_j' \to C_j$，$j=0,1,2$ が鎖写像であることを示せ．

問題 26.2.　単体的複体 K とその部分複体 L があるとき，鎖複体 $C_2(L) \xrightarrow{\partial_2'} C_1(L) \xrightarrow{\partial_1'} C_0(L)$ は $C_2(K) \xrightarrow{\partial_2} C_1(K) \xrightarrow{\partial_1} C_0(K)$ の部分鎖複体であることを確かめよ．包含写像 $i_j: C_j(L) \to C_j(K)$ が引き起こす写像 $i_{*,j}: H_j(L) \to H_j(K)$ が単射とならない例をあげよ．

以下簡単のため，鎖複体 $C_2 \xrightarrow{\partial_2} C_1 \xrightarrow{\partial_1} C_0$ を，鎖複体，C_j, ∂_j，$j=0,1,2$ と書く．

補題 26.2.　鎖複体 C_i, ∂_i，C_i', ∂_i'，C_i'', ∂_i''，$i=0,1,2$ と鎖写像 $f_i: C_i \to C_i'$，$g_i: C_i' \to C_i''$ $i=0,1,2$ があるとき，$g_i \circ f_i: C_i \to C_i''$，$i=0,1,2$ も鎖写像であり，$(g \circ f)_{*,i} = g_{*,i} \circ f_{*,i}$ が成り立つ．

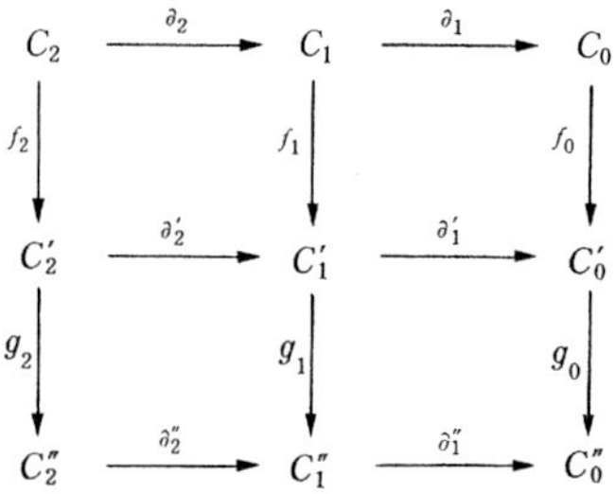

$$
\begin{array}{ccccc}
C_2 & \xrightarrow{\partial_2} & C_1 & \xrightarrow{\partial_1} & C_0 \\
\downarrow{\scriptstyle f_2} & & \downarrow{\scriptstyle f_1} & & \downarrow{\scriptstyle f_0} \\
C_2' & \xrightarrow{\partial_2'} & C_1' & \xrightarrow{\partial_1'} & C_0' \\
\downarrow{\scriptstyle g_2} & & \downarrow{\scriptstyle g_1} & & \downarrow{\scriptstyle g_0} \\
C_2'' & \xrightarrow{\partial_2''} & C_1'' & \xrightarrow{\partial_1''} & C_0''
\end{array}
$$

図 83

証明　図 83 において，上段と下段が可換であるから，最上列と最下列も $g_i \circ f_i$ と可換である．（例えば，$\partial_2'' \circ (g_2 \circ f_2) = (\partial_2'' \circ g_2) \circ f_2 = (g_1 \circ \partial_2') \circ f_2 = g_1 \circ (\partial_2' \circ f_2) = g_1 \circ (f_1 \circ \partial_2) = (g_1 \circ f_1) \circ \partial_2$）．すなわち，$g_i \circ f_i$，$i=0,1,2$ は鎖写像である．

$[z] \in H_i$，$i=0,1,2$ とすると，$(g \circ f)_{*,i}([z]) = [g_i \circ f_i(z)] = [g_i(f_i(z))] = g_{*,i}([f_i(z)]) = g_{*,i}(f_{*,i}([z])) = g_{*,i} \circ f_{*,i}([z])$ が成り立つから，$(g \circ f)_{*,i} = g_{*,i} \circ f_{*,i}$ である．😁

§27.　カラプシング

2 つの単体的複体 K, K' の頂点の集合 $\hat{K}$ から $\hat{K}'$ への写像 $\varphi: \hat{K} \to \hat{K}'$ が $\hat{K}$ の 1 つの単体の頂点を $\hat{K}'$ の 1 つの単体の頂点に写すとき，φ を**単体写像**とよぶ．

例 27.1.　$\varphi, \varphi': \hat{K} \to \hat{K}$ を図 84 のように決めると，φ は単体写像だが φ' は

そうでない.

$$\varphi(a_0)=b_1,\ \ \varphi'(a_0)=b_0,$$
$$\varphi(a_1)=b_2,\ \ \varphi'(a_1)=b_1,$$
$$\varphi(a_2)=b_2,\ \ \varphi'(a_2)=b_2,$$
$$\varphi(a_3)=b_3,\ \ \varphi'(a_3)=b_3.$$

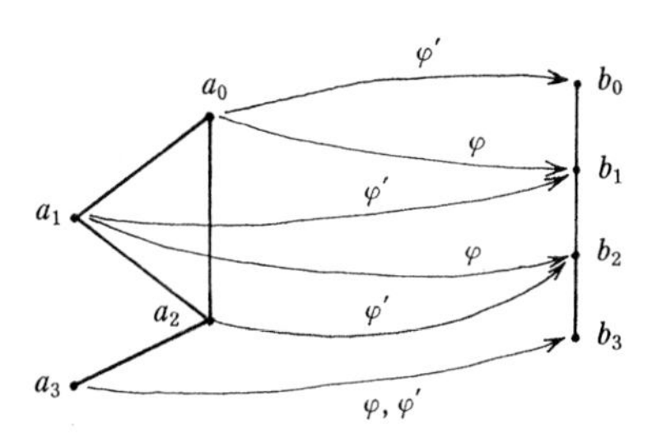

図 84

単体写像 $\varphi:\hat{K}\to\hat{K}'$ から, 鎖写像 φ_i : $C_i(K)\to C_i(K')$, $i=0,1,2$ を $\langle\sigma\rangle=\langle a,b,c\rangle\in C_2(K)$ に対して,

$$\varphi_2(\langle a,b,c\rangle)=\langle\varphi(a),\varphi(b),\varphi(c)\rangle\in C_2(K')$$

と決める. ただし, $\varphi(a),\varphi(b),\varphi(c)$ の中に同じものがあるときは, 右辺は0と考える.

これにより補題25.1により準同型写像 $\varphi_2:C_2(K)\to C_2(K')$ が決まる. 同様に, $\langle a,b\rangle\in C_1(K)$ に対して $\varphi_1(\langle a,b\rangle)=\langle\varphi(a),\varphi(b)\rangle$, $\langle a\rangle\in C_0(K)$ に対して, $\varphi_0(\langle a\rangle)=\langle\varphi(a)\rangle$ とすることによって, 準同型写像 $\varphi_1:C_1(K)\to C_1(K')$, φ_0 : $C_0(K)\to C_0(K')$ が決まる. ただし, $\varphi(a)=\varphi(b)$ のときは $\langle\varphi(a),\varphi(b)\rangle=0$ とする. このとき, 次が成り立つ.

補題 27.1.　$\varphi_i:C_i(K)\to C_i(K')$, $i=0,1,2$ は鎖写像である.

証明　図85の図式が可換であることを示せばよい.

$$\begin{array}{ccccc} C_2(K) & \xrightarrow{\partial_2} & C_1(K) & \xrightarrow{\partial_1} & C_0(K) \\ \downarrow{\scriptstyle \varphi_2} & & \downarrow{\scriptstyle \varphi_1} & & \downarrow{\scriptstyle \varphi_0} \\ C_2(K') & \xrightarrow{\partial_2} & C_1(K') & \xrightarrow{\partial_1} & C_0(K') \end{array}$$

まず $\langle a,b,c\rangle\in C_2(K)$ をとると,

$$\begin{aligned}&\varphi_1(\partial_2(\langle a,b,c\rangle))\\&=\varphi_1(\langle b,c\rangle-\langle a,c\rangle+\langle a,b\rangle)\\&=\varphi_1(\langle b,c\rangle)-\varphi_1(\langle a,c\rangle)+\varphi_1(\langle a,b\rangle)\\&=\langle\varphi(b),\varphi(c)\rangle-\langle\varphi(a),\varphi(c)\rangle\end{aligned}$$

$+\langle\varphi(a),\varphi(b)\rangle=\partial_2(\langle\varphi(a),\varphi(b),\varphi(c)\rangle)=\partial_2(\varphi_2(\langle a,b,c\rangle))$. すなわち, 準同型写像 $\varphi_1\circ\partial_2-\partial_2\circ\varphi_2$ は, $C_2(K)$ の生成元上で値0をとる. したがって, 補題25.1の一意性より, $\varphi_1\circ\partial_2-\partial_2\circ\varphi_2=0$, すなわち, $\varphi_1\circ\partial_2=\partial_2\circ\varphi_2$. 同様に, $\varphi_0\circ\partial_1=\partial_1\circ\varphi_1$. 😄

補題27.1によって, 単体写像 $\varphi:\hat{K}\to\hat{K}'$ から, 鎖写像 $\varphi_i:C_i(K)\to C_i(K')$, $i=0,1,2$ が決まるから, ホモロジー群の準同型写像 $\varphi_{*,i}:H_i(K)\to H_i(K')$, $i=0,1,2$ が導びかれる.

単体的複体に対してカラプス(折りたたむ)という操作を考え, カラプスによ

ってホモロジー群は変化しないことを示す.

Kを単体的複体, $|ab|\in K$とする. $|ab|$を辺にもつ2次元単体はなく, aを辺にもつ1次元単体は$|ab|$だけであるとき, aを**自由な頂点**という. $K'=K-\{|ab|,|a|\}$ としたとき, aが自由だからK'も単体的複体になる(図 86). K'をKから$|ab|$を**カラプス**して得られる単体的複体という. 同じように, $|abc|\in K$とし, $|ab|$を辺にもつ2次元単体が$|abc|$だけのとき, $|ab|$を**自由な辺**という. このとき, $K'=K-\{|abc|,|ab|\}$ は単体的複体になり, K'をKから$|abc|$を**カラプス**して得られる単体的複体という(図 87). これら2つの操作を繰り返してKからLが得られるとき, LをKから**カラプス**によって得られる単体的複体という.

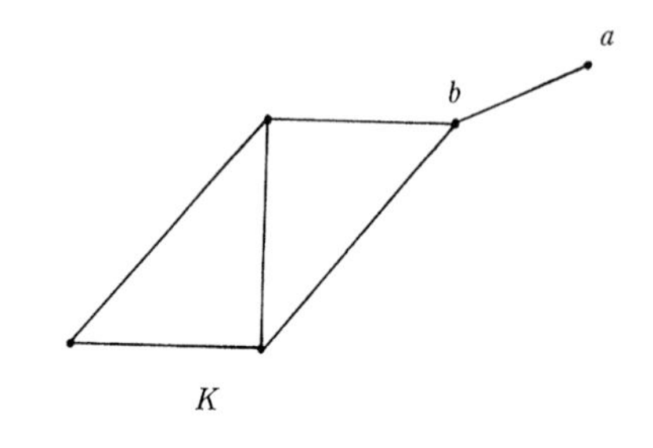

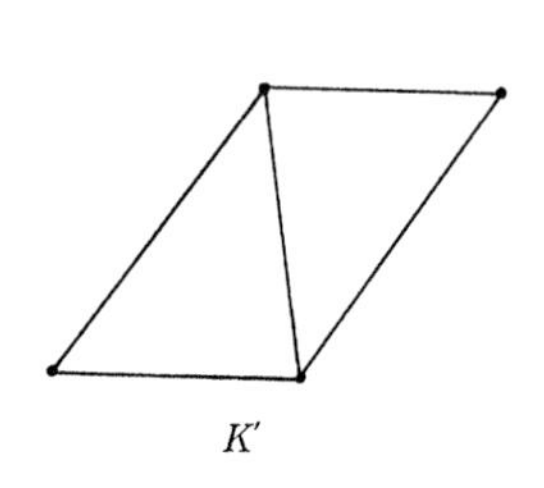

図 86

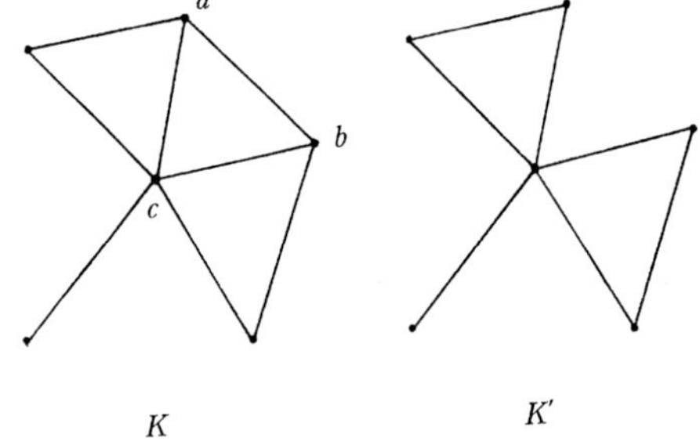

図 87

定理 27.1.　Lを単体的複体Kからカラプスによって得られる単体的複体とすると, LとKのホモロジー群は同型である.

証明　1つの1次元単体をカラプスする操作と, 1つの2次元単体をカラプスする操作について定理を示せばよい.

(I)　aを自由な頂点とし, LをKから$|ab|$をカラプスして得られる単体的複体とする. LはKの部分複体であり, 包含写像$i:\hat{L}\to\hat{K}$は, 鎖写像

$$i_j: C_j(L)\to C_j(K),\qquad j=0,1,2$$

をひき起こす. $|K|$と$|L|$の連結成分の数は変らない. 0次元ホモロジー群の生成元は連結成分の中の任意の頂点で代表されるから$i_{*,0}: H_0(L)\to H_0(K)$ は

同型である．

KとLの2次元単体は変わらず，2次元境界作用素$\partial_2 : C_2(K) \to C_1(K)$ と $\partial_2' : C_2(L) \to C_1(L)$ も終集合が異なるだけで$\forall c^2 \in C_2(K)$，$\partial_2(c^2) = \partial_2'(c^2)$ が成り立つから，$i_{*,2} : H_2(L) \to H_2(K)$ も同型である．そこで，$i_{*,1} : H_1(L) \to H_1(K)$ が同型であることをいえばよい．

まず，準同型写像 $\gamma_j : C_j(K) \to C_j(L)$，$j=0,1,2$ を次のように決める．$\langle \alpha \rangle \in C_0(K)$ に対して，

$$\gamma_0(\langle \alpha \rangle) = \begin{cases} \langle b \rangle, & \langle \alpha \rangle = \langle a \rangle \text{ のとき,} \\ \langle \alpha \rangle, & \langle \alpha \rangle \neq \langle a \rangle \text{ のとき} \end{cases}$$

とする．$\langle \alpha, \beta \rangle \in C_1(K)$ に対して，

$$\gamma_1(\langle \alpha, \beta \rangle) = \begin{cases} 0, & |\alpha\beta| = |ab| \text{ のとき,} \\ \langle \alpha, \beta \rangle, & |\alpha\beta| \neq |ab| \text{ のとき} \end{cases}$$

とする．$\langle \alpha, \beta, \gamma \rangle \in C_2(K)$ に対しては，

$$\gamma_2(\langle \alpha, \beta, \gamma \rangle) = \langle \alpha, \beta, \gamma \rangle$$

とする．

補題 27.2.　上のように決めた準同型写像 $\gamma_j : C_j(K) \to C_j(L)$，$j=0,1,2$ は鎖写像である．

$$\begin{array}{ccccc} C_2(K) & \xrightarrow{\partial_2} & C_1(K) & \xrightarrow{\partial_1} & C_0(K) \\ \downarrow{\scriptstyle \gamma_2} & & \downarrow{\scriptstyle \gamma_1} & & \downarrow{\scriptstyle \gamma_0} \\ C_2(L) & \xrightarrow{\partial_2'} & C_1(L) & \xrightarrow{\partial_1'} & C_0(L) \end{array}$$

図 88

証明　図88の図式が可換であることを示す．

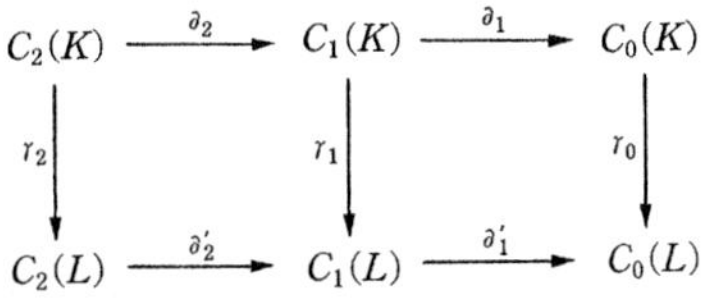

$|ab|$ を辺にもつ2次元単体がないから，任意の $\langle \alpha, \beta, \gamma \rangle \in C_2(K)$ に対して，

$$\gamma_1(\partial_2(\langle \alpha, \beta, \gamma \rangle)) = \partial_2'(\langle \alpha, \beta, \gamma \rangle) = \partial_2'(\gamma_2(\langle \alpha, \beta, \gamma \rangle))$$

となり，$\gamma_1 \circ \partial_2 = \partial_2' \circ \gamma_2$．

$\langle \alpha, \beta \rangle \in C_1(K)$ とする．$|\alpha\beta| = |ab|$ のとき，

$$\gamma_0(\partial_1(\langle \alpha, \beta \rangle)) = \gamma_0(\langle \beta \rangle - \langle \alpha \rangle) = \gamma_0(\langle \beta \rangle) - \gamma_0(\langle \alpha \rangle) = \langle b \rangle - \langle b \rangle = 0,$$
$$\partial_1'(\gamma_1(\langle \alpha, \beta \rangle)) = \partial_1'(0) = 0.$$

$|\alpha\beta| \neq |ab|$ のとき，

$$\gamma_0(\partial_1(\langle \alpha, \beta \rangle)) = \gamma_0(\langle \beta \rangle - \langle \alpha \rangle) = \langle \beta \rangle - \langle \alpha \rangle,$$
$$\partial_1'(\gamma_1(\langle \alpha, \beta \rangle)) = \partial_1'(\langle \alpha, \beta \rangle) = \langle \beta \rangle - \langle \alpha \rangle$$

となり，$\gamma_0 \circ \partial_1 = \partial_1' \circ \gamma_1$．　☺

（定理 27.1 の）**証明**（続き）　γ_j の定義の仕方から，　$\gamma_j \circ i_j = id_{C_j(L)}$，$j=0,1,2$

が成り立つから，補題 26.2 と例 26.1 によって，$\gamma_{*,j}\circ i_{*,j}=id_{H_j(L)}$，$j=0,1,2$ が成り立つ．

次に，準同型写像 $D_0 : C_0(K)\to C_1(K)$ を決める．$\langle\alpha\rangle\in C_0(K)$ に対して，

$$D_0(\langle\alpha\rangle)=\begin{cases}\langle a,b\rangle, & \langle\alpha\rangle=\langle a\rangle \text{ のとき,}\\ 0, & \langle\alpha\rangle\neq\langle a\rangle \text{ のとき.}\end{cases}$$

このとき，$i_1\circ\gamma_1=id_{C_1(K)}+D_0\circ\partial_1$ を示す．$\langle\alpha,\beta\rangle\in C_1(K)$，$|\alpha\beta|=|ab|$ とする．

$$i_1\circ\gamma_1(\langle\alpha,\beta\rangle)=i_1(0)=0,$$

$$(id_{C_1(K)}+D_0\circ\partial_1)(\langle\alpha,\beta\rangle)=\langle\alpha,\beta\rangle+D_0(\langle\beta\rangle-\langle\alpha\rangle)=\langle\alpha,\beta\rangle-\langle\alpha,\beta\rangle=0.$$

$|\alpha\beta|\neq|ab|$ のとき，

$$i_1\circ\gamma_1(\langle\alpha,\beta\rangle)=i_1(\langle\alpha,\beta\rangle)=\langle\alpha,\beta\rangle,$$

$$(id_{C_1(K)}+D_0\circ\partial_1)(\langle\alpha,\beta\rangle)=\langle\alpha,\beta\rangle+D_0(\langle\beta\rangle-\langle\alpha\rangle)=\langle\alpha,\beta\rangle,$$

結局，$i_1\circ\gamma_1=id_{C_1(K)}+D_0\circ\partial_1$．

$z\in Z_1(K)$ とすると，$\partial_1(z)=0$ だから

$$(i\circ\gamma)_{*,1}([z])=[i_1\circ\gamma_1(z)]=[(id_{C_1(K)}+D_0\circ\partial_1)(z)]=[z]$$

となり，$(i\circ\gamma)_{*,1}=i_{*,1}\circ\gamma_{*,1}=id_{H_1(K)}$．$\gamma_{*,1}\circ i_{*,1}=id_{H_1(L)}$ であったから，$\gamma_{*,1}$ は $i_{*,1}$ の逆写像であり $i_{*,1} : H_1(L)\to H_1(K)$ は同型写像である．

（Ⅱ） 自由な辺 $|ab|\in K$ から $|abc|$ をカラプスして L が得られるとする．（Ⅰ）の場合と同様に証明を進める．包含写像 $i_j : C_j(L)\to C_j(K)$，$j=0,1,2$ は鎖写像である．準同型写像 $\gamma_j : C_j(K)\to C_j(L)$，$j=0,1,2$ を次のように決める．$\gamma_0(\langle\alpha\rangle)=\langle\alpha\rangle$ によって，$\gamma_0 : C_0(K)\to C_0(L)$ を決める．$\langle\alpha,\beta\rangle\in C_1(K)$ に対して，

$$\gamma_1(\langle\alpha,\beta\rangle)=\begin{cases}\langle\alpha,c\rangle+\langle c,\beta\rangle, & |\alpha\beta|=|ab| \text{ のとき,}\\ \langle\alpha,\beta\rangle, & |\alpha\beta|\neq|ab| \text{ のとき.}\end{cases}$$

$\langle\alpha,\beta,\gamma\rangle\in C_2(K)$ に対して，

$$\gamma_2(\langle\alpha,\beta,\gamma\rangle)=\begin{cases}0, & |\alpha\beta\gamma|=|abc| \text{ のとき,}\\ \langle\alpha,\beta,\gamma\rangle, & |\alpha\beta\gamma|\neq|abc| \text{ のとき}\end{cases}$$

とする(図 89)．γ_j，$j=0,1,2$ が鎖写像になることは（Ⅰ）のときと同じように場合分けして確かめればよい．

次に，$D_1 : C_1(K)\to C_2(K)$ を決める．$\langle\alpha,\beta\rangle\in C_1(K)$ に対して，

$$D_1(\langle\alpha,\beta\rangle)=\begin{cases}\langle\alpha,c,\beta\rangle, & |\alpha\beta|=|a,b| \text{ のとき,}\\ 0, & |\alpha\beta|\neq|ab| \text{ のとき}\end{cases}$$

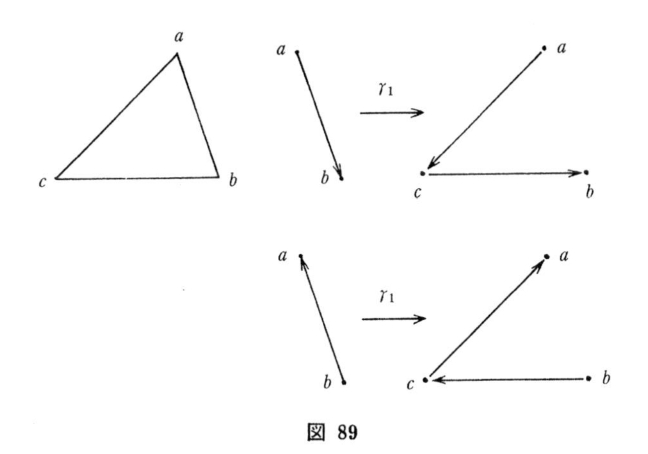

図 89

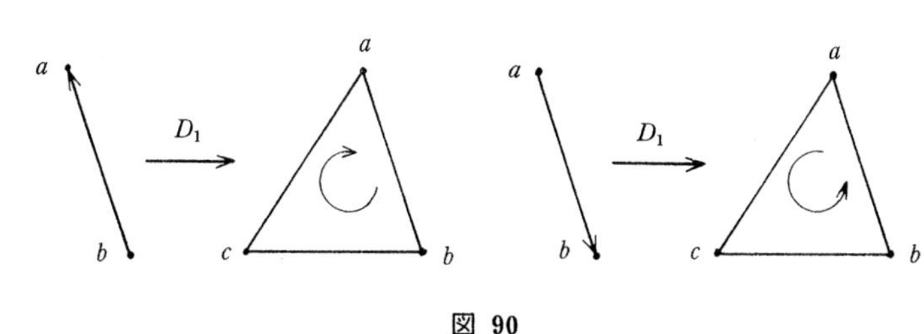

図 90

とする(図 90). このとき, $i_1\circ\gamma_1=id_{C_1(K)}+\partial_2\circ D_1$ を示す.

$\langle\alpha,\beta\rangle\in C_1(K)$ とする. $|\alpha\beta|=|ab|$ のとき,

$$i_1\circ\gamma_1(\langle\alpha,\beta\rangle)=i_1(\langle\alpha,c\rangle+\langle c,\beta\rangle)=\langle\alpha,c\rangle+\langle c,\beta\rangle,$$

$$\begin{aligned}(id_{C_1(K)}+\partial_2\circ D_1)(\langle\alpha,\beta\rangle)&=\langle\alpha,\beta\rangle+\partial_2(\langle\alpha,c,\beta\rangle)\\&=\langle\alpha,\beta\rangle+\langle\alpha,c\rangle+\langle c,\beta\rangle+\langle\beta,\alpha\rangle=\langle\alpha,c\rangle+\langle c,\beta\rangle.\end{aligned}$$

$|\alpha\beta|\neq|ab|$ のとき,

$$i_1\circ\gamma_1(\langle\alpha,\beta\rangle)=i_1(\langle\alpha,\beta\rangle)=\langle\alpha,\beta\rangle,$$

$$(id_{C_1(K)}+\partial_2\circ D_1)(\langle\alpha,\beta\rangle)=\langle\alpha,\beta\rangle+\partial_2(0)=\langle\alpha,\beta\rangle.$$

結局, $i_1\circ\gamma_1=id_{C_1(K)}+\partial_2\circ D_1$.

K と L の連結成分の個数は変らないから, $i_{*,0}:H_0(L)\to H_0(K)$ は同型である. また, $H_2(K)=Z_2(K)$, $H_2(L)=Z_2(L)$ であるが, $\sum_{i=0}^{m}n_i\langle\sigma_i\rangle\in Z_2(L)$ とし, $\langle\sigma_0\rangle=\langle a,b,c\rangle$ とすれば, $|ab|$ は $|abc|$ 以外の辺にはならないので $n_0=0$ である. したがって, $i_2:Z_2(L)\to Z_2(K)$ は同型であり, $i_{*,2}:H_2(L)\to H_2(K)$ も同

型である．（I）の場合と同様に，$(\gamma\circ i)_{*,1}=id_{H_1(L)}$ は成り立つから，$(i\circ\gamma)_{*,1}=id_{H_1(K)}$ を示す．$z\in Z_1(K)$ に対して，

$$(i\circ\gamma)_{*,1}([z])=[i_1\circ\gamma_1(z)]=[z+\partial_2(D_2(z))]=[z]$$

だから，$(i\circ\gamma)_{*,1}=id_{H_1(K)}$ である．

§28. 閉曲面のホモロジー

まず1次元複体のホモロジー群を調べる．1次元単体の列，$|a_0a_1|, |a_1a_2|, \cdots, |a_{k-1}a_k|$ で，$a_i\neq a_{i+1}$, $i=0,1,\cdots,k-1$ かつ $a_k=a_0$ のとき，この列を**単体ループ**という．単体ループをもたない連結な1次元単体的複体を**トリー**という（図 91）．

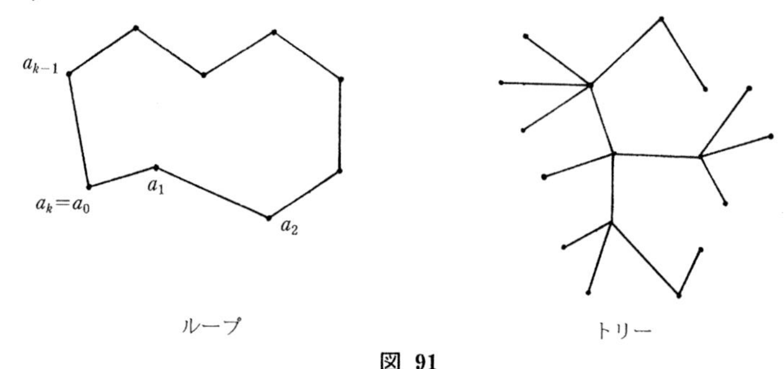

図 91

補題 28.1. Kをトリーとし，a_0をKの1つの頂点とするとKは $\{a_0\}$ にカラプスされる．

証明 Kの頂点の数kに関する帰納法で証明する．Kがa_0以外に自由な頂点をもてば，そこからKをカラプスして$k-1$個の頂点をもつK'を得る．K'は帰納法の仮定からa_0にカラプスするから，Kもa_0にカラプスする．a_0を辺にもつ1次元単体を$|a_0a_1|$, a_1を辺にもつ1次元単体を$|a_1a_2|$と次々追いかければ，Kはループをもたないから戻ることはなく，どこかで終わる．その頂点はa_0以外の自由な頂点である．

定理 28.1. Kがトリーのとき，$H_0(K)=\boldsymbol{Z}, H_1(K)=\{0\}$ である．

証明 定理27.1と補題28.1による．

定理 28.2. Kを多面体$|K|$が円周S^1と同相な1次元単体的複体とすると，$H_i(K)=\boldsymbol{Z}$, $i=0,1$ である．

証明 $h:|K|\to S^1$を同相写像とする．hによるKの頂点の像がS^1上でb_0,

$b_1, \cdots, b_k$ の順に並んでいるとする(図 92).

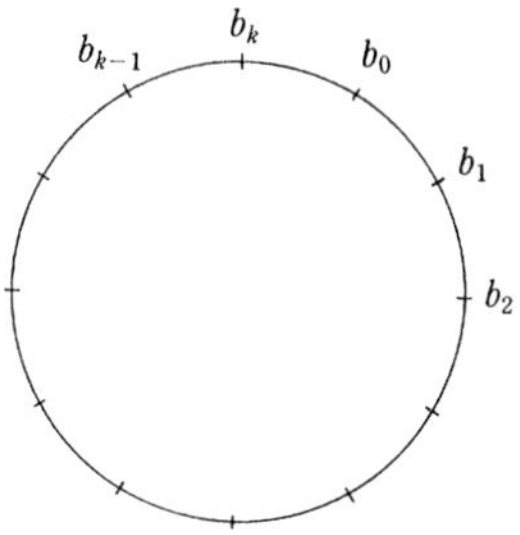

$a_i = h^{-1}(b_i)$, $i = 0, \cdots, k$ とすると,

$$K = \{|a_0 a_1|, \cdots, |a_{k-1} a_k|, |a_k a_0|, |a_0|, \cdots, |a_k|\}$$

である. したがって, $c_1 \in C_1(K)$ とすると,

$$c_1 = \sum_{i=0}^{k} n_i \langle a_i, a_{i+1} \rangle.$$

ただし, $a_{k+1} = a_0$.

$$\begin{aligned}\partial_1(c_1) &= \sum_{i=0}^{k} n_i (\langle a_{i+1} \rangle - \langle a_i \rangle) \\ &= \sum_{i=1}^{k} n_{i-1} \langle a_i \rangle + n_k \langle a_0 \rangle - \sum_{i=1}^{k} n_i \langle a_i \rangle - n_0 \langle a_0 \rangle \\ &= (n_k - n_0) \langle a_0 \rangle + \sum_{i=1}^{k} (n_{i-1} - n_i) \langle a_i \rangle\end{aligned}$$

図 92

だから,

$$\partial_1(c_1) = 0 \Leftrightarrow n_0 = n_1 = \cdots = n_k.$$

すなわち, $H_1(K) = Z_1(K) = \left\{ n\left(\sum_{i=0}^{k} \langle a_i, a_{i+1} \rangle\right) \middle| n \in \boldsymbol{Z} \right\}$. したがって, $n\left(\sum_{i=0}^{k} \langle a_i, a_{i+1} \rangle\right)$ に n を対応させる写像によって, $H_1(K)$ は $\boldsymbol{Z}$ と同型である. K の連結性より, $H_0(K) = \boldsymbol{Z}$ である. ☹

例題 28.1. $X = \{(x, y) \mid (x-1)^2 + y^2 = 1\} \cup \{(x, y) \mid (x+1)^2 + y^2 = 1\} \subset \boldsymbol{R}^2$ とする. X の単体分割を $h : |K| \to X$ とするとき, K のホモロジー群を求めよ.

解答 $X^+ = \{(x, y) \mid (x-1)^2 + y^2 = 1\}$, $X^- = \{(x, y) \mid (x+1)^2 + y^2 = 1\}$ とおく, 単体的複体においては単体の内部では他の単体と交わることはないから, $(0, 0) \in X$ は K の頂点の像になっている. K の頂点の h による像を, $h(\hat{K}) = \{b_0^+, \cdots, b_k^+\} \cup \{b_0^-, \cdots, b_l^-\}$, $b_0^+ = b_0^- = (0, 0)$, $b_i^+ \in X^+$, $i = 0, \cdots, k$, $b_j^- \in X^-$ $j = 0, \cdots, l$ とする. $a_i^+ = h^{-1}(b_i^+)$, $i = 0, \cdots, k$, $a_j^- = h^{-1}(b_j^-)$, $j = 0, \cdots, l$ とすると,

$$\begin{aligned}K = &\{|a_i^+ a_{i+1}^+| \mid i = 0, \cdots, k-1\} \cup \{|a_j^- a_{j+1}^-| \mid j = 0, \cdots, l-1\} \cup \{|a_k^+ a_0^+|, |a_l^- a_0^-|\} \\ &\cup \{|a_i^+| \mid i = 0, \cdots, k\} \cup \{|a_j^-| \mid j = 0, \cdots, l\}\end{aligned}$$

である. $c_1 \in C_1(K)$ とすると

$$c_1 = \sum_{i=0}^{k-1} n_i \langle a_i^+, a_{i+1}^+ \rangle + n_k \langle a_k^+, a_0^+ \rangle + \sum_{j=0}^{l-1} m_j \langle a_j^-, a_{j+1}^- \rangle + m_l \langle a_l^-, a_0^- \rangle, \quad n_i, m_j \in \boldsymbol{Z},$$

$$\begin{aligned}\partial c_1 &= \sum_{i=0}^{k-1} n_i (\langle a_{i+1}^+ \rangle - \langle a_i^+ \rangle) + n_k (\langle a_0^+ \rangle - \langle a_k^+ \rangle) + \sum_{j=0}^{l-1} m_j (\langle a_{j+1}^- \rangle - \langle a_j^- \rangle) + m_l (\langle a_0^- \rangle - \langle a_l^- \rangle) \\ &= \sum_{i=1}^{k-1} (n_{i-1} - n_i) \langle a_i^+ \rangle + (n_{k-1} - n_k) \langle a_k^+ \rangle + (n_k - n_0) \langle a_0^+ \rangle \\ &\quad + \sum_{j=1}^{l-1} (m_{j-1} - m_j) \langle a_j^- \rangle + (m_{l-1} - m_l) \langle a_l^- \rangle + (m_l - m_0) \langle a_0^- \rangle,\end{aligned}$$

だから,

$$\partial c_1 = 0 \Leftrightarrow n_0 = n_1 = \cdots = n_{k-1} = n_k,\ \ m_0 = m_1 = \cdots = m_{l-1} = m_l.$$

したがって,

$$Z_1(K) = \left\{ n\left(\sum_{i=0}^{k-1}\langle a_i^+, a_{i+1}^+\rangle + \langle a_k^+, a_0^+\rangle\right) + m\left(\sum_{j=0}^{l-1}\langle a_j^-, a_{j+1}^-\rangle + \langle a_l^-, a_0^-\rangle\right) \middle| n, m \in \boldsymbol{Z} \right\},$$
$$= \boldsymbol{Z} + \boldsymbol{Z}.$$

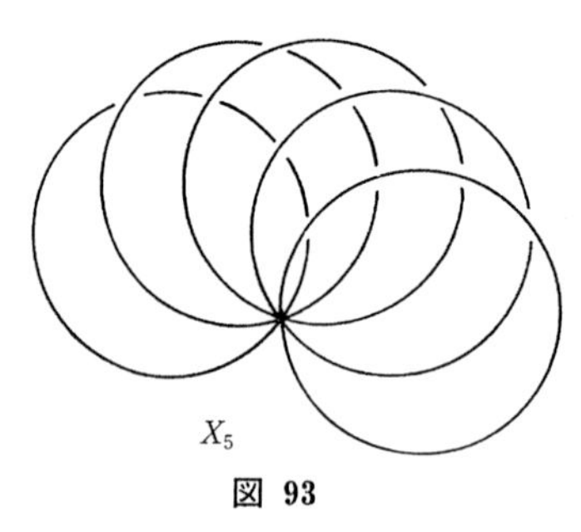

図 93

後は，定理 28.2 と同様にして，次を得る.

$$H_i(K) = \begin{cases} \boldsymbol{Z}, & i=0, \\ \boldsymbol{Z}+\boldsymbol{Z}, & i=1. \end{cases}$$ ☺

問題 28.1.　$X_m \subset \boldsymbol{R}^3$ を 1 点だけで交わる m 個の円周とする(図 93). X_m の単体分割を $h: |K| \to X_m$ としたとき，Kのホモロジー群は,

$$H_i(K) = \begin{cases} \boldsymbol{Z}, & i=0, \\ \boldsymbol{Z}+\cdots+\boldsymbol{Z}\ (m\text{個}), & i=1 \end{cases}$$

となることを示せ.

次に 2 次元の場合を考える.

定理 28.3.　2 次元円板 $D^2 = \{(x, y) \mid x^2+y^2 \leqq 1\}$ の単体分割を $h: |K| \to D^2$ とすると，次が成り立つ.

$$H_i(K) = \begin{cases} \boldsymbol{Z}, & i=0, \\ \{0\}, & i=1, 2. \end{cases}$$

証明　Kがあるトリーにカラプスすることを示す. D^2 の境界 $\partial D^2 = \{(x, y) \in \boldsymbol{R}^2 \mid x^2+y^2=1\}$ 上に写されるKの頂点を $a_0, \cdots, a_n$ とすると，$|a_0a_1|, \cdots, |a_{n-1}a_n|, |a_na_0|$ はKの 1 次元単体であり，hによって ∂D^2 に写される. このとき，hは同相写像だから $|a_0a_1|$ を辺にもつ 2 次元単体 $|a_0a_1b_0|$ が唯一つだけ存在する. $h(b_0)$ はD^2の内部にあるから$|a_0b_0|$を辺にもつ 2 次元単体は $|a_0b_0a_1|$ の他にもう 1 つだけ存在する. それを $|a_0b_0b_1|$ とする(図 94).

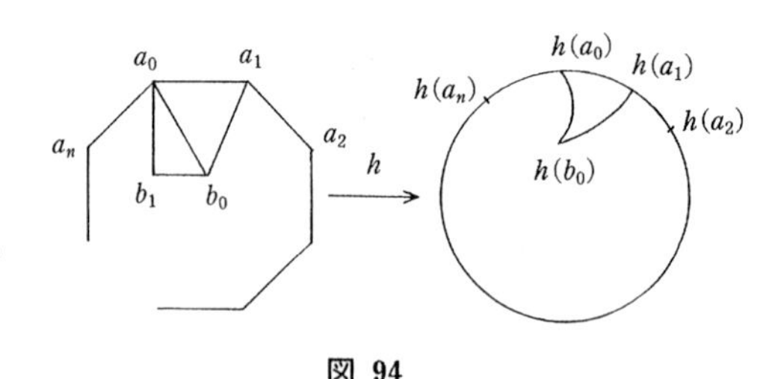

図 94

$|a_0a_1|$ はKにおける自由な辺だから，Kは $K_1 = K - \{|a_0a_1b_0|, |a_0a_1|\}$ にカラプスする. $|a_0b_0|$ は K_1 において $|a_0b_0b_1|$ の自由な辺だから，K_1 は $K_2 = K_1 - \{|a_0b_0b_1|, |a_0b_0|\}$ にカラプスする. これを繰り返して，Kの 2 次元単体をすべてをカラプスすることができる. 最後に残った 1 次元単体的複体Lが単体ループをもたないことを示す. 仮に，$|\alpha_0\alpha_1|, |\alpha_1\alpha_2|, \cdots, |\alpha_{k-1}\alpha_k|, |\alpha_k\alpha_0|,$

$\alpha_i \neq \alpha_j$, $(i \neq j)$を単体ループとする．このとき，$h(|\alpha_0\alpha_1| \cup \cdots \cup |\alpha_{k-1}\alpha_k| \cup |\alpha_k\alpha_0|)$は D^2 の中の単純なループの像となる．ジョルダンの閉曲線定理(定理 22.3)により D^2 はこの閉曲線によって内側と外側に分けられる．この閉曲線の内側はKのいくつかの2次元単体の像で埋められているから，KにおいてもLはいくつかの2次元単体で埋められているはずである．ところが，これらの2次元単体はL以外に自由な辺をもたないから，Lにカラプスすることはできず，これはLの決め方に反する．また，Kが連結だからLも連結であり，Lはトリーである．☹

定理 28.4.　2次元球面 S^2 の単体分割を $h: |K| \to S^2$ とすると，Kのホモロジー群は次で与えられる．

$$H_i(K) = \begin{cases} \boldsymbol{Z}, & i=0,2, \\ \{0\}, & i=1. \end{cases}$$

証明　Kの2次元単体の1つを$\sigma_0 \in K$とし，$K' = K - \{\sigma_0\}$ とすると K' も単体的複体である．このとき，Kは向き付け可能である．実際，2次元単体 $\sigma_0 = |abc|$ の h による像の内部に1点 p_0 をとり，p_0 を北極 $n=(0,0,1)$ に回転させてから立体射影 $\sigma: S^2 - \{n\} \to \boldsymbol{R}^2$ を考える．$\sigma \circ h$ による K' の2次元単体の像を考えるとそれらはもはや単体ではないが，頂点の順序を決めるという意味で向きを考えることができる．それらは平面上にあるから，同調する向きを次次に決められ，σ_0 の像の境界にも自然に向きが決まる(図 95)．最後に σ_0 に適当な向きをいれればKに同調した向きがはいる．さて，鎖複体 $C_i(K), \partial_i$, $i=0,1,2$ と$C_i(K'), \partial'_i$, $i=0,1,2$ を比べる．まず $C_1(K)$ と $C_1(K')$, $C_0(K)$ と $C_0(K')$ は同じである．$C_2(K)$ と $C_2(K')$ は異なるが，$B_1(K)$ と $B_1(K')$ は次に示すように同じである．Kは向き付け可能だから，Kの各2次元単体に同調する向きを与え，$\langle\sigma_0\rangle, \langle\sigma_1\rangle, \cdots, \langle\sigma_s\rangle$ とすると，$\partial(\langle\sigma_0\rangle + \langle\sigma_1\rangle + \cdots + \langle\sigma_s\rangle) = 0$.

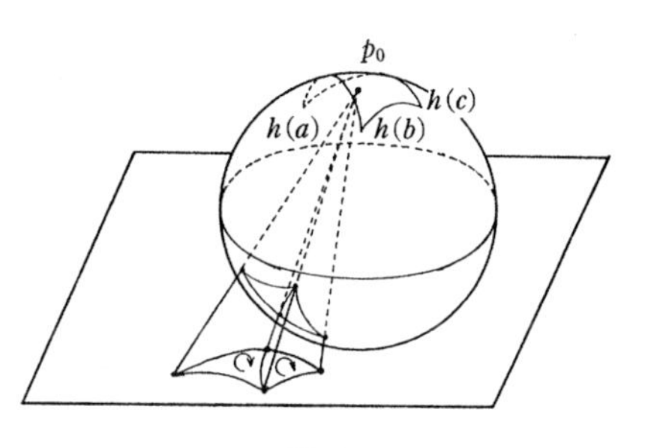

図 95

$b \in B_1(K)$ とすると，$b = \partial\left(\sum_{i=0}^{s} m_i \langle\sigma_i\rangle\right)$．上式より，$\partial_2(\langle\sigma_0\rangle) = \partial_2\left(-\sum_{i=1}^{s}\langle\sigma_i\rangle\right)$で

あり，

$$b=\partial_2\left((m_0\langle\sigma_0\rangle+\sum_{i=1}^{s}m_i\langle\sigma_i\rangle\right)=m_0\partial_2(\langle\sigma_0\rangle)+\partial_2\left(\sum_{i=1}^{s}m_i\langle\sigma_i\rangle\right)$$

$$=\partial_2\left(-m_0\sum_{i=1}^{s}\langle\sigma_i\rangle+\sum_{i=1}^{s}m_i\langle\sigma_i\rangle\right)=\partial_2'\left(\sum_{i=1}^{s}(m_i-m_0)\langle\sigma_i\rangle\right)$$

となり，$b\in B_1(K')$ である．$C_2(K')\subset C_2(K)$ より $B_1(K')\subset B_1(K)$ だから $B_1(K')=B_1(K)$．$Z_1(K')=Z_1(K)$ だから，$H_1(K')=H_1(K)$．K' には自由な辺ができたので定理 28.3 の証明と同様に，K' をトリー L にまでカラプスでき，$H_1(K')=H_1(L)=\{0\}$ である．次に，$c=m\left(\sum_{i=0}^{s}\langle\sigma_i\rangle\right)\in C_2(K)$ とすれば，$\partial c=0$．逆に，$c\in Z_2(K)$ とすると，各1次元単体の両側の2次元単体の係数は等しい．どの2つの2次元単体も次々に隣り合った2次元単体をたどって結ばれるから，すべての $\langle\sigma_i\rangle$ の係数は等しい．すなわち $c=m\sum_{i=0}^{s}\langle\sigma_i\rangle$．したがって，

$$Z_2(K)=H_2(K)=\left\{m\sum_{i=0}^{s}\langle\sigma_i\rangle\,\middle|\,m\in\boldsymbol{Z}\right\}=\boldsymbol{Z}.$$ 😄

定理 28.5.　向き付け可能な閉曲面，

（i）$\tilde{\Omega}(aa^{-1}bb^{-1})$，

（ii）$\tilde{\Omega}(a_1b_1a_1^{-1}b_1^{-1}a_2b_2a_2^{-1}b_2^{-1}\cdots a_kb_ka_k^{-1}b_k^{-1})$ $(k\geqq 1)$

の単体分割で図96によって表されるものを，それぞれ K，K_k とすると，次が成り立つ．

$$H_i(K)=\begin{cases}\boldsymbol{Z}, & i=0,2,\\ \{0\}, & i=1,\end{cases}$$

$$H_i(K_k)=\begin{cases}\boldsymbol{Z}, & i=0,2,\\ \boldsymbol{Z}+\cdots+\boldsymbol{Z}\ (2k\text{ 個}), & i=1.\end{cases}$$

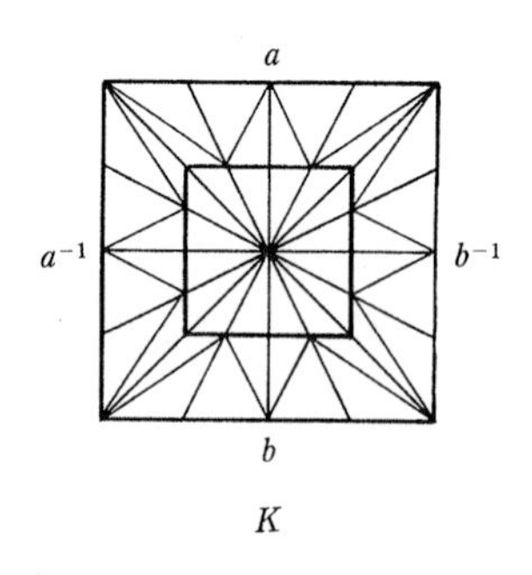

K

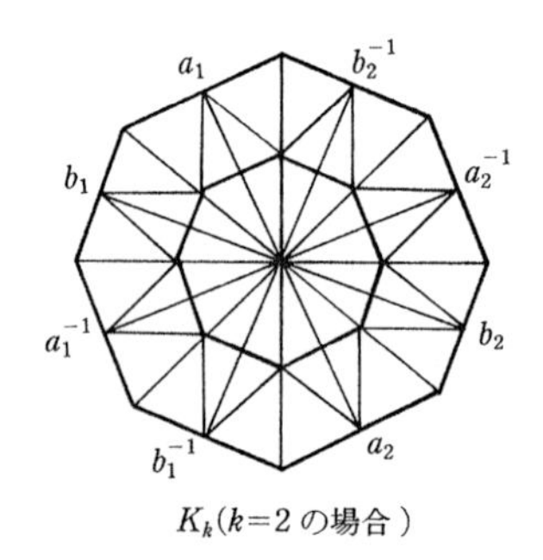

K_k($k=2$ の場合)

図 96

証明 K, K_k は連結で向き付け可能だから，前定理と同様に，$H_i(K)=\boldsymbol{Z}$, $H_i(K_k)=\boldsymbol{Z}$, $i=0,2$ は成り立つ．

（i） K の1つの2次元単体を σ_0 とし，$K'=K-\{\sigma_0\}$ とすると，前定理と同様に $H_1(K)=H_1(K')$ が成り立つ（図97）．K' には自由な辺ができたので K' の単体を次々とカラプスして $\Omega(aa^{-1}bb^{-1})$ の周囲を作る単体的複体 L にまでカラプスできる．L は $aa^{-1}bb^{-1}$ によって同一視されるからトリーである．したがって，$H_1(K)=H_1(K')=H_1(L)=\{0\}$ となる．

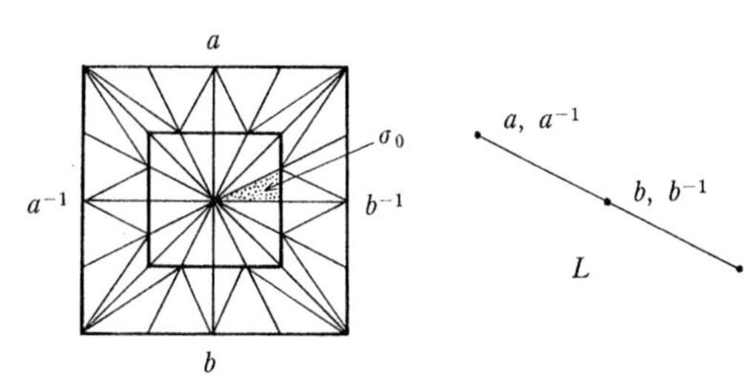

図 97

（ii） K_k についても，2次元単体の1つを σ_0 として，$K_k'=K_k-\{\sigma_0\}$ とする．K_k' を $\Omega(a_1b_1a_1^{-1}b_1^{-1}\cdots a_kb_ka_k^{-1}b_k^{-1})$ の周を作る単体的複体 L_k にカラプスする．$|L_k|$ は1点で交わる $2k$ 個の円周 X_{2k} に同相である（図98）．したがって，問題28.1より次が成り立つ．

$$H_1(K)=H_1(L_k)=\underbrace{\boldsymbol{Z}+\cdots+\boldsymbol{Z}}_{2k\text{ 個}}.$$ ☹

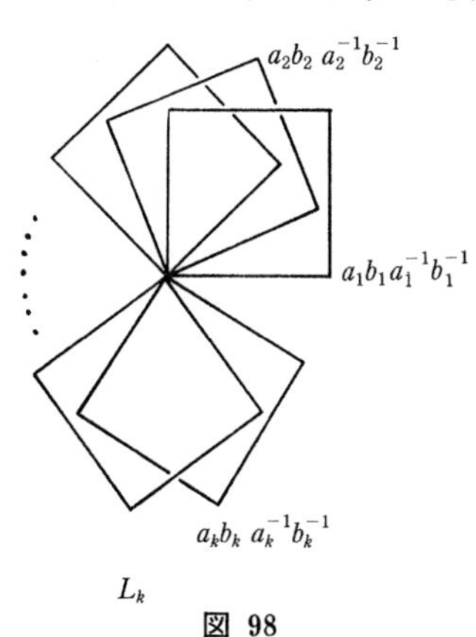

図 98

定理 28.6. 向き付け不可能な閉曲面

（i'） $\tilde{\Omega}(abab)$

（ii'） $\tilde{\Omega}(a_1a_1a_2a_2\cdots a_ka_k)$ $(k\geqq 2)$

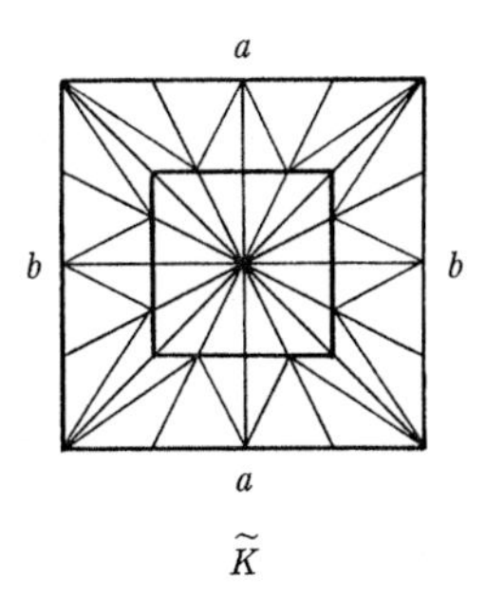

$\widetilde{K}$

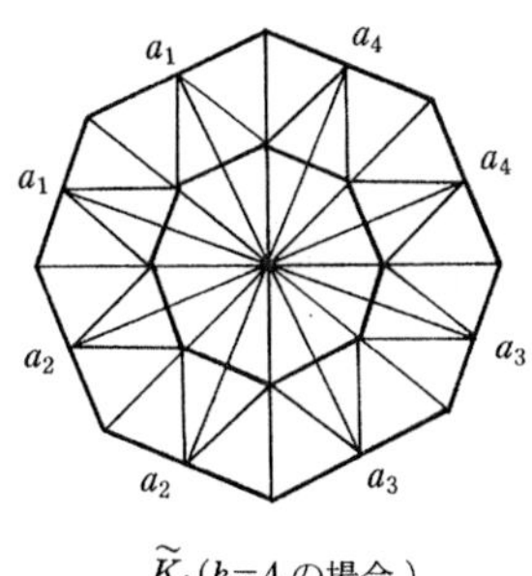

$\widetilde{K}_k$（$k=4$ の場合）

図 99

の単体分割で図99で表されるものを $\tilde{K}, \tilde{K}_k$ とすると次が成り立つ．

$$H_i(\tilde{K})=\begin{cases} \boldsymbol{Z}, & i=0, \\ \boldsymbol{Z}_2, & i=1, \\ \{0\}, & i=2, \end{cases}$$

$$H_i(\tilde{K}_k)=\begin{cases} \boldsymbol{Z}, & i=0, \\ \underbrace{\boldsymbol{Z}+\cdots+\boldsymbol{Z}}_{(k-1)\text{個}}+\boldsymbol{Z}_2, & i=1, \\ \{0\}, & i=2. \end{cases}$$

証明 連結で向き付け不可能だから，$i=0$ と $i=2$ については成り立つ．$i=1$ のとき，

(i′) σ_0 を $\tilde{K}$ の2次元単体とし，$\tilde{K}'=\tilde{K}-\{\sigma_0\}$ とする．$\tilde{K}$ の周囲からなる単体的複体を $L=\{\tau_1, \cdots, \tau_l\}$ とする．$\tilde{K}$ の2次元単体を $\sigma_0, \cdots, \sigma_m$ とし，各単体の向きを平面での左回りとし，1次元単体には2次元単体から導びかれる向きをいれると，

$$\partial_2(\langle\sigma_0\rangle+\langle\sigma_1\rangle+\cdots+\langle\sigma_m\rangle)=2(\langle\tau_1\rangle+\langle\tau_2\rangle+\cdots+\langle\tau_l\rangle)$$

となる．

$\tilde{K}'$ は L にカラプスするから，$H_1(\tilde{K}')=H_1(L)$．L の1次元単体を $\tau_1, \cdots, \tau_8$ とし，$\langle\tau_1\rangle+\cdots+\langle\tau_8\rangle=\gamma$ と書くと $H_1(\tilde{K}')=H_1(L)=\boldsymbol{Z}\gamma$．ただし，$\boldsymbol{Z}\gamma$ は γ で生成される自由加群を表す．したがって，$z_1\in Z_1(\tilde{K}')$ とすれば，$z_1=m\gamma+b_1$，$b_1\in B_1(\tilde{K}')$ と書ける．$B_1(\tilde{K})$を調べる．$c_2\in C_2(\tilde{K})$ とすると，$c_2=l_0\langle\sigma_0\rangle+l_1\langle\sigma_1\rangle+\cdots+l_m\langle\sigma_m\rangle$ であり，

$$\begin{aligned}\partial_2(c_2)&=\partial_2(l_0(\langle\sigma_0\rangle+\cdots+\langle\sigma_m\rangle)+(l_1-l_0)\langle\sigma_1\rangle+\cdots+(l_m-l_0)\langle\sigma_m\rangle)\\&=l_0 2\gamma+\partial_2((l_1-l_0)\langle\sigma_1\rangle+\cdots+(l_m-l_0)\langle\sigma_m\rangle)\end{aligned}$$

が成り立つから，

$$B_1(\tilde{K})=\{2l_0\gamma+b_1 \mid l_0\in\boldsymbol{Z}, b_1\in B_1(\tilde{K}')\}$$

となる．$Z_1(\tilde{K})=Z_1(\tilde{K}')$ だから，

$$H_1(\tilde{K})=Z_1(\tilde{K}_1)/B_1(\tilde{K})=\boldsymbol{Z}\gamma/\{2l_0\gamma \mid l_0\in\boldsymbol{Z}\}=\boldsymbol{Z}/2\boldsymbol{Z}=\boldsymbol{Z}_2$$

である．

(ii′) $\tilde{K}_k$ の場合も $\tilde{K}$ の場合と同様に考えると，

$$H_1(\tilde{K}_k)=\boldsymbol{Z}\langle a_1\rangle+\cdots+\boldsymbol{Z}\langle a_k\rangle/\{2l_0(\langle a_1\rangle+\cdots+\langle a_k\rangle) \mid l_0\in\boldsymbol{Z}\}.$$

となる．ここで，$\langle a_i\rangle$ は向きもこめて，a_i 上の単体の和を表す．問題25.1より，$H_1(\tilde{K}_k)=\underbrace{\boldsymbol{Z}+\cdots+\boldsymbol{Z}}_{(k-1\text{個})}+\boldsymbol{Z}_2$．

定理28.1から定理28.4までは，任意の単体分割について成り立ったが，定理28.5, 28.6においては単体分割を決めておいた．実は，ホモロジー群についても基本群の場合と同じように，ホモトピー不変性，したがって，位相不変性が成り立つ(巻末の付録参照)．

ホモロジー群の位相不変性と定理28.5, 28.6を合せると，異なる標準形をもつ閉曲面はホモロジー群が異なるので，決して同相にならないことがわかり，

閉曲面の分類が完成する.

注意 異なる閉曲面のホモロジー群は一見して同型でないと思われるが，厳密には証明が必要なことである．例えば，$\boldsymbol{Z}$ と $\boldsymbol{Z}+\boldsymbol{Z}$, $\boldsymbol{Z}+\boldsymbol{Z}$ と $\boldsymbol{Z}+\boldsymbol{Z}_2$ などが同型でないことを示す必要がある．これらは有限生成アーベル群の基本定理によって保証されている．詳しくは，例えば巻末参考書 [6] を参照されたい.

演 習 問 題 7

1. $\boldsymbol{R}^N$ の中の $(n+1)$ 個の点 $a_0, \cdots, a_n$ $(n \leqq N)$ が**一般の位置にある**とは，ベクトル，$a_n - a_0, a_{n-1} - a_0, \cdots, a_1 - a_0$ が一次独立のときをいう.

$a_0, \cdots, a_n$ が一般の位置にあるとき，n 次元単体を，

$$|a_0 \cdots a_n| = \left\{ \sum_{i=0}^{n} \lambda_i a_i \,|\, 0 \leqq \lambda_i \leqq 1,\ \sum_{i=0}^{n} \lambda_i = 1 \right\}$$

と決める.

(1) 一般の次元の単体的複体 K を定義せよ.

(2) n 次元単体の向きを定義せよ.

(3) n 次元単体的複体 K に対して，i 次元鎖群 $C_i(K)$, $0 \leqq i \leqq n$ を決めよ.

i 次元境界作用素 $\partial_i : C_i(K) \to C_{i-1}(K)$ を，$\partial_i \langle a_0, \cdots, a_i \rangle = \sum_{j=0}^{i} (-1)^j \langle a_0, \cdots, \widehat{a_j}, \cdots, a_i \rangle$ として決める．ただし $\langle a_0, \cdots, \widehat{a_j}, \cdots, a_i \rangle = \langle a_0, \cdots, a_{j-1}, a_{j+1}, \cdots, a_i \rangle$, ($a_j$ を除いた) を表すとする．このとき，

(4) $\partial_i \circ \partial_{i+1} = 0$, $i = 1, \cdots, n-1$ を示せ.

(5) i 次元サイクル群 $Z_i(K)$, i 次元境界群 $B_i(K)$, i 次元ホモロジー群 $H_i(K)$ を定義せよ.

2. K を 2 次元単体的複体とし，G を加群とする．G を係数とする K のホモロジー群を次のように決める．K の 2 次元単体を $\sigma_1, \cdots, \sigma_u$, 1 次元単体を $\tau_1, \cdots, \tau_v$, 0 次元単体を $\gamma_0, \cdots, \gamma_w$ とする.

$$C_2(K;\ G) = \left\{ \sum_{j=1}^{u} g_j \langle \sigma_j \rangle \,\middle|\, g_j \in G \right\},$$

$$C_1(K;\ G) = \left\{ \sum_{j=1}^{v} g_j \langle \tau_j \rangle \,\middle|\, g_j \in G \right\},$$

$$C_0(K;\ G) = \left\{ \sum_{j=1}^{w} g_j \langle \gamma_j \rangle \,\middle|\, g_j \in G \right\}$$

とする．(本文中の $C_i(K)$ は $G = \boldsymbol{Z}$ の場合であった.)

$G = \boldsymbol{Z}$ のときと同様にして，

(1) $C_i(K;\ G)$ も加群になることを示せ.

(2) 境界作用素 $\partial_i : C_i(K;\ G) \to C_{i-1}(K;\ G)$ を定義し，$\partial_i \circ \partial_{i-1} = 0$ を示せ.

(3) $B_i(K;\ G) = \mathrm{Im}\,\partial_{i+1}$, $Z_i(K;\ G) = \mathrm{Ker}\,\partial_i$ としたとき，

$B_i(K;\ G) \subset Z_i(K;\ G)$ であること，したがって，

$$H_i(K;\ G)=Z_i(K;\ G)/B_i(K;\ G),\quad i=0,1,2$$

が定義されることを示せ．$H_i(K;\ G)$ を G を係数とする K の i 次元ホモロジー群とよぶ．

（4）$G=\boldsymbol{R}$ とする．$C_i(K;\ \boldsymbol{R})$ は有限次元のベクトル空間となるが，境界作用素 ∂_i：$C_i(K;\ \boldsymbol{R})\to C_{i-1}(K;\ \boldsymbol{R})$ は線形写像であることを確かめよ．

（5）$C_i(K;\ \boldsymbol{R})\supset Z_i(K;\ \boldsymbol{R})\supset B_i(K;\ \boldsymbol{R})$ が成り立ち，それぞれの包含関係は部分空間になっていることを示し，$H_i(K;\ \boldsymbol{R})=Z_i(K;\ \boldsymbol{R})/B_i(K;\ \boldsymbol{R})$ がベクトル空間となることを示せ．

（6）$b_i=\dim H_i(K;\ \boldsymbol{R})$, $i=0,1,2$, $\beta_i=\dim C_i(K;\ \boldsymbol{R})$ としたとき，オイラー・ポアンカレの公式 $b_0-b_1+b_2=\beta_0-\beta_1+\beta_2=\chi(K)$ が成り立つことを示せ．

3.　定理 28.5 において，$H_i(K;\ \boldsymbol{R})$, $H_i(K_k;\ \boldsymbol{R})$ の次元を求めよ．

4.　定理 28.6 において，$H_i(\tilde{K};\ \boldsymbol{R})$, $H_i(\tilde{K}_k;\ \boldsymbol{R})$ の次元を求めよ．

5.　三角形の三辺を図 100 のように同一視して得られる位相空間 X について，単体分割 $h:|K|\to X$ を1つ与え，それについてホモロジー群を求めよ．

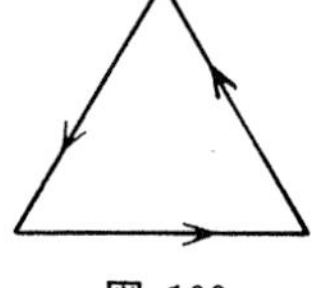

図 100

第8章

力　学　系

常微分方程式の解の振る舞いを定性的に調べることに始まった力学系理論は，系の安定性を中心とした理論的研究が進む一方で，カオス，フラクタルといった新しい話題が出現し，物理，工学等，多方面の関心をよんでいる．ここでは，この方面への入門として，円周上の微分同相写像，トーラス上のアノソフ微分同相写像を調べる．後者は単純に記述されるが，その振る舞いは複雑でカオスとよばれる現象が出現する点で興味深い．

§29.　力学系

Xを距離空間とする．連続写像$\phi: X\times\boldsymbol{R}\to X$が次の条件を満たすとき，$\phi$を$X$上の**連続的力学系**あるいは**フロー**(流れ)という．

(DS_1)　$\forall s, t\in\boldsymbol{R},\ \phi(x, s+t)=\phi(\phi(x, s), t)$,

(DS_2)　$\forall x\in X,\ \phi(x, 0)=x$.

例 29.1.　$X=\boldsymbol{R},\ \phi: \boldsymbol{R}\times\boldsymbol{R}\to\boldsymbol{R},\ \phi(x, t)=xe^{\lambda t}$，$(\lambda\in\boldsymbol{R})$ とすると，ϕは連続的力学系である．これは常微分方程式 $dx/dt=\lambda x$ の解である．

例 29.2.　$X=S^1=\{(\cos\theta, \sin\theta)\in\boldsymbol{R}^2 \mid \theta\in\boldsymbol{R}\}$ として，

$$\phi((\cos\theta, \sin\theta), t)=(\cos(\theta+\lambda t), \sin(\theta+\lambda t))$$

とすると，$\phi: S^1\times\boldsymbol{R}\to S^1$ も $(DS_1), (DS_2)$ を満たす．

X上の連続的力学系$\phi: X\times\boldsymbol{R}\to X$があるとき，$\phi_t(x)=\phi(x, t)$ とおくことによって，写像の集まり$\phi_t: X\to X,\ t\in\boldsymbol{R}$が得られる．$(DS_1)$ (DS_2) の条件をϕ_tを用いて表すと次のようになる．

$(DS_1)'$　$\phi_{s+t}=\phi_t\circ\phi_s$,

$(DS_2)'$　$\phi_0 = id_X$.

問題 29.1.　$\phi_t : X \to X$ が連続であることを示せ．

注意　上の $(DS_1)'$, $(DS_2)'$ を満たす連続写像の集まり $\phi_t : X \to X$, $t \in \boldsymbol{R}$ が与えられてもそれだけでは連続的力学系とはいえない．$\phi_t(x)$ は x, t の2つの変数に関しての連続性が必要である．しかし，簡単のために，連続的力学系 $\phi : X \times \boldsymbol{R} \to X$ の代りとして連続的力学系 $\{\phi_t\}$ とも書く．

連続的力学系の定義において，実数全体の集合 $\boldsymbol{R}$ を整数全体の集合 $\boldsymbol{Z}$ に置き換えると離散的力学系の概念が得られる．$\boldsymbol{Z}$ を $\boldsymbol{R}$ の部分空間として考えると，1点からなる集合は開集合であるから $\boldsymbol{Z}$ は離散位相をもつ．

連続写像 $\phi : X \times \boldsymbol{Z} \to X$ が

$(DS_1)''$　$\forall m, n \in \boldsymbol{Z}$,　　$\phi(x, m+n) = \phi(\phi(x, m), n)$,

$(DS_2)''$　$\forall x \in X$,　　$\phi(x, 0) = x$

を満たすとき，ϕ を**離散的力学系**という．

写像 $f : X \to X$ を $f(x) = \phi(x, 1)$ と決めれば，$(DS_1)''$ より，$\phi(x, m) = \phi(\phi(x, m-1), 1) = f \circ \phi(x, m-1) = f \circ \phi(\phi(x, m-2), 1) = f \circ f \circ \phi(x, m-2) = f^2 \circ \phi(x, m-2) = f^3 \circ \phi(x, m-3) = \cdots = f^m(x)$ が得られる．次に述べる問題29.2から f は同相写像である．そこで，同相写像 $f : X \to X$ のことも離散的力学系とよぶ．以下，主として連続的力学系の理論について述べるが，離散的力学系についても対応する結果が成り立つ．命題，証明の記述において $\boldsymbol{R}$ を $\boldsymbol{Z}$ に置き換えればよい．また，混同の恐れがないときは，連続的，離散的という言葉を省き単に力学系と書く．

命題 29.1.　$\phi : X \times \boldsymbol{R} \to X$ を連続的力学系とする．任意の $t \in \boldsymbol{R}$ に対して，$\phi_t : X \to X$ は同相写像であり，$\phi_t^{-1} = \phi_{-t}$ である．

証明　(DS_1), (DS_2) を用いると，$\phi_t(\phi_{-t}(x)) = \phi_{t+(-t)}(x) = \phi_0(x) = x$ となり，$\phi_t \circ \phi_{-t} = id_X$ が成り立つ．同様に，$\phi_{-t} \circ \phi_t = id_X$ となり，$\phi_t^{-1} = \phi_{-t}$ である．😄

問題 29.2.　離散的力学系について，上の命題に対応する結果を証明せよ．

$x, y \in X$ に対して，$\exists t$; $y = \phi_t(x)$ が成り立つとき x と y は**同じ軌道上にある**という．集合 $O(x) = \{y \mid y = \phi_t(x), t \in \boldsymbol{R}\}$ を x の**軌道**という．

問題 29.3.　同じ軌道上にあるという関係は同値関係であることを証明せよ．

上の問題29.3から空間 X はその軌道に分割される(定理 3.1)．

命題 29.2.　(i)　$X = \bigcup_{x \in X} O(x)$,

(ii)　$O(x) \cap O(y) \neq \phi$ ならば $O(x) = O(y)$ である．

例 29.3.　例29.1においては，$O(x)=\{xe^{\lambda t}|t\in \boldsymbol{R}\}$ であるから，$\lambda\neq 0$ のとき $\boldsymbol{R}$ は次の3つの軌道からなる．$O(-1)=\{x|x<0\}$，$O(0)=\{0\}$，$O(1)=\{x|x>0\}$．$\lambda=0$ のときは，$O(x)=\{x\}$ である（図 101）．

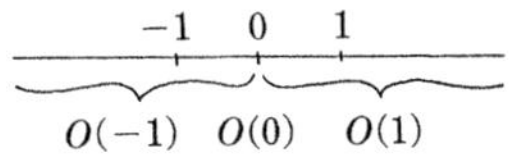

-1　0　1

$O(-1)$　$O(0)$　$O(1)$

図 101

点 $x\in X$ が力学系 $\{\phi_t\}$ の**固定点**であるとは，$\forall t\in \boldsymbol{R}$，$\phi_t(x)=x$ のときをいう．このとき，$O(x)=\{x\}$ である．

例題 29.1.　$\{\phi_t\}$ を X 上の力学系としたとき，集合 $F=\{x|x$ は ϕ_t の固定点$\}$ は X の閉集合である．

証明　$t\in \boldsymbol{R}$ に対して，$\tilde{\phi}_t: X\to X\times X$ を $\tilde{\phi}_t(x)=(x,\phi_t(x))$ と定義すると $\tilde{\phi}_t$ は連続写像である．X は距離空間だから Hausdorff 空間であり，$\Delta=\{(x,x)|x\in X\}\subset X\times X$ は閉集合だから（演習問題3の4．）$F_t=(\tilde{\phi}_t)^{-1}(\Delta)$ も閉集合となり，$\bigcap_{t\in \boldsymbol{R}} F_t$ は閉集合である．$x\in\bigcap_{t\in \boldsymbol{R}} F_t$ とすれば，$\forall t\in \boldsymbol{R}$，$\tilde{\phi}_t(x)=(x,\phi_t(x))\in \Delta$．したがって，$x=\phi_t(x)$ となり $x\in F$ である．逆も成り立つから，$F=\bigcap_{t\in \boldsymbol{R}} F_t$ である．😁

問題 29.4.　力学系 $f: X\to X$ に対して，$F=\{x|f(x)=x\}$ は閉集合であることを証明せよ．

点 $x\in X$ が連続的力学系 $\{\phi_t\}$ の**周期点**であるとは，x が固定点ではなく，$\exists\tau\neq 0$; $\phi_\tau(x)=x$ が成り立つときをいう．このとき，$\phi_\tau(x)=x$ が成り立つ最小の $\tau>0$ を点 x の**周期**という．

問題 29.5.　$\tau\in \boldsymbol{R}$ を固定して，$\tilde{P}_\tau=\{x|\phi_\tau(x)=x\}$ としたとき，$\tilde{P}_\tau$ は閉集合であることを示せ．

注意　P_τ を周期 τ の周期点全体の集合とすると，P_τ は必ずしも閉集合ではない．例えば，$X=\boldsymbol{R}^2$ とし，ϕ_t を角度 t の回転とすると，$P_{2\pi}$ は原点を除いた $\boldsymbol{R}^2$ になる．原点は固定点である．

離散的力学系 $f: X\to X$ に対して，$\exists m\geqq 1$; $f^m(x)=x$ が成り立つとき，x を**周期点**という．$f^m(x)=x$ が成り立つ最小の $m\in \boldsymbol{N}$ を x の**周期**という．周期1の周期点を**固定点**という．

例題 29.2.　力学系 $f: X\to X$ において，x が周期点であることと軌道 $O(x)=\{f^m(x)|m\in \boldsymbol{Z}\}$ が有限集合であることとが同値である．

証明　x を周期点とし，周期を m とする．$x=f^m(x)$ の両辺に f^{-m} を作用させて $f^{-m}(x)=x$．したがって，$\forall k\in \boldsymbol{Z}$，$f^{mk}(x)=x$．$n\in \boldsymbol{Z}$ に対して，$n=mq+r$,

$q\in\boldsymbol{Z}$, $0\leqq r<m$ とすると，$f^n(x)=f^{mq+r}(x)=f^r(f^{mq}(x))=f^r(x)$. したがって，$O(x)=\{f^r(x)\,|\,0\leqq r<m\}$ は有限集合である．

$O(x)$ が有限集合とすると，$f^n(x)$ がすべての n に対して異なるということはないから，$\exists n,n'$; $n>n'$, $f^n(x)=f^{n'}(x)$. $m=n-n'$ とおくと，$f^m(x)=f^{n-n'}(x)=f^{-n'}(f^n(x))=f^{-n'}(f^{n'}(x))=x$. 😊

問題 29.6.　正軌道 $O^+(x)=\{f^m(x)\,|\,m\geqq 0, m\in\boldsymbol{Z}\}$ が有限集合ならば，x が周期点であることを示せ．

X の部分集合 $A\subset X$ が力学系 $\{\phi_t\}$ によって，集合として不変に保たれるとき，すなわち，$\forall t, \phi_t(A)=A$ が成り立つとき，A を**不変集合**という．

例 29.4.　x の軌道 $O(x)$ は不変集合である．なぜなら，任意の $s\in\boldsymbol{R}$ に対して，$\phi_s(O(x))=\phi_s(\{\phi_t(x)\,|\,t\in\boldsymbol{R}\})=\{\phi_s(\phi_t(x))\,|\,t\in\boldsymbol{R}\}=\{\phi_{s+t}(x)\,|\,t\in\boldsymbol{R}\}=\{\phi_t(x)\,|\,t\in\boldsymbol{R}\}=O(x)$ が成り立つからである．

例題 29.3.　$\forall t\in\boldsymbol{R}$, $\phi_t(A)\subset A$ ならば A は不変集合である．

証明　$\phi_t(A)\subset A$ の両辺に ϕ_{-t} をほどこす，$\phi_{-t}(\phi_t(A))=\phi_0(A)=id_X(A)=A$ だから，$A\subset\phi_{-t}(A)$ が得られる．ここで t は任意だったから，$A\subset\phi_t(A)$ も成り立つ．したがって，$\phi_t(A)=A$. 😊

問題 29.7.　固定点全体の集合 F，周期 τ の周期点全体の集合 P_τ, ϕ_τ で動かされない点全体の集合 $\tilde{P}_\tau$ は不変集合であることを示せ．

定理 29.1.　A が不変集合なら A の閉包 $\bar{A}$ も不変集合である．

証明　$x\in\bar{A}$ とすると，定義より $\exists x_i\in A$; $x_i\to x$. A は不変集合だから，$\forall t\in\boldsymbol{R}$, $\phi_t(x_i)\in\phi_t(A)=A$. ϕ_t は連続だから，$\phi_t(x_i)\to\phi_t(x)$ であり，$\phi_t(x)\in\bar{A}$ が成り立つ．結局，$\forall t\in\boldsymbol{R}$, $\phi_t(\bar{A})\subset\bar{A}$ が成り立ち，**例題 29.3** から $\bar{A}$ は不変集合である．😊

簡単な系でありながら，興味深い挙動を示す円周上の回転について調べる．空間 $S^1\subset\boldsymbol{R}^2$ を $S^1=\{[\theta]=(\cos\theta,\sin\theta)\,|\,\theta\in\boldsymbol{R}\}$ と表しておく．実数 α に対して，円周上の回転 $f_\alpha: S^1\to S^1$, $f_\alpha([\theta])=[\theta+2\pi\alpha]$ を離散的力学系と考える．このとき，次が成り立つ．

定理 29.2.　(1)　α が有理数なら，すべての点 $x\in S^1$ は周期点である．

(2)　周期点が存在するなら α は有理数である．

(3)　α が無理数なら，任意の軌道は稠密である．

証明　(1)　α を有理数とすると，$\alpha=n/m$, $m,n\in\boldsymbol{Z}$, n と m は互いに素と

書ける．このとき，任意の点 $[\theta]\in S^1$ に対して，

$$f_\alpha^k([\theta])=[\theta+2\pi k\alpha]=[\theta+2\pi nk/m].$$

だから，nk が m の倍数のときに限って $f_\alpha^k([\theta])=[\theta]$ が成り立つ．n と m が互いに素であるから，$f_\alpha^k([\theta])\neq[\theta]$, $0<k<m$, $f_\alpha^m([\theta])=[\theta]$ となり，$[\theta]$ は周期 m の周期点である．😄

（2） $[\theta]\in S^1$ を周期 m の周期点とする．上の計算により，$f_\alpha^m([\theta])=[\theta]$ なら，$[\theta+2\pi m\alpha]=[\theta]$．したがって，$\exists n\in \boldsymbol{Z}$; $2\pi m\alpha=2\pi n$ となり，α は有理数である．😄

（3） α を無理数とする．（2）により，f_α は周期点をもたない．仮に，$\overline{O(x)}\neq S^1$ とする．定理 29.1 により，$\overline{O(x)}$ は閉不変集合である．したがって，$x\in S^1$, $U=S^1-\overline{O(x)}$ とすれば，f_α は全単射だから，$f_\alpha(U)=S^1-f_\alpha(\overline{O(x)})=S^1-\overline{O(x)}$ となり，U は空でない不変開集合である．したがって，$U=\bigcup_{\gamma\in\Lambda}(a_\gamma, b_\gamma)$, $(a_\gamma<b_\gamma)$ と書ける．ここで，$(a_\gamma, b_\gamma)=\{[\theta]\,|\,a_\gamma<\theta<b_\gamma\}$．このとき，$\gamma\neq\gamma'$ なら $(a_\gamma, b_\gamma)\cap(a_{\gamma'}, b_{\gamma'})=\phi$ にとっておく．U は不変だから，$f_\alpha((a_\gamma, b_\gamma))\subset U$．また，$f_\alpha((a_\gamma, b_\gamma))$ は連結だから，$\exists\gamma'\in\Lambda$; $f_\alpha((a_\gamma, b_\gamma))\subset(a_{\gamma'}, b_{\gamma'})$ となる．f_α^{-1} と $(a_{\gamma'}, b_{\gamma'})$ について同じ議論を行うと $f_\alpha^{-1}((a_{\gamma'}, b_{\gamma'}))\subset(a_\gamma, b_\gamma)$ が成り立ち，$(a_{\gamma'}, b_{\gamma'})\subset f_\alpha(a_\gamma, b_\gamma)$ となる．したがって，$f_\alpha((a_\gamma, b_\gamma))=(a_{\gamma'}, b_{\gamma'})$．この議論を，$(a_{\gamma'}, b_{\gamma'})$ について行うと，$\exists\gamma''\in\Lambda$; $f_\alpha((a_{\gamma'}, b_{\gamma'}))=(a_{\gamma''}, b_{\gamma''})$（図 102）．$f_\alpha$ は長さを変えないから，この操作を続けるとある $m>0$ に対して，$f_\alpha^m((a_\gamma, b_\gamma))=(a_\gamma, b_\gamma)$ となる．もし，そうでなければ，S^1 の中に同じ長さの無限個の集合 $f_\alpha^m((a_\gamma, b_\gamma))$, $m\in\boldsymbol{N}$ が存在することになり，S^1 の長さが有限であることに矛盾する．一方，$f_\alpha^m(a_\gamma, b_\gamma))=(a_\gamma, b_\gamma)$ が成り立てば，$f_\alpha^m(a_\gamma)=a_\gamma$ が成り立ち，a_γ が周期点となり（2）に矛盾する．☹

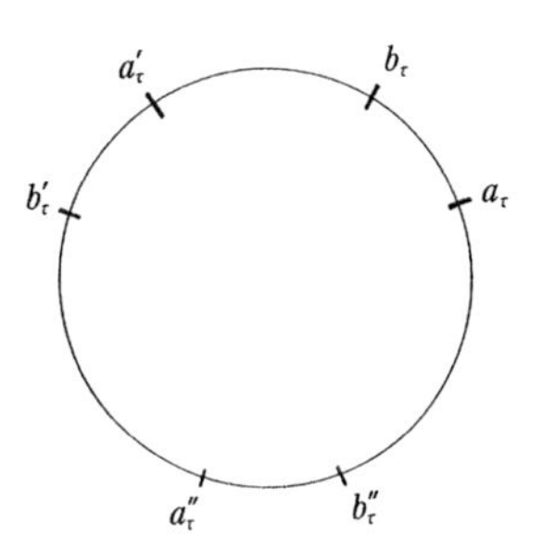

図 102

§30. トーラス変換

2次元ユークリッド空間 $\boldsymbol{R}^2$ 上に次のように同値関係をいれる．$x=(x_1, x_2)$, $y=(y_1, y_2)\in\boldsymbol{R}^2$ に対して，

$$(x_1, x_2)\sim(y_1, y_2)\Leftrightarrow x_1-y_1\in\boldsymbol{Z},\ \ x_2-y_2\in\boldsymbol{Z}.$$

この同値関係による商空間を T^2 と書き，2次元トーラスという．すなわち，$T^2=\boldsymbol{R}^2/\sim=\{C((x,y))\mid(x,y)\in\boldsymbol{R}^2\}$，$C((x,y))=\{(x+k,y+l)\mid k,l\in\boldsymbol{Z}\}$ である．簡単のため，$C((x,y))$ を $[x,y]$ と表す．写像 $\pi:\boldsymbol{R}^2\to T^2$ を自然な射影，すなわち，$\pi((x,y))=[x,y]$ とする．T^2 は商空間の位相で，コンパクト Hausdorff 空間であり，π は被覆写像である(図 103)(問題 13.4 参照)．

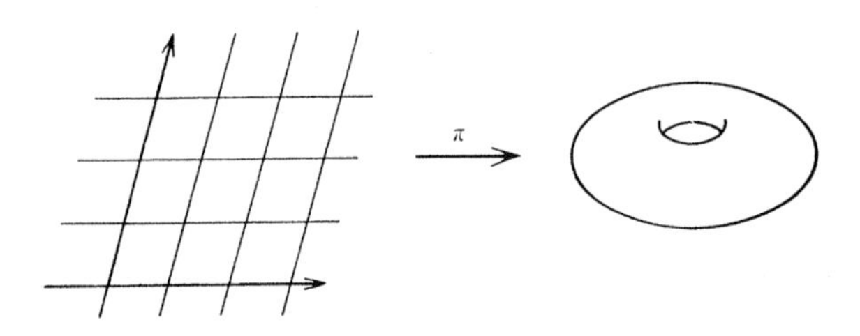

図 103

いま，行列 $A=\begin{bmatrix} a & b \\ c & d \end{bmatrix}$ で決まる $\boldsymbol{R}^2$ から $\boldsymbol{R}^2$ への線形変換 $L_A:\boldsymbol{R}^2\to\boldsymbol{R}^2$ を考える．すなわち，

$$L_A(x,y)=A\begin{bmatrix} x \\ y \end{bmatrix}=\begin{bmatrix} a & b \\ c & d \end{bmatrix}\begin{bmatrix} x \\ y \end{bmatrix}$$

とする．これについて，次が成り立つ．

命題 30.1.　(1)　$a,b,c,d\in\boldsymbol{Z}$ ならば，$\pi\circ L_A=F_A\circ\pi$ となる連続写像 $F_A:T^2\to T^2$ が一意的に存在する(図 104)．

(2)　さらに，$|ad-bc|=1$ ならば，F_A は同相写像である．

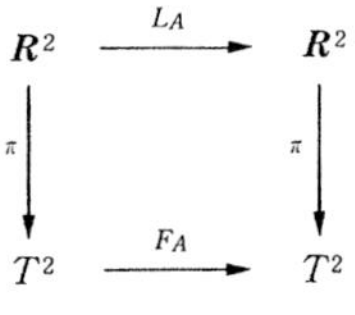

$$\begin{array}{ccc} \boldsymbol{R}^2 & \xrightarrow{L_A} & \boldsymbol{R}^2 \\ \downarrow{\scriptstyle\pi} & & \downarrow{\scriptstyle\pi} \\ T^2 & \xrightarrow{F_A} & T^2 \end{array}$$

図 104

証明　$L_A(x,y)=(X,Y)$ とおくと，$X=ax+by$，$Y=cx+dy$．$[x,y]=[x',y']\in T^2$ とすると，$\exists k,l\in\boldsymbol{Z}$; $x'=x+k$，$y'=y+l$．$L_A(x',y')=(X',Y')$ とおくと，

$$X'=ax'+by'=a(x+k)+b(y+l)=X+(ak+bl),$$
$$Y'=cx'+dy'=c(x+k)+d(y+l)=Y+(ck+dl).$$

$a,b,c,d\in\boldsymbol{Z}$，$k,l\in\boldsymbol{Z}$ より，$ak+bl$，$ck+dl\in\boldsymbol{Z}$ だから，$(X,Y)\sim(X',Y')$．したがって，$F_A([x,y])=[L_A(x,y)]$ によって，$F_A:T^2\to T^2$ を定義することができ，$F_A\circ\pi=\pi\circ L_A$ が成り立つ．また，$F_A\circ\pi=\pi\circ L_A$ が成り立つことは，$F_A([x,y])=[L_A(x,y)]$ を意味し，一意性も成り立つ．

$F_A:T^2\to T^2$ の連続性を示す．$U\subset T^2$ を開集合とすると．$\pi^{-1}(U)\subset\boldsymbol{R}^2$ も開

集合, したがって, $\pi^{-1}(F_A^{-1}(U))=(F_A\circ\pi)^{-1}(U)=(\pi\circ L_A)^{-1}(U)=L_A^{-1}(\pi^{-1}(U))$ も, L_A の連続性から開集合であり, $F_A^{-1}(U)$ も開集合である. 😁

(2) $ad-bc=\pm1$ であるから, $A^{-1}=\pm\begin{bmatrix} d & -b \\ -c & a \end{bmatrix}$, 各成分が整数だから, $F_{A^{-1}}: T^2\to T^2$ が定義される. 決め方から, $F_A\circ F_{A^{-1}}=id_{T^2}$, $F_{A^{-1}}\circ F_A=id_{T^2}$ が成り立ち, F_A は同相写像である. 😁

命題の条件を満たす A に対する $F_A: T^2\to T^2$ を**線形トーラス変換**, あるいは簡単に, **トーラス変換**という.

系 30.1. 自然数 n に対して, $\pi\circ L_A^n=F_A^n\circ\pi$ が成り立つ.

証明 n に関する帰納法で示す. $n=1$ の場合は命題 30.1 である. $n=k$ のときを仮定して, $n=k+1$ のときを示す. $\pi\circ L_A^{k+1}=(\pi\circ L_A^k)\circ L_A=(F_A^k\circ\pi)\circ L_A=F_A^k\circ(\pi\circ L_A)=F_A^k\circ(F_A\circ\pi)=F_A^{k+1}\circ\pi$. 😁

上の系により, ある点 $[x_0, y_0]\in T^2$ の F_A に関する振る舞いを調べるには, (x_0, y_0) の L_A に関する振る舞いを調べればよいことがわかる.

定理 30.1. トーラス変換 $F_A: T^2\to T^2$ に対して, 次が成り立つ.

(1) $[0,0]$ は F_A の固定点である.

(2) T^2 上の有理点, すなわち, x, y が有理数である $[x, y]$ は F_A の周期点である.

証明 (1) $L_A(0,0)=(0,0)$ だから, $F_A([0,0])=F_A(\pi(0,0))=\pi(L_A(0,0))=\pi(0,0)=[0,0]$ となる. 😁

(2) $[x,y]\in T^2$ を有理点とする. $x=q_1/p_1$, $y=q_2/p_2$, $p_1, q_1, p_2, q_2\in\boldsymbol{Z}$ と書けるが, 通分して, $x=r/p$, $y=s/p$ としておく. $F_A([x,y])=[x_1, y_1]$ とすると, $x_1=r_1/p$, $y_1=s_1/p$, $r_1, s_1\in\boldsymbol{Z}$ と書けることを示す.

$$x_1=ax+by=ar/p+bs/p=(ar+bs)/p,$$
$$y_1=cx+dy=cr/p+ds/p=(cr+ds)/p.$$

$a, b, c, d\in\boldsymbol{Z}$ だから, $r_1=ar+bs$, $s_1=cr+ds\in\boldsymbol{Z}$. さらに, $F_A([x_1, y_1])=[x_2, y_2]$ とすれば, 全く同じ議論で, $x_2=r_2/p$, $y_2=s_2/p$, $r_2, s_2\in\boldsymbol{Z}$. この議論を繰り返せば, 任意の正の整数 n に対して, $F_A^n([x,y])=[x_n, y_n]$ としたとき, $x_n=r_n/p$, $y_n=s_n/p$, $r_n, s_n\in\boldsymbol{Z}$ が成り立つ. したがって,

$$\begin{aligned} O^+([x,y]) &= \{F_A^n([x,y])\,|\,n\geqq0,\ n\in\boldsymbol{Z}\} \\ &= \{[r_n/p, s_n/p]\,|\,n\geqq0,\ n\in\boldsymbol{Z}\} \\ &\subset \{[i/p, j/p]\,|\,i, j\in\boldsymbol{Z}\} \end{aligned}$$

$$=\{[i/p, j/p] \mid 0 \leqq i, j \leqq p-1\}$$

となり，$O^+([x, y])$ は有限集合である．問題 29.6 より $[x, y]$ は周期点である．☺

系 30.2. トーラス変換の周期点全体は稠密である．

証明 $\boldsymbol{Q}\times\boldsymbol{Q}$ は $\boldsymbol{R}^2$ の中で稠密である．実際，$\boldsymbol{Q}$ は $\boldsymbol{R}$ の中で稠密だから，$\forall(x, y)\in\boldsymbol{R}^2$, $\exists p_i, q_i\in\boldsymbol{Q}$, $i\in\boldsymbol{N}$, $p_i\to x$, $q_i\to y$ がいえ，$(p_i, q_i)\to(x, y)$ となる．写像 π は連続だから，$[p_i, q_i]=\pi(p_i, q_i)\to\pi(x, y)=[x, y]$ も成り立つ．定理 30.1 より，$[p_i, q_i]$ は周期点だから周期点全体は T^2 で稠密である．☺

トーラス変換 $F_A: T^2\to T^2$ が**双曲的**とは，A が双曲的，すなわち，A の固有値の絶対値が 1 に等しくないときをいう．

ある $x\in\boldsymbol{R}^2$（または $x\in\boldsymbol{C}^2$），$(x\neq 0)$ に対して $Ax=\lambda x$ が成り立つ実数または複素数 λ を A の固有値という．x を λ に属する固有ベクトルとよぶ．

T^2 を次のように距離空間とする．T^2 は $S^1\times S^1$ と同相であった．S^1 は $\boldsymbol{R}^2$ の部分空間として距離空間であるから，S^1 上の距離を d_1 として，$S^1\times S^1$ に距離 d_0 を，$d_0((x_1, y_1), (x_2, y_2))=\sqrt{d_1(x_1, x_2)^2+d_1(y_1, y_2)^2}$ によって決める．$h: T^2\to S^1\times S^1$ を同相写像として，T^2 上の距離 d を，$d(p, q)=d_0(h(p), h(q))$ と決める．トーラス変換 $F_A: T^2\to T^2$ に対して，点 $p\in T^2$ の**安定集合** $W^s(p)$ を次のように決める．

$$W^s(p)=\{q\in T^2 \mid n\to\infty \text{ のとき，} d(F_A^n(p), F_A^n(q))\to 0\}$$

また，p の**不安定集合** $W^u(p)$ を

$$W^u(p)=\{q\in T^2 \mid n\to-\infty \text{ のとき，} d(F_A^n(p), F_A^n(q))\to 0\}$$

と決める．

p が不動点の場合は安定集合，不安定集合は次のようになる．

$$W^s(p)=\{q\in T^2 \mid n\to\infty \text{ のとき，} d(p, F_A^n(q))\to 0\},$$

$$W^u(p)=\{q\in T^2 \mid n\to-\infty \text{ のとき，} d(p, F_A^n(q))\to 0\}.$$

双曲的トーラス変換 $F_A: T^2\to T^2$ に対しては，安定集合 $W^s(p)$，不安定集合 $W^u(p)$ を求めることができる．

補題 30.1. 成分が整数の行列 A が双曲的なとき，A の固有値は無理数であり，A の固有ベクトルの傾きも無理数である．

証明 A の固有値を λ，固有ベクトルを v とする．$v\neq 0$ で $Av=\lambda v$ が成り立つから $(A-\lambda I)v=0$ で，$A-\lambda I$ は逆行列をもたず，その行列式は 0．すなわ

ち，λは固有方程式 $t^2-(a+d)t+(ad-bc)=0$ の解である．λが複素数解であれば，もう1つの解は共役複素数 $\bar{\lambda}$ であるから，$\lambda\bar{\lambda}=ad-bc=\pm1$ となり，$|\lambda|\neq1$ に反する．上の2次方程式の解を $\lambda_1, \lambda_2(\lambda_1>\lambda_2)$ とする．

$$\lambda_1=\{(a+d)+\sqrt{(a+d)^2-4}\}/2,$$
$$\lambda_2=\{(a+d)-\sqrt{(a+d)^2-4}\}/2$$

である．a, d は整数だから，$\sqrt{(a+d)^2-4}$ が無理数であることを示せばよい．一般に，nを正の整数とするとnが平方数でない限り $\sqrt{n}$ は無理数である（証明は演習問題8の1.）．$|a+d|=2$ なら，$|\lambda_1|=|\lambda_2|=1$ となり仮定に反する．$|a+d|\geqq3$ とし，$\sqrt{(a+d)^2-4}$ を有理数とすると，$(a+d)^2-4=m^2$，$m\in\boldsymbol{N}$ となる．ところが，$|a+d|\geqq3$ だから，$m>2$．一方，$(m+1)^2=m^2+2m+1>m^2+5\geqq m^2+4=(a+d)^2$ だから，$|a+d|\leqq m$ となり，$(a+d)^2-4=m^2$ は成り立たない．したがって，$\sqrt{(a+d)^2-4}$ は無理数であり，λ_1, λ_2 も無理数となる．

λ_1 に属する固有ベクトルを v_1，λ_2 に属する固有ベクトルを v_2 とする．$v_1=\begin{bmatrix} x_1 \\ y_1 \end{bmatrix}$ とすれば，$Av_1=\lambda_1v_1$ より，$(a-\lambda_1)x_1+by_1=0$．したがって，$y_1/x_1=b/(\lambda_1-a)$ も無理数である．v_2 についても同様である．☹

以下，$|\lambda_1|<1<|\lambda_2|$ のとき，すなわち，$\lambda_1+\lambda_2=a+d<0$ のときを考える．$a+d>0$ の場合は λ_1 と λ_2 とを入れ代えて考えればよい．

定理 30.2.　双曲的トーラス変換 $F_A: T^2\to T^2$ の安定集合，不安定集合について，次が成り立つ．

（1）　$W^s([0,0])=\pi(L(v_1))$，$W^u([0,0])=\pi(L(v_2))$，ただし，$L(v_1)=\{tv_1|t\in\boldsymbol{R}\}$，$L(v_2)=\{tv_2|t\in\boldsymbol{R}\}$ である．

（2）　$W^s([0,0])$，$W^u([0,0])$ はともに T^2 の中で稠密である．

証明　まず，$\pi(L(v_1))$ が T^2 の中で稠密であることを示す．直線 $L(v_1)$ と直線 $x=n$ との交点を $q_n=(n, \alpha_n)$ とおく．このとき，$\alpha_n=n\alpha_1$ で，補題30.1より，$\alpha_1(=y_1/x_1)$ は無理数である．

$L(v_1)+(a,b)=\{tv_1+\begin{bmatrix} a \\ b \end{bmatrix}|t\in\boldsymbol{R}\}$ と表すことにして，$q_n=(n, \alpha_n)\in L(v_1)$ に注意して，

$$\pi(L(v_1))=\pi(\bigcup_{n\in\boldsymbol{Z}}L(v_1)+(-n,0))=\pi(\bigcup_{n\in\boldsymbol{Z}}L(v_1)+(-n,0)+(n,\alpha_n))$$
$$=\pi(\bigcup_{n\in\boldsymbol{Z}}L(v_1)+(0,\alpha_n))=\pi(\bigcup_{n\in\boldsymbol{Z}}L(v_1)+(0,\alpha_n-[\alpha_n]))$$

が成り立つ（図 105）．ここで，$[\alpha_n]$ は α_n を越えない最大の整数を表す．

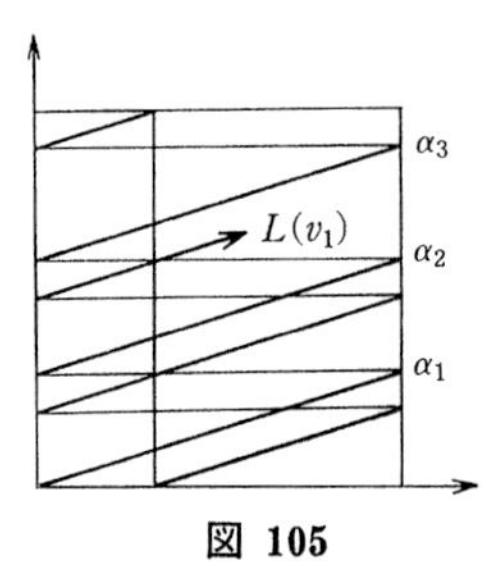

図 105

α_1 が無理数だから，$\{\alpha_n-[\alpha_n]\,|\,n\in\boldsymbol{Z}\}$ は区間 $[0,1]$ の中で稠密である．なぜなら，$\exp:\boldsymbol{R}\to S^1$ を $\exp(t)=(\cos 2\pi t, \sin 2\pi t)$ で定義すれば，$\exp(\alpha_n-[\alpha_n])=\exp(\alpha_n)$ であり，$\exp(\alpha_n)$ は $\exp(\alpha_{n-1})$ を $2\pi\alpha_1$ だけ回転したものだから，定理 29.2 によって，$\{\exp(\alpha_n)\,|\,n\in\boldsymbol{Z}\}$ は S^1 の中で稠密である．したがって，$\{\alpha_n-[\alpha_n]\,|\,n\in\boldsymbol{Z}\}$ が区間 $[0,1]$ の中で稠密である．結局，$\bigcup_{n\in\boldsymbol{Z}}L(v_1)+(0,\alpha_n-[\alpha_n])$ は $[0,1]\times[0,1]$ の中で稠密である．$\pi|_{[0,1]\times[0,1]}:[0,1]\times[0,1]\to T^2$ は連続な全射であるから，$\pi(L(v_1))=\pi(\bigcup_{n\in\boldsymbol{Z}}L(v_1)+(0,\alpha_n-[\alpha_n]))$ も T^2 の中で稠密である．

同様にして，$\pi(L(v_2))$ も T^2 の中で稠密である．

$q=[x,y]\in\pi(L(v_1))$ とする．系 30.1 より，

$$F_A^n(q)=F_A^n(\pi(x,y))=\pi\circ L_A^n(x,y).$$

$(x,y)\in L(v_1)$ だから，$L_A^n(x,y)=L_A^{n-1}(\lambda_1(x,y))=\cdots=\lambda_1^n(x,y)$．したがって，$|\lambda_1|<1$ だから，$n\to\infty$ のとき，$L_A^n(x,y)\to(0,0)$．π は連続だから，$n\to\infty$ のとき，$F_A^n(q)=\pi\circ L_A^n(x,y)\to(0,0)$ となり，$q\in W^s([0,0])$ となる．すなわち，$\pi(L(v_1))\subset W^s([0,0])$ がいえた．

逆をいう．まず，$\boldsymbol{R}^2$ 上の距離を次のノルムから入るものにとる．v_1, v_2 は一次独立だから，$\forall\xi\in\boldsymbol{R}^2$, $\exists a,b\in\boldsymbol{R}$; $\xi=av_1+bv_2$．このとき，$\|\xi\|=\sqrt{a^2+b^2}$ とする．このノルムによっても，通常のノルムの場合と同じ位相が導かれ，$\exists m, M>0$; $m\|\xi\|\leqq|\xi|\leqq M\|\xi\|$ が成り立つ(定理 10.1)．このとき，次が成り立つ．

$$\begin{aligned}\|L_A(x,y)\|&=\|\lambda_1av_1+\lambda_2bv_2\|=\sqrt{(\lambda_1a)^2+(\lambda_2b)^2}\leqq\sqrt{(\lambda_2a)^2+(\lambda_2b)^2}\\&=|\lambda_2|\cdot\|(x,y)\|.\end{aligned}$$

今，$q=[x,y]\in W^s([0,0])$ とすると，$(x,y)=av_1+bv_2$ と表せるが，このとき，$b=0$ を示す．

まず，$U_0=\{(x,y)\,|\,\sqrt{x^2+y^2}\leqq1/2\}$，$V_0=\pi(U_0)$ とすると，$\pi|_{U_0}:U_0\to V_0$ は全単射である．$|\lambda_2|>1$ より，$\exists k>0; |\lambda_2|^{-(k-1)}<1/2$．先に述べた距離による半径 $M^{-1}|\lambda_2|^{-k}$ の原点を中心とする開球を $U\subset\boldsymbol{R}^2$ とする．すなわち，

$$U=\{(x,y)\,|\,\|(x,y)\|<M^{-1}|\lambda_2|^{-k}\}.$$

このとき，$|\xi|\leqq M\|\xi\|$ より $U\subset U_0$ が成り立つ．$V=\pi(U)$ とおくと，π は開

写像だから，Vは $[0,0]$ を含む開集合であり，$q=[x,y]\in W^s([0,0])$ とすると，$\exists N>0; n\geqq N \Rightarrow F_A^n([x,y])\in V\subset V_0$. $F_A^n([x,y])\in V_0$ ならば，$\pi|_{U_0}: U_0\to V_0$ は全単射だから，$\pi(x_n,y_n)=F_A^n([x,y])$ となる $(x_n,y_n)\in U$ が決まる．このとき，

$$(x_n, y_n)=a_n v_1+b_n v_2,\quad a_n, b_n\in \boldsymbol{R}$$

とすると，

$$F_A([x_n, y_n])=[L_A(x_n, y_n)]=[\lambda_1 a_n v_1+\lambda_2 b_n v_2]$$

である．

$$\|L_A(x_n, y_n)\|\leqq|\lambda_2|\|(x_n, y_n)\|\leqq|\lambda_2|\cdot M^{-1}|\lambda_2|^{-k}=M^{-1}|\lambda_2|^{-k+1}$$

より，$L_A(x_n,y_n)\in U_0$ であり，$L_A(x_n,y_n)=(x_{n+1},y_{n+1})$ が成り立つ．

十分大きなある $l>0$ に対して，$L_A^l(x_n,y_n)\notin U$ となることを示す．もし，すべての $l>0$ に対して，$L_A^l(x_n,y_n)\in U$ とすれば，

$$(x_{n+l}, y_{n+l})=L_A^l(x_n, y_n)=\lambda_1^l a_n v_1+\lambda_2^l b_n v_2$$

が成り立つ．

$$\|(x_{n+l}, y_{n+l})\|=\|\lambda_1^l a_n v_1+\lambda_2^l b_n v_2\|\geqq|\lambda_2^l|\cdot\|b_n v_2\|-|\lambda_1^l|\cdot\|a_n v_1\|.$$

これは，$b_n\neq 0$ とすると，$l\to\infty$ のとき，いくらでも大きくなるから，

$$(x_{n+l}, y_{n+l})=L_A^l(x_n, y_n)\in U$$

に矛盾する．そこで，$L_A^l(x_n,y_n)\notin U$ となる l のうち最小のものを$l(0)$とすれば，$L_A^{l(0)-1}(x_n,y_n)\in U$, $L_A^{l(0)}(x_n,y_n)\notin U$ となる．$L_A^{l(0)-1}(x_n,y_n)\in U$ より，$L_A^{l(0)}(x_n,y_n)\in U_0$ だから，$(x_{n+l(0)},y_{n+l(0)})=L_A^{l(0)}(x_n,y_n)$ であり，$F_A^{l(0)}([x_n,y_n])=[(x_{n+l(0)},y_{n+l(0)})]\notin V$ となる．これは，仮定"$n\geqq N\Rightarrow F_A^n([x,y])\in V$"に反するから，$b_n=0$ が成り立ち，$[x_n,y_n]\in\pi(L(v_1))$. したがって，$[x,y]=F_A^{-n}(x_n,y_n)\in F_A^{-n}(\pi(L(v_1)))=\pi(L_A^{-n}(L(v_1)))=\pi(L(v_1))$ となり証明が終わる．

F_A の代りに $F^{-1}{}_A=F_{A^{-1}}$ を考えれば，F_A の不安定集合 $W^u([0,0])$ は $F_{A^{-1}}$ の安定集合 $W^s([0,0])$ に一致し，A と A^{-1} の固有ベクトルは変らないから，$\pi(L(v_2))=W^u([0,0])$ となる．

系 30.3. 任意の $p=[x,y]\in T^2$ に対して，

$$W^s([x,y])=\pi(L(v_1)+(x,y)),$$
$$W^u([x,y])=\pi(L(v_2)+(x,y))$$

が成り立つ．

証明 $[x',y']\in\pi(L(v_1)+(x,y))$をとる．このとき，$(x',y')-(x,y)\in L(v_1)$

としてよい．$n\to\infty$ のとき $L_A^n((x',y')-(x,y))\to(0,0)$ だから，$F_A^n([x',y'])=\pi\circ L_A^n(x',y')=\pi(L_A^n((x',y')-(x,y))+L_A^n(x,y))$ より，$F_A^n([x',y'])\to\pi(L_A^n(x,y))=F_A^n([x,y])$ となり，$[x',y']\in W^s([x,y])$ が成り立つ．

逆に，$[x',y']\in W^s([x,y])$ とすると，$n\to\infty$ のとき，$F_A^n([x',y'])=\pi(L_A^n((x',y')-(x,y))+L_A^n(x,y))\to F_A^n(x,y)=\pi(L_A^n(x,y))$．　π は局所同相だから，$\pi(L_A^n((x',y')-(x,y)))\to[0,0]$ となり，　$[x',y']\in W^s([0,0])=\pi(L(v_1))$が成り立つ．$W^u([x,y])$ については F_A^{-1} を考えればよい．☹

離散的力学系 $f:X\to X$ が**推移的**であるとは次の条件を満たすときをいう．

$$\forall p,q\in X,\forall\varepsilon>0,\ \exists r\in B_\varepsilon(p),\exists n\geqq 0;\ f^n(r)\in B_\varepsilon(q).$$

また，次の条件を**初期値に関する鋭敏性**という(図 106)．

$$\exists\delta>0;\ \forall p\in X,\forall\varepsilon>0,\exists q\in B_\varepsilon(p),\exists n>0;\ d(f^n(p),f^n(q))>\delta.$$

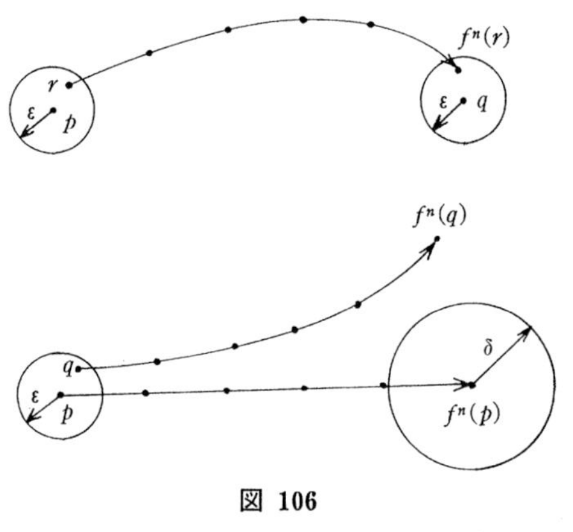

図 106

系 30.4.　双曲的トーラス変換は推移的である．

証明　周期点全体は T^2 の中で稠密であったから，$\exists q_1\in T^2$; 周期点，$d(q,q_1)<\varepsilon/2$．q_1 の周期を m とする．$W^s(q_1)$ も T^2 の中で稠密だから，　$\exists r\in B_\varepsilon(p)\cap W^s(q_1)$．$r\in W^s(q_1)$ より，$\lim_{n\to\infty}d(F_A^n(r),F_A^n(q_1))=0$．したがって，十分大きな $k>0$ に対して，$d(F_A^{mk}(r),F_A^{mk}(q_1))=d(F_A^{mk}(r),q_1)<\varepsilon/2$．結局，$d(F_A^{mk}(r),q)\leq d(F_A^{mk}(r),q_1)+d(q_1,q)<\varepsilon$ が成り立つから，$F_A^{mk}(r)\in B_\varepsilon(q)$ となる．☹

系 30.5.　双曲的トーラス変換は初期値に関する鋭敏性をもつ．

証明　$\delta>0$ を小さくとり，$B_\delta(p)$ が π によって均等に被覆されるようにとる．$\tilde{p}\in\boldsymbol{R}^2$ を $\pi(\tilde{p})=p$ にとり，$\widetilde{B}$ を $\tilde{p}$ を含む $\pi^{-1}(B_\delta(p))$ の連結成分とすると $\pi|_B:\widetilde{B}\to B_\delta(p)$ は同相写像である(図 107)．　$\tilde{q}'\in(L(v_2)+\tilde{p})-\pi^{-1}(B_\delta(p))$ とすると，$\exists n>0$; $L_A^{-n}(\tilde{q}')=\tilde{q}\in\widetilde{B}$．$q=\pi(\tilde{q})$ とすると，$\pi\circ L_A^n(\tilde{q})=F_A^n(q)$ だから，$F_A^n(q)=\pi(\tilde{q}')\notin B_\delta(p)$ となる．😁

初期値に関する鋭敏性は，点 p の位置について少しでも誤差があるとそれが f の反復によって大きくなる可能性があることを意味している．

双曲的トーラス変換は次の3つの性質をもつ.

（1） 周期点全体は稠密である.

（2） 推移性をもつ.

（3） 初期値に関する鋭敏性をもつ.

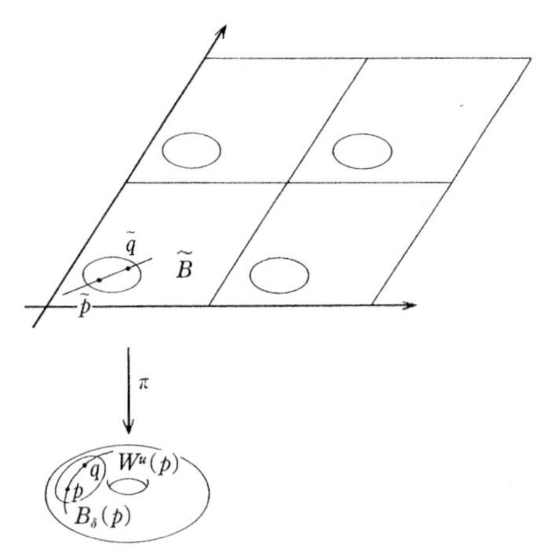

図 107

一般に，上の3つの性質をもつ系を**カオス**という．ただし，カオスという言葉はいろいろな分野で広く使われ，必ずしも一致した定義があるわけではない．上の定義は R.L. Devaney による．普通，上の（3）かそれに似た条件を満たしていることがカオスの必要条件とされている．双曲的トーラス変換のように，系自身には確率的あいまいさは入っていず，完全な決定系であるにもかかわらず，その振る舞いが非常に複雑になる点がカオスの特徴である.

カオスの定義において，実は条件（1），(2）より（3）が導かれる．Xを有限集合でない距離空間とする.

定理 30.3. 力学系$f:X\to X$が推移的で，周期点全体が稠密であるなら，fは初期値に関する鋭敏性をもつ.

証明 $q_1\in X$を周期点とすると，Xは有限集合でないから，$X-O(q_1)\neq\phi$. $a\in X-O(q_1)$とすると，$\exists\gamma>0$; $B_\gamma(a)\subset X-O(q_1)$．周期点全体が稠密なことより，$\exists q_2\in B_\gamma(a)$; 周期点. $\delta_0=\min\{d(x,y)\mid x\in O(q_1), y\in O(q_2)\}$とし，$\delta=\delta_0/8$とおく．次を示す.

（＊） $\forall p\in X,\ \forall\varepsilon>0,\ \exists q\in B_\varepsilon(p),\ \exists n>0;\ d(f^n(p),f^n(q))>\delta.$

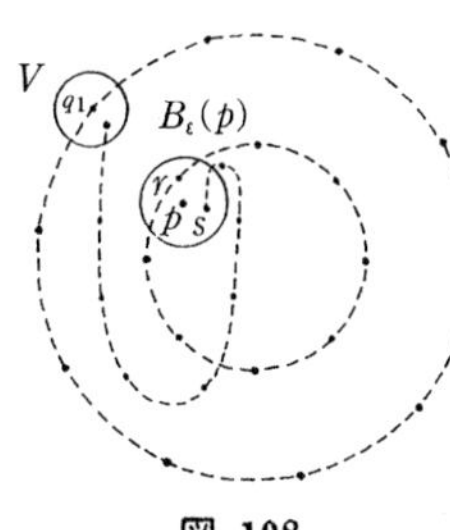

図 108

このとき，$\varepsilon<\delta$としてよい．周期点が稠密なことより，$\exists r\in B_\varepsilon(p)$;周期点．$r$の周期を$m$とする．$\delta_0$の取り方から$r$と$O(q_1)$，$r$と$O(q_2)$の距離のどちらかは$\delta_0/2=4\delta$以上である．どちらでも議論は同じだから，$r$と$O(q_1)$の距離が$4\delta$以上とする．$V=\bigcap_{i=0}^{m} f^{-i}(B_\delta(f^i(q_1)))$とおくと，$V$は開集合で，$q_1\in V$. fが推移的であることより，$\exists s\in B_\varepsilon(p)$, $\exists k>0$; $f^k(s)\in V$. jを$\frac{k}{m}<j\leqq\frac{k}{m}+1$なる自然数とすると，$1\leqq mj-k\leqq m$. したがって，$f^{mj}(s)=f^{mj-k}(f^k(s))\in f^{mj-k}(V)\subset B_\delta(f^{mj-k}(q_1))$，すなわち，$d(f^{mj}(s),f^{mj-k}(q_1))<\delta$. $f^{mj}(r)=r$だから，

$$d(f^{mj}(r),f^{mj}(s))=d(r,f^{mj}(s))$$

$$\geq d(r, f^{mj-k}(q_1)) - d(f^{mj-k}(q_1), f^{mj}(s))$$
$$\geq 4\delta - \delta = 3\delta.$$

したがって，$d(f^{mj}(p), f^{mj}(s)) > \delta$ か $d(f^{mj}(p), f^{mj}(r)) > \delta$ が成り立つ．$r, s \in B_\varepsilon(p)$ だったから，(＊) が示された．☹

演習問題 8

1. 次が成り立つことを示せ．

(1) n を素数とするとき，$\sqrt{n}$ は無理数であることを証明せよ．

(2) $n = p_1 p_2 \cdots p_k$, p_i は相異なる素数としたとき，$\sqrt{n}$ は無理数である．

(3) n を自然数とするとき，$\sqrt{n}$ は無理数であるか自然数である．(Hint：素因数分解を考えよ．)

2. $S^1 = \{[\theta] = (\cos\theta, \sin\theta) \in \boldsymbol{R}^2 \mid \theta \in \boldsymbol{R}\}$ とし，$X = S^1 \times S^1$ とする．実数 a に対して，$\varphi : X \times \boldsymbol{R} \to X$ を $\varphi(([\theta], [\gamma]), t) = ([\theta + 2\pi t], [\gamma + 2\pi a t])$ と決めたとき，次を示せ．

(1) φ は連続的力学系である．

(2) a が有理数なら φ のすべての軌道は周期軌道である．

(3) a が無理数なら φ のすべての軌道が X の中で稠密である．

3. (Σ, d) を演習問題2の5 における距離空間，$\sigma : \Sigma \to \Sigma$ を同じく同相写像とする．$\sigma : \Sigma \to \Sigma$ を離散的力学系と考えたとき，

(1) σ の固定点を求めよ．

(2) 周期2, 3の周期点を求めよ．

(3) P を σ の周期点全体とするとき，P は Σ の中で稠密であることを証明せよ．

(4) σ は推移的であることを示せ．

(5) σ は初期値に関する鋭敏性をもつことを示せ．

4. $\varphi_t : X \to X$, $t \in \boldsymbol{R}$ を力学系とする．点 $p \in X$ は，次が成り立つとき**遊走点**，そうでないとき**非遊走点**という．

$$\exists V : p \text{ の開近傍}, \ \exists t_0; \ \forall t, \ |t| > t_0 \Rightarrow \varphi_t(V) \cap V = \phi$$

非遊走点全体の集合を Ω，すなわち，

$$\Omega = \{p \in X \mid \forall V; \ p \text{ の開近傍}, \ \forall t_0, \exists t; \ |t| > t_0, \varphi_t(V) \cap V \neq \phi\}$$

とするとき，次が成り立つことを証明せよ．

(1) $\Omega^+ = \{p \in X \mid \forall V; \ p \text{ の開近傍}; \ \forall t_0, \exists t; \ t > t_0, \ \varphi_t(V) \cap V \neq \phi\}$ としたとき，$\Omega^+ = \Omega$ を示せ．

(2) Ω は不変な閉集合である．

(3) $P = \{x \in X \mid \exists t \neq 0; \ \varphi_t(x) = x\}$ としたとき，$\bar{P} \subset \Omega$ を示せ．

付　　録

ホモロジー群の位相不変性

この付録では，ホモロジー群の位相不変性，正確にはより強くホモトピー不変性を示す．

§ A1.　基本細分と重心細分

$\sigma = |a_0 \cdots a_q|$ を $\boldsymbol{R}^N$ の中の q 次元単体とする．このとき，

$$\mathring{\sigma} = \left\{ x \in \boldsymbol{R}^N \,\middle|\, x = \sum_{i=0}^{q} \lambda_i a_i,\ 0 < \lambda_i \leqq 1,\ \sum_{i=0}^{q} \lambda_i = 1 \right\}$$

を σ の**内部**という(図 109)．($q = N$ の場合は内点全体の集合としての内部と一致するが，$q < N$ の場合はそうでない．)

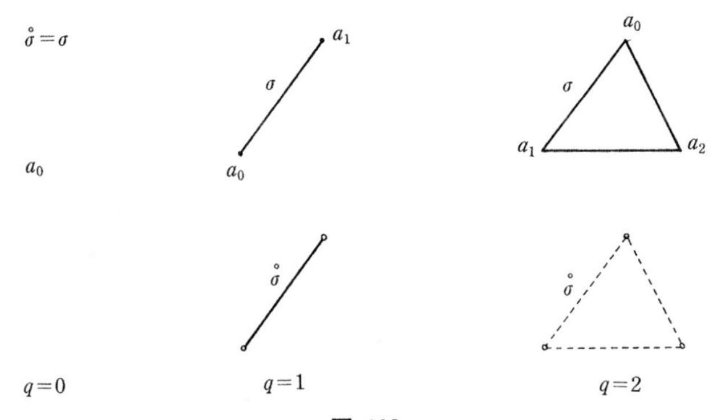

図 109

$\mathring{\sigma}$ は σ からその σ 以外の辺単体を取り除いたものだから，単体的複体 K に対して，$|K| = \bigcup_{\sigma \in K} \mathring{\sigma}$ が成り立つ．$\sigma, \sigma' \in K$ のとき，$\sigma \cap \sigma'$ は空でなければ σ と σ' の共通の辺であったから，$\sigma \neq \sigma'$ なら $\mathring{\sigma} \cap \mathring{\sigma}' = \phi$ が成り立つ．したがって，x

$\in|K|$ に対して，$\mathring{\sigma}\ni x$ となる σ が唯一つだけ決まる．この σ を x の**支持単体**とよび，$\sigma_{(x)}$ と書く．

q 次元単体 $\sigma=|a_0\cdots a_q|$ に対して，$v\in\mathring{\sigma}$ をとり，σ の1つの頂点 a_i を v と取り換えると σ は $(q+1)$ 個の小さな q 次元単体 $\sigma_i=|a_0\cdots a_{i-1}va_{i+1}\cdots a_q|, i=0,\cdots,q$ に分割される．$\tau>\sigma$ である τ についても，σ の各頂点を v と取り換えると τ も $(q+1)$ 個の単体に分割される(図 110).

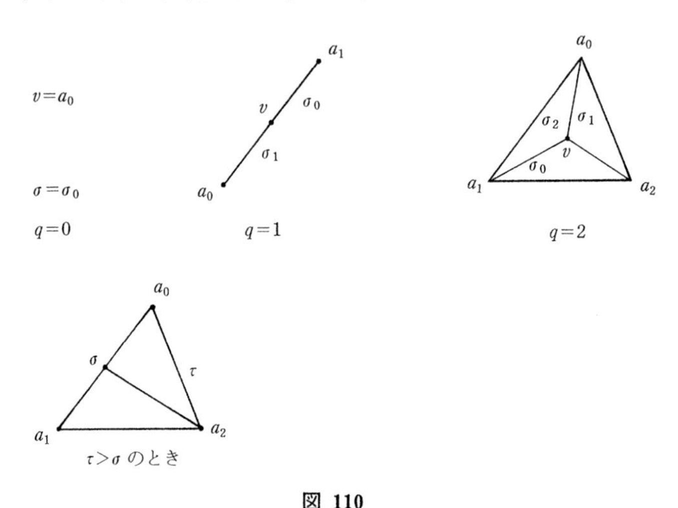

図 110

K の1つの q 次元単体 σ の重心を $\hat{\sigma}$ とすると $\hat{\sigma}\in\mathring{\sigma}$ である．$v=\hat{\sigma}$ として，$\tau>\sigma$ であるすべての τ を $(q+1)$ 個の単体に分割し，$\tau>\sigma$ でない τ はそのままにして得られる単体の集合を K' とすると K' も単体的複体である(図 111). K' を K の $\hat{\sigma}$ による**基本細分**とよぶ．K の単体すべてを次元の高いものから低いものへ $\sigma_1,\cdots,\sigma_k$ と並べる．このとき，$\sigma_1,\cdots,\sigma_{k(1)}$ が2次元単体，$\sigma_{k(1)+1},\cdots,\sigma_{k(2)}$ が1次元単体，$\sigma_{k(2)+1},\cdots,\sigma_k$ が0次元単体とする．K の $\hat{\sigma}_1$ による基本細分を K_1, K_1 の $\hat{\sigma}_2$ に関する基本細分を K_2 とし，これを繰り返して最後に得られ

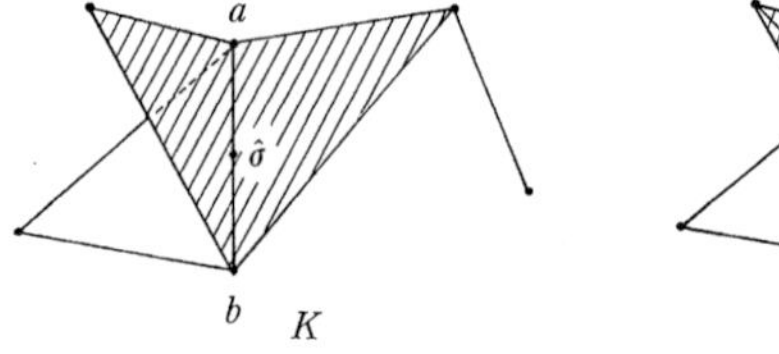

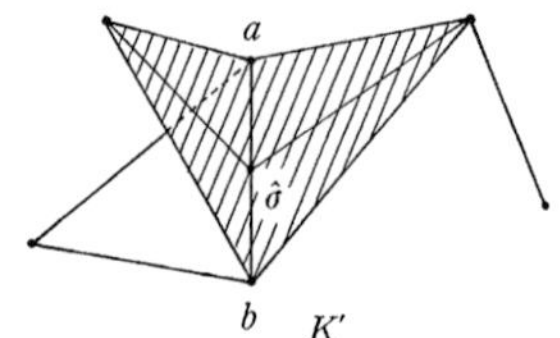

図 111

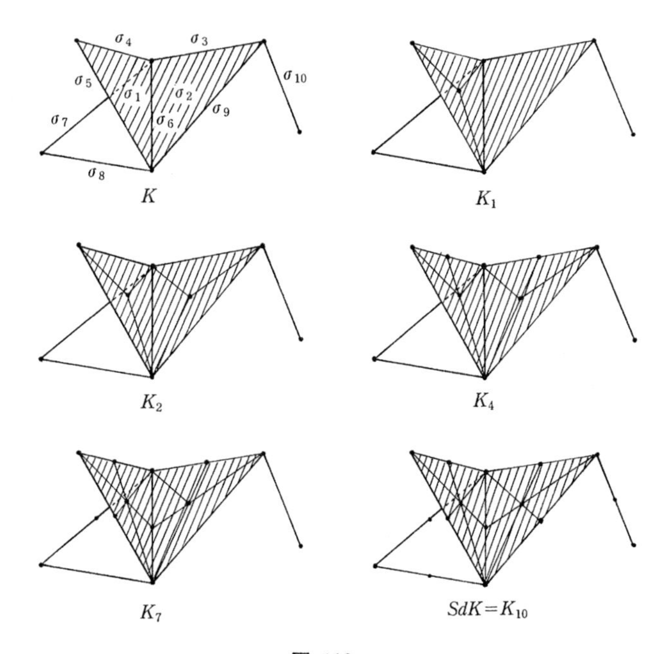

図 112

る単体的複体 $K_k=K_{k(2)}$ を SdK と表し，Kの**重心細分**とよぶ(図 112).

問題 A1.1. 図 112 のKに対して，$L=SdK$ としたとき，SdL を図示せよ.

この節では次の定理を順を追って証明する.

定理 A1.1. Kと SdK のホモロジー群は同型である.

証明 重心細分 SdK は基本細分を繰り返して得られるから，各基本細分でホモロジー群が同型であることを示せばよい. K' をKの σ_0 による基本細分とする. σ_0 の次元が 1 の場合と 2 の場合を示せばよい. ここでは, $\hat{\sigma}_0$ の次元が 1 のときにK' とKのホモロジー群が同型であることを示す. σ_0 の次元が 2 のときも同じ考え方で証明できるので省略する.

$\hat{K}'$ から $\hat{K}$ への単体写像 $\theta:\hat{K}'\to\hat{K}$ を次のように決める. $\sigma_0=|ab|$ とする. $v\in\hat{K}'$ に対して,

$$\theta(v)=\begin{cases} v, & v\neq\hat{\sigma}_0 \text{ の場合}, \\ a, & v=\hat{\sigma}_0 \text{ の場合}. \end{cases}$$

K' の単体は，頂点 a,b を $\hat{\sigma}_0$ に取り換えて得られたのだから θ は単体写像である(図 113). したがって, 鎖写像, $\theta_i:C_i(K')\to C_i(K)$, $i=0,1,2$ が決まる.

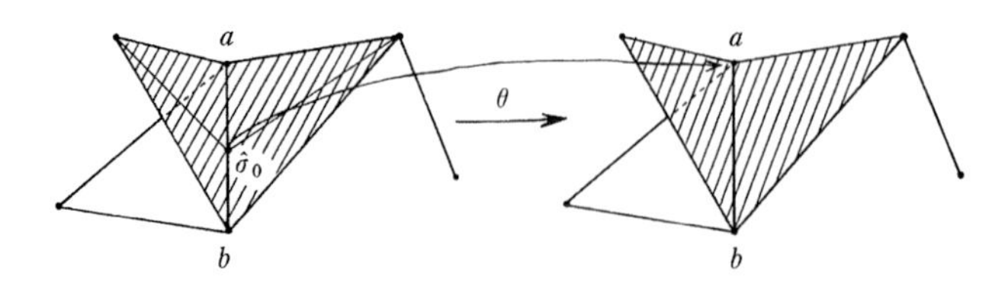

図 113

次に鎖写像，$\chi_i : C_i(K) \to C_i(K')$，$i=0,1,2$ を決める．$\langle\sigma\rangle \in C_0(K)$ に対しては，$\chi_0(\langle\sigma\rangle)=\langle\sigma\rangle$，$\langle\sigma\rangle=\langle\alpha,\beta\rangle\in C_1(K)$ に対して，

$$\chi_1(\langle\sigma\rangle)=\begin{cases}\langle\sigma\rangle, & \sigma\neq\sigma_0 \text{ のとき,}\\ \langle\alpha,\hat{\sigma}_0\rangle+\langle\hat{\sigma}_0,\beta\rangle, & |\alpha\beta|=|ab| \text{ のとき.}\end{cases}$$

$\langle\sigma\rangle=\langle\alpha,\beta,\gamma\rangle\in C_2(K)$ に対して，$\sigma>\sigma_0$ でないときは $\chi_2(\langle\sigma\rangle)=\langle\sigma\rangle$ とし，$\sigma>\sigma_0$ のときは，α,β,γ のうち 2 つが a,b である．残りの 1 つを c と表せば，$\langle\alpha,\beta,\gamma\rangle=\pm\langle a,b,c\rangle$ である．そこで，

$$\chi_2(\langle a,b,c\rangle)=\langle a,\hat{\sigma}_0,c\rangle+\langle\hat{\sigma}_0,b,c\rangle$$

と決める(図 114)．これによって，準同型写像

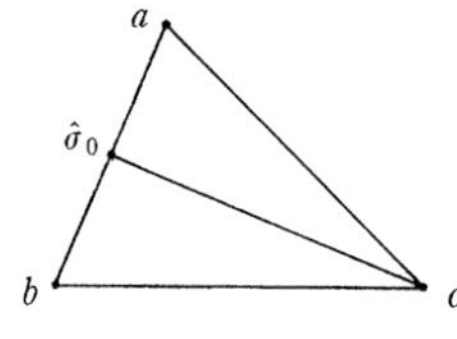

図 114

$$\chi_i : C_i(K)\to C_i(K'),\quad i=0,1,2$$

が決まる．

補題 A1.1.　$\chi_i : C_i(K)\to C_i(K')$，$i=0,1,2$ は鎖写像である．

証明　$\chi_1\circ\partial_2=\partial_2\circ\chi_2$，$\chi_0\circ\partial_1=\partial_1\circ\chi_1$ を示せばよい(図 115)．

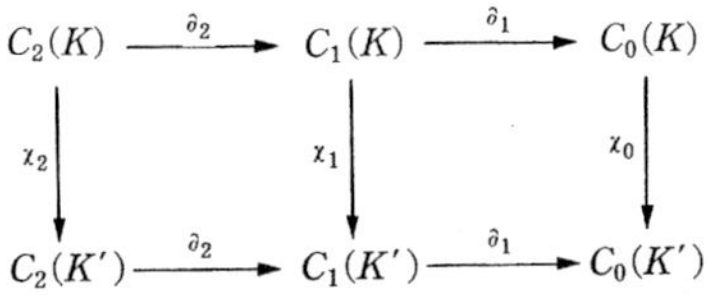

$$\begin{array}{ccccc} C_2(K) & \xrightarrow{\partial_2} & C_1(K) & \xrightarrow{\partial_1} & C_0(K) \\ \downarrow{\scriptstyle \chi_2} & & \downarrow{\scriptstyle \chi_1} & & \downarrow{\scriptstyle \chi_0} \\ C_2(K') & \xrightarrow{\partial_2} & C_1(K') & \xrightarrow{\partial_1} & C_0(K') \end{array}$$

図 115

$\langle\sigma\rangle\in C_2(K)$ とする．

$\sigma>\sigma_0$ でないときは，

$\partial_2(\langle\sigma\rangle)$ は $\langle\sigma_0\rangle$ の項を含まないから，

$$\chi_1(\partial_2(\langle\sigma\rangle)=\partial_2(\langle\sigma\rangle),\quad \partial_2(\chi_2(\langle\sigma\rangle))=\partial_2(\langle\sigma\rangle).$$

$\sigma>\sigma_0$ のとき，$\langle\sigma\rangle=\pm\langle a,b,c\rangle$ であるが，どちらも同じだから $\langle\sigma\rangle=\langle a,b,c\rangle$ とする．

$$\begin{aligned}\chi_1(\partial_2(\langle\sigma\rangle))&=\chi_1(\langle a,b\rangle+\langle b,c\rangle+\langle c,a\rangle)\\ &=\langle a,\hat{\sigma}_0\rangle+\langle\hat{\sigma}_0,b\rangle+\langle b,c\rangle+\langle c,a\rangle,\\ \partial_2(\chi_2(\langle\sigma\rangle))&=\partial_2(\langle a,\hat{\sigma}_0,c\rangle+\langle\hat{\sigma}_0,b,c\rangle)\end{aligned}$$

$$=\langle a,\hat{\sigma}_0\rangle+\langle\hat{\sigma}_0,c\rangle+\langle c,a\rangle+\langle\hat{\sigma}_0,b\rangle+\langle b,c\rangle+\langle c,\hat{\sigma}_0\rangle$$
$$=\langle a,\hat{\sigma}_0\rangle+\langle c,a\rangle+\langle\hat{\sigma}_0,b\rangle+\langle b,c\rangle.$$

結局，$\chi_1(\partial_2(\langle\sigma\rangle))=\partial_2(\chi_2(\langle\sigma\rangle))$ が成り立つ．

$\langle\sigma\rangle\in C_1(K)$ とする．$\sigma\neq\sigma_0$ のときは，$\chi_1(\langle\sigma\rangle)=\langle\sigma\rangle$ だから $\partial_1(\chi_1(\langle\sigma\rangle))=\partial_1(\langle\sigma\rangle)$，$\chi_0(\partial_1(\langle\sigma\rangle))=\partial_1(\langle\sigma\rangle)$．

$\sigma=\sigma_0$ のとき，$\langle\sigma\rangle=\langle a,b\rangle$ とする．

$$\partial_1(\chi_1(\langle a,b\rangle))=\partial_1(\langle a,\hat{\sigma}_0\rangle+\langle\hat{\sigma}_0,b\rangle)$$
$$=\langle\hat{\sigma}_0\rangle-\langle a\rangle+\langle b\rangle-\langle\hat{\sigma}_0\rangle=-\langle a\rangle+\langle b\rangle,$$
$$\chi_0(\partial_1(\langle a,b\rangle))=\chi_0(\langle b\rangle-\langle a\rangle)=\langle b\rangle-\langle a\rangle.$$

結局，$\partial_1(\chi_1(\langle\sigma\rangle)=\chi_0(\partial_1(\langle\sigma\rangle))$ が成り立つ． ☺

鎖写像 θ_i,χ_i から決まるホモロジー群の準同型写像

$$\theta_{*,i}:H_i(K')\to H_i(K) \quad と \quad \chi_{*,i}:H_i(K)\to H_i(K')$$

が互いに逆写像であることを示せば，定理 A1.1 が証明される．

まず，$\theta_i\circ\chi_i=id_{C_i(K)}$，$i=0,1,2$ を示す．$\langle\sigma\rangle\in C_0(K)$ とすると，$\theta_0(\chi_0(\langle\sigma\rangle))=\theta_0(\langle\sigma\rangle)=\langle\sigma\rangle$．$\langle\sigma\rangle\in C_1(K)$ とすると，$\sigma\neq\sigma_0$ のときは，$\theta_1(\chi_1(\langle\sigma\rangle))=\theta(\langle\sigma\rangle)=\langle\sigma\rangle$．$\sigma=\sigma_0$ のとき，$\langle\sigma\rangle=\langle a,b\rangle$ とする．($\langle\sigma\rangle=\langle b,a\rangle$ のときも同様である．)

$$\theta_1(\chi_1(\langle a,b\rangle))=\theta_1(\langle a,\hat{\sigma}_0\rangle+\langle\hat{\sigma}_0,b\rangle)=\langle a,a\rangle+\langle a,b\rangle=\langle a,b\rangle$$

($C_1(K)$ においては，$\langle a,a\rangle=0$ であった．) これで，$\theta_1\circ\chi_1=id_{C_1(K)}$ が示された．$\langle\sigma\rangle\in C_2(K)$ とし，$\sigma>\sigma_0$ でないときは $\theta_2(\chi_2\langle\sigma\rangle)=\theta_2(\langle\sigma\rangle)=\langle\sigma\rangle$ である．$\sigma_0>\sigma_0$ のときは，前と同様に $\langle\sigma\rangle=\langle a,b,c\rangle$ として，

$$\theta_2(\chi_2\langle a,b,c\rangle)=\theta_2(\langle\hat{\sigma}_0,b,c\rangle+\langle a,\hat{\sigma}_0,c\rangle)=\langle a,b,c\rangle+\langle a,a,c\rangle=\langle a,b,c\rangle$$

となり，$\theta_2\circ\chi_2=id_{C_2(K)}$．したがって，$\theta_{*,i}\circ\chi_{*,i}=id_{H_i(K)}$，$i=0,1,2$ が成り立つ．

$\chi_{*,i_0}\circ\theta_{*,i}=id_{H_i(K')}$ を示すために次の補題を用いる．

補題 A1.2. $L=St(\hat{\sigma}_0,K')=\{\tau\in K'\,|\,\tau>\hat{\sigma}_0\}$ としたとき，次が成り立つ．

$$H_i(L)=\begin{cases}\boldsymbol{Z} & i=0,\\ \{0\} & i=1,2.\end{cases}$$

証明 2次元単体 $\tau\in L$ は $\tau=|a\hat{\sigma}_0c|$ の形に書け，$|ac|$ は自由な辺であるから，カラプスできる．他の2次元単体も同様にすべてカラプスできる．残った1次元単体 $\tau'\in L$ は，$\tau'=|\hat{\sigma}_0b|$ の形に書け，b は自由な辺である．結局すべての単体をカラプスして $\{\hat{\sigma}_0\}$ を得る(図 116)．定理 27.1 より，L と $\{\hat{\sigma}_0\}$ の

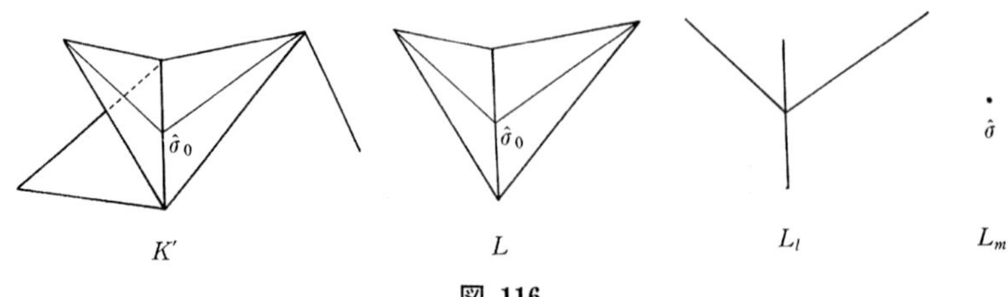

図 116

ホモロジー群は同型であるから，補題 A1.2 が証明された．😊

（補題 A1.1の）**証明**（続き）　$\chi_{*,i}\circ\theta_{*,i}=id_{H_i(K')}$ を示す．$z\in Z_i(K')$，$i=1,2$ とする．$z-\chi_i\circ\theta_i(z)=w$ とすると，$\sigma>\hat{\sigma}_0$ でない σ に対しては $\langle\sigma\rangle-\chi_i\circ\theta_i(\langle\sigma\rangle)=0$ だから，w には $L=St(\hat{\sigma}_0,K')$ の単体しか現れない．したがって，$w\in C_i(L)$ と考えてよい．$\partial w=\partial z-(\chi_i\circ\theta_i(\partial z))=0$ だから，$w\in Z_i(L)$．補題 A1.2 より $H_i(L)=\{0\}$，$i=1,2$ だから，$\exists\eta\in C_{i+1}(L)$；$\partial\eta=w$．$\eta\in C_{i+1}(K')$ と考えてもよいから，$z-\chi_i\circ\theta_i(z)=\partial\eta\in B_i(K')$ となり，

$$(\chi\circ\theta)_{*,i}([z])=[\chi_i\circ\theta_i(z)]=[z],$$

すなわち，$\chi_{*,i}\circ\theta_{*,i}=id_{H_i(K')}$，$i=1,2$.

0 次元ホモロジー群 $H_0(K')$ においては，$[\langle\hat{\sigma}_0\rangle]=[\langle a\rangle]=[\langle b\rangle]$ が成り立つ．

$\langle\sigma\rangle\in C_0(K')$ とすると，

$$\chi_0\circ\theta_0(\langle\sigma\rangle)=\begin{cases}\langle\sigma\rangle & \sigma\neq\sigma_0,\\ \langle a\rangle & \sigma=\sigma_0\end{cases}$$

だから，$\chi_{*,0}\circ\theta_{*,0}([\langle\sigma\rangle])=[\langle\sigma\rangle]$ となり，$\chi_{*,0}\circ\theta_{*,0}=id_{H_0(K')}$ が成り立つ．☹

§ A2.　単体近似

多面体の間の連続写像 $f:|K|\to|L|$ に対して，ホモロジー群の間の準同型写像 $f_{*,i}:H_i(K)\to H_i(L)$ を決めたい．f から単体写像 $\varphi:K\to L$ を決めればよいわけだが，前節の結果により K の代りに SdK，あるいは，$Sd(SdK)=Sd^2K$，$Sd^mK=Sd(Sd^{m-1}K)$ を用いてもよい．十分大きな m に対して，単体写像 $\varphi:Sd^mK\to L$ を決める．

単体的複体 K とその 1 つの頂点 $v\in\hat{K}$ に対して，$st(v,K)=\bigcup_{\sigma>v}\mathring{\sigma}$ と決める．各単体 σ は $|K|$ において閉集合，したがって，$X-st(v,K)=$(v を頂点にもたない単体の和集合）も閉集合であるから $st(v,K)$ は開集合となり，v の開近傍

である．$st(v, K)$ を v の**星状近傍**とよぶ（図 117）．

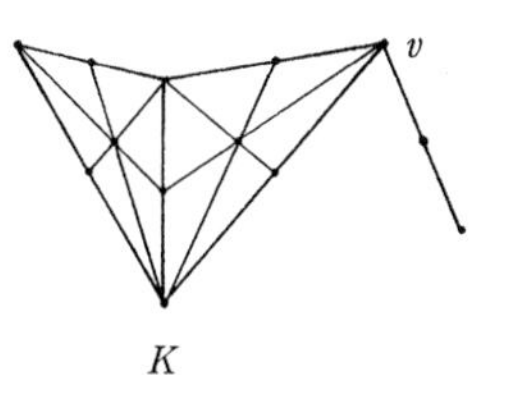

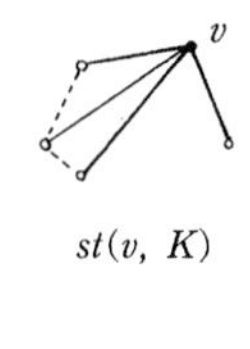

図 117

補題 A2.1.　$a_0, \cdots, a_q \in \hat{K}$ が K の1つの単体の頂点であるためには，$\bigcap_{i=0}^{q} st(a_i, K) \neq \phi$ であることが必要十分である．

証明　$\sigma = |a_0 \cdots a_q| \in K$ とすると，$st(a_i, K) \supset \mathring{\sigma}$, $i=0, \cdots, q$ だから $\bigcap_{i=0}^{q} st(a_i, K) \supset \mathring{\sigma} \neq \phi$ となる．

逆に，$x \in \bigcap_{i=0}^{q} st(a_i, K)$ とする．x の支持単体 $\sigma_{(x)}$ は各 a_i を頂点としてもつ．したがって，$|a_0 \cdots a_q|$ は $\sigma_{(x)}$ の辺をなしており，それ自身 K の1つの単体である．😁

単体写像 $\varphi : \hat{K} \to \hat{L}$ に対して，写像 $\bar{\varphi} : |K| \to |L|$ を次のように決める．$\sigma = |a_0 \cdots a_q| \in K$ とし，$x \in \sigma$ とする．$x = \sum_{i=0}^{q} \lambda_i a_i$, $0 \leqq \lambda_i \leqq 1$, $\sum_{i=0}^{q} \lambda_i = 1$ と表したとき，$\bar{\varphi}_\sigma(x) = \sum_{i=0}^{q} \lambda_i \varphi(a_i)$ とする．$x \in \sigma \cap \tau$ のとき，$\bar{\varphi}_\sigma(x) = \bar{\varphi}_\tau(x)$ が成り立つから，$x = \sum_{i=0}^{q} \lambda_i a_i$ に対して，$\bar{\varphi}(x) = \sum_{i=0}^{q} \lambda_i \varphi(a_i)$ として連続写像 $\bar{\varphi} : |K| \to |L|$ が定義される．

定理 A2.1.（単体近似定理）　連続写像 $f : |K| \to |L|$ に対して，十分大きな m をとれば，単体写像 $\varphi : \widehat{Sd^m K} \to \hat{L}$ で，

$$(*) \qquad \forall a \in \widehat{Sd^m K}, \; f(st(a, Sd^m K)) \subset st(\varphi(a), L)$$

が成り立つものが存在する．

（$*$）が成り立つ φ を f の**単体近似**とよぶ．

補題 A2.2.　連続写像 $f : |K| \to |L|$ に対して，十分大きな m をとれば，次が成り立つ．

$$\forall u \in \widehat{Sd^m K}, \; \exists v \in \hat{L}; \; f(st(u, Sd^m K)) \subset st(v, L).$$

証明　$\{st(v, L) \mid v \in \hat{L}\}$ は $|L|$ の開被覆だから，f の連続性から $\{f^{-1}(st(v, L)) \mid v \in \hat{L}\}$ はコンパクト距離空間 $|K|$ の開被覆である．$\{f^{-1}(st(v, L)) \mid v \in \hat{L}\}$ のルベッグ数を δ とする（定理 12.9）．

図 118

K の単体 σ が SdK において $\sigma_0, \cdots, \sigma_k$ に分割されるとき，σ_i の直径は σ の $\dfrac{2}{3}$ 倍以下である（図 118）．したがって，m を十分大きくとれば，$\forall \sigma \in Sd^m K$, $\operatorname{dia} \sigma < \dfrac{\delta}{2}$ とできる．

このとき，$u\in\widehat{Sd^mK}$ に対して，dia $st(u, Sd^mK)<\delta$．したがって，ルベッグ数の性質から，$\forall u\in\widehat{Sd^mK}$，$\exists v$；$st(u, Sd^mK)\subset f^{-1}(st(v, L))$ が成り立つ．これは，$f(st(u, Sd^mK))\subset st(v, L)$ を意味するから補題が証明された．😁

（定理 A2.1 の）**証明**　補題 A2.2 の m をとり，$K'=Sd^mK$ とする．補題 A2.2 より，各 $u\in\hat{K}'$ に対して，$f(st(u, K'))\subset st(v, L)$ が成り立つ v が存在する．各 u にこのような v を1つ決めることによって，写像 $\varphi:\hat{K}'\to\hat{L}$ を $\varphi(u)=v$ と定義する．$\varphi:\hat{K}'\to\hat{L}$ は単体写像となる．実際，$\sigma=|a_0\cdots a_q|\in K'$ とすると，補題 A2.1 より，$\bigcap_{i=0}^{q}st(a_i, K')\neq\phi$．$b_i=\varphi(a_i)$ とすると，φ の決め方から $f(st(a_i, K'))\subset st(b_i, L)$．したがって，

$$f\Big(\bigcap_{i=0}^{q}st(a_i, K')\Big)\subset\bigcap_{i=0}^{q}f(st(a_i, K'))\subset\bigcap_{i=0}^{q}st(b_i, L)$$

となり，$\bigcap_{i=0}^{q}st(b_i, L)\neq\phi$．再び補題 A2.1 より，$b_0, \cdots, b_q$ は L の単体の頂点である．結局，$\varphi:\hat{K}'\to\hat{L}$ は単体写像である．φ の決め方から条件（＊）が成り立つから，φ は f の単体近似である．😁

例題 A2.1.　$f:|K|\to|L|$ の単体近似を $\varphi:\widehat{Sd^mK}\to\hat{L}$ とするとき，f と $\bar{\varphi}$ はホモトピックである．

証明　$K'=Sd^mK$ とおき，$x\in|K|=|K'|$ とする．x の K' での支持単体を $\sigma_{(x)}=|a_0\cdots a_q|$ とすると，$x=\sum_{i=0}^{q}\lambda_ia_i$，$0<\lambda_i\leqq 1$，$\sum_{i=0}^{q}\lambda_i=1$ と書ける．このとき，条件（＊）より，$f(x)\in f(st(a_i, K'))\subset st(\varphi(a_i), L)$，$i=0, \cdots, q$．$f(x)$ は $\varphi(a_0), \cdots, \varphi(a_q)$ を頂点とする単体 τ に含まれる．したがって，$f(x)$ と $\bar{\varphi}(x)$ はともに単体 τ に含まれ，$f(x)$ と $\bar{\varphi}(x)$ を結ぶ線分も τ に含まれる（図 119）．

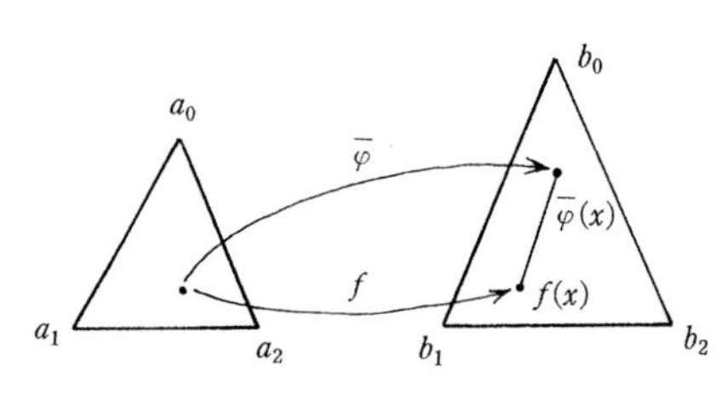

図 119

$x\in|K'|$ に対して，$F(x, t)=t\bar{\varphi}(x)+(1-t)f(x)$ とおくと，F は $|K'|$ から $|L|$ への連続写像として定義される．$F(x, 0)=f(x)$，$F(x, 1)=\bar{\varphi}(x)$ だから，f と $\bar{\varphi}$ はホモトピックである．😁

さて，定理 A1.1 より $H_i(K)$ と $H_i(Sd^mK)$ は同型であった．その同型写像を改めて，$\chi_{m,i}:H_i(K)\to H_i(Sd^mK)$ と書く．

連続写像 $f:|K|\to|L|$ に対して，十分大きな m をとれば単体写像 $\varphi:|Sd^mK|\to|L|$ が存在することがわかったから，$f_{*,i}=\varphi_{*,i}\circ\chi_{m,i}:H_i(K)\to H_i(L)$ とお

いて，$f_{*,i}$を連続写像fから導びかれるホモロジー群の準同型写像としたい．そのためには，$f_{*,i}$がmとφの取り方によらないこと示す必要がある．順を追ってこれを行う．最初に次の代数的な補題を示す．

補題 A2.3.　K, Lを単体的複体，$\varphi_i, \psi_i : C_i(K) \to C_i(L)$，$i=0,1,2$を鎖写像とする．準同型写像$D_i : C_i(K) \to C_{i+1}(L)$，$i=0,1$があって，

$$(**)\qquad D_{i-1}\circ\partial_i + \partial_{i+1}\circ D_i = \varphi_i - \psi_i, \qquad i=0,1,2$$

を満たすとする(図 120)．ただし，$D_{-1}=D_2=0$，$\partial_0=\partial_3=0$とする．

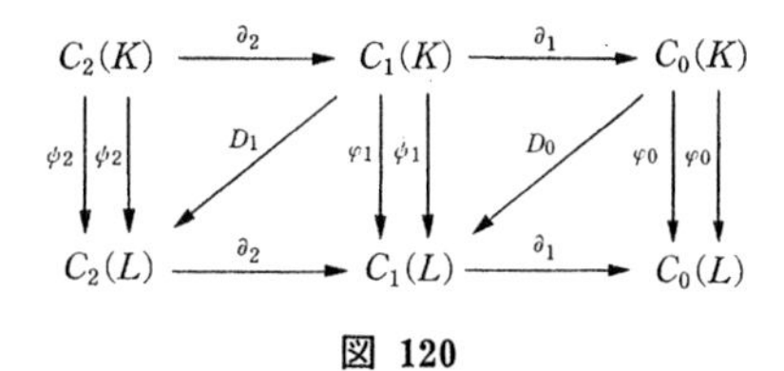

図 120

このとき，φ_i, ψ_iから導びかれるホモロジー群の準同型写像$\varphi_{*,i} : H_i(K) \to H_i(L)$と$\psi_{*,i} : H_i(K) \to H_i(L)$は等しい．

証明　$[z] \in H_i(K)$，$z \in Z_i(K)$とすると，(**)より，

$$\varphi_i(z) - \psi_i(z) = D_{i-1}(\partial_i(z)) + \partial_{i+1}(D_i(z)).$$

$z \in Z_i(K)$より，$\varphi_i(z) - \psi_i(z) = \partial_{i+1}(D_i(z)) \in B_i(L)$となり，$\varphi_{*,i}([z]) = [\varphi_i(z)] = [\psi_i(z)] = \psi_{*,i}([z])$が成り立つ．☹

(**)が成り立つとき$D_i : C_i(K) \to C_{i+1}(L)$，$i=0,1$を**鎖ホモトピー**といい，$\varphi_i$と$\psi_i$が**鎖ホモトピック**であるという．

単体写像$\varphi, \psi : \hat{K} \to \hat{L}$が，次の条件

$$\forall\sigma \in K,\ \exists\tau \in L;\ \tau > \varphi(\sigma),\ \tau > \psi(\sigma)$$

を満たすとき，φとψは**隣接している**という．ここで，$\sigma = |a_0 \cdots a_q|$のとき，$\varphi(\sigma)$は$|\varphi(a_0) \cdots \varphi(a_q)|$を，$\psi(\sigma)$は$|\psi(a_0) \cdots \psi(a_q)|$を表す．

補題 A2.4.　隣接する単体写像$\varphi, \psi : \hat{K} \to \hat{L}$から導びかれる鎖写像$\varphi_i, \psi_i : C_i(K) \to C_i(L)$，$i=0,1,2$は鎖ホモトピックである．

証明　$D_{-1}=0$，$D_2=0$とし，D_0, D_1を次のように決める．

$\langle\sigma\rangle \in C_0(K)$とすると，$\varphi$と$\psi$が隣接していることから$|\varphi(\sigma)\psi(\sigma)|$は$L$の1次元単体をなすか，あるいは$\varphi(\sigma) = \psi(\sigma)$である．したがって，$D_0(\langle\sigma\rangle) = \langle\varphi\langle\sigma\rangle, \psi\langle\sigma\rangle\rangle$によって，$D_0 : C_0(K) \to C_1(L)$が定義される．このとき，

$$\partial_1\circ D_0(\langle\sigma\rangle) = \partial_1(\langle\varphi(\sigma), \psi(\sigma)\rangle) = \langle\psi(\sigma)\rangle - \langle\varphi(\sigma)\rangle = \psi_0(\langle\sigma\rangle) - \varphi_0(\langle\sigma\rangle)$$

だから，$D_{-1}=0$に注意すれば，$D_{-1}\circ\partial_0 + \partial_1\circ D_0 = \psi_0 - \varphi_0$が成り立つ．

$\langle\sigma\rangle \in C_1(K)$，$\langle\sigma\rangle = \langle a, b\rangle$とする．$\varphi$と$\psi$は隣接しているから，$\exists\tau \in L$; $\tau > \varphi(\sigma)$，$\tau > \psi(\sigma)$．τとその辺からなる単体的複体を$L(\tau)$と表せば，$L(\tau)$は

1点にまでカラプスできるから，$H_1(L(\tau))=0$ である．

$\eta_1(\langle\sigma\rangle)=\psi_1(\langle\sigma\rangle)-\varphi_1(\langle\sigma\rangle)-D_0\circ\partial_1(\langle\sigma\rangle)$ とおいて，$\eta_1(\langle\sigma\rangle)\in Z_1(L)$ を示す．

$$
\begin{aligned}
&\partial_1(\psi_1(\langle\sigma\rangle)-\varphi_1(\langle\sigma\rangle)-D_0\circ\partial_1(\langle\sigma\rangle))\\
&=\partial_1(\langle\psi(a),\psi(b)\rangle-\langle\varphi(a),\varphi(b)\rangle)-\partial_1(D_0(\langle b\rangle-\langle a\rangle))\\
&=\langle\psi(b)\rangle-\langle\psi(a)\rangle-\langle\varphi(b)\rangle+\langle\varphi(a)\rangle-\psi_0(\langle b\rangle-\langle a\rangle)+\varphi_0(\langle b\rangle-\langle a\rangle)\\
&=\langle\psi(b)\rangle-\langle\psi(a)\rangle-\langle\varphi(b)\rangle+\langle\varphi(a)\rangle-\langle\psi(b)\rangle+\langle\psi(a)\rangle+\langle\varphi(b)\rangle-\langle\varphi(a)\rangle\\
&=0.
\end{aligned}
$$

ところで，$\eta_1(\langle\sigma\rangle)$ はその決め方から $\eta_1(\langle\sigma\rangle)\in C_1(L(\tau))$ である．$\eta_1(\langle\sigma\rangle)\in Z_1(L(\tau))$ と $H_1(L(\tau))=0$ であることより，$\exists c^2\in C_2(L(\tau))$；$\partial_2(c^2)=\eta_1(\langle\sigma\rangle)$．$c^2\in C_2(L)$ と考えてよいから，$D_1(\langle\sigma\rangle)=c^2$ によって，$D_1:C_1(K)\to C_2(L)$ が定義できる．このとき，$D_0\circ\partial_1+\partial_2\circ D_1=\psi_1-\varphi_1$ が成り立つことは確かめればわかる．

そこで，$D_1\circ\partial_2+\partial_3\circ D_2=\psi_2-\varphi_2$ を示せば，D_0, D_1 が ψ と φ の鎖ホモトピーであることがわかる．$\partial_3\circ D_2=0$ だから，$D_1\circ\partial_2=\psi_2-\varphi_2$ を示す．

$\langle\sigma\rangle\in C_2(K)$ とし，$\eta_2(\langle\sigma\rangle)=(\psi_2-\varphi_2-D_1\circ\partial_2)(\langle\sigma\rangle)$ とおく．φ_i, ψ_i が鎖写像であることと $D_0\circ\partial_1+\partial_2\circ D_1=\psi_1-\varphi_1$ に注意して，

$$
\begin{aligned}
\partial_2(\eta_2(\langle\sigma\rangle))&=\partial_2\circ\psi_2(\langle\sigma\rangle)-\partial_2\circ\varphi_2(\langle\sigma\rangle)-\partial_2\circ D_1\circ\partial_2(\langle\sigma\rangle)\\
&=\psi_1(\partial_2(\langle\sigma\rangle))-\varphi_1(\partial_2(\langle\sigma\rangle))-\partial_2\circ D_1(\partial_2(\langle\sigma\rangle))\\
&=(\psi_1-\varphi_1-\partial_2\circ D_1)(\partial_2(\langle\sigma\rangle))\\
&=D_0\circ\partial_1(\partial_2(\langle\sigma\rangle))\\
&=0,
\end{aligned}
$$

すなわち，$\eta_2(\langle\sigma\rangle)\in Z_2(L)$．

φ と ψ が隣接しているから，$\exists\tau'\in L$；$\tau'>\varphi(\sigma)$，$\tau'>\psi(\sigma)$．このとき，$\eta_2(\langle\sigma\rangle)\in Z_2(L(\tau'))$ を示す．$\eta_2(\langle\sigma\rangle)$ の決め方から，$D_1(\partial_2(\langle\sigma\rangle))\in C_2(L(\tau'))$ を示せばよい．

$$
\begin{aligned}
\eta_1(\partial_2(\langle\sigma\rangle))&=\psi_1(\partial_2(\langle\sigma\rangle))-\varphi_1(\partial_2(\langle\sigma\rangle))-D_0\circ\partial_1(\partial_2(\langle\sigma\rangle))\\
&=\partial_2(\psi_2(\langle\sigma\rangle)-\varphi_2(\langle\sigma\rangle))
\end{aligned}
$$

だから，D_1 の決め方から $D_1(\partial_2(\langle\sigma\rangle))=\psi_2(\langle\sigma\rangle)-\varphi_2(\langle\sigma\rangle)$ となり，$D_1(\partial_2(\langle\sigma\rangle))\in C_2(L(\tau'))$．$H_2(L(\tau'))=0$ だから，$\eta_2(\langle\sigma\rangle)\in B_2(L(\tau'))=\{0\}$ が成り立つ．すなわち，$(\psi_2-\varphi_2-D_1\circ\partial_2)(\langle\sigma\rangle)=0$ だから，$\psi_2-\varphi_2=D_1\circ\partial_2$ が成り立つ．

補題 A2.5.　単体写像$\varphi, \psi : \hat{K} \to \hat{L}$がともに連続写像$f : |K| \to |L|$の単体近似ならば$\varphi$と$\psi$は隣接している.

証明　$\sigma = |a_0 \cdots a_q| \in K$とすると, φ, ψはfの単体近似だから, $f(st(a_i, K)) \subset st(\varphi(a_i), L)$, $f(st(a_i, K)) \subset st(\psi(a_i), L)$, $i = 0, \cdots q$. したがって, $\left(\bigcap_{i=0}^{q} st(\varphi(a_i), L)\right) \cap \left(\bigcap_{i=0}^{q} st(\psi(a_i), L)\right) \supset \bigcap_{i=0}^{q} f(st(a_i, K)) \supset f\left(\bigcap_{i=0}^{q} st(a_i, K)\right) \neq \phi$が成り立つから, $\varphi(a_0), \cdots, \varphi(a_q), \psi(a_0), \cdots, \psi(a_q)$はある単体$\tau \in L$の頂点である. 結局, $\tau > \varphi(\sigma)$, $\tau > \psi(\sigma)$となり, φとψは隣接している. ☹

定理 A2.2.　連続写像$f : |K| \to |L|$の2つの単体近似, $\varphi : \widehat{Sd^m K} \to \hat{L}$, $\psi : \widehat{Sd^n K} \to \hat{L}$に対して,

$$\varphi_{*,i} \circ \chi_{m,i} = \psi_{*,i} \circ \chi_{n,i} : H_i(K) \to H_i(L), \qquad i = 0, 1, 2$$

が成り立つ.

証明　$n \geqq m$と仮定する. $n < m$のときも同様である. $K' = Sd^m K$, $k = n - m$とおく. 重心細分での単体写像$\theta : \widehat{SdK'} \to \hat{K}'$をとると, $\varphi \circ \theta : \widehat{SdK'} \to \hat{L}$も$f$の単体近似である. 実際, θについては, $\forall a \in \widehat{SdK'}$, $st(a, SdK') \subset st(\theta(a), K')$が成り立つから, $f(st(a, SdK')) \subset f(st(\theta(a), K')) \subset st(\varphi(\theta(a)), L)$も成り立つ (図 121).

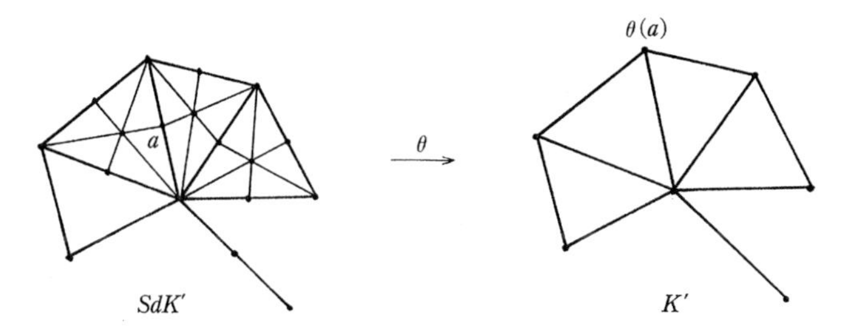

図 121

この議論を繰り返せば, 単体写像$\bar{\theta} : \widehat{Sd^k K'} \to K'$があって, $\varphi \circ \bar{\theta} : \widehat{Sd^k K'} \to \hat{L}$は$f$の単体近似であることがわかる. したがって, $\varphi \circ \bar{\theta}$と$\psi$はともに$f$の単体近似となり, 補題 A2.5より$\varphi \circ \bar{\theta}$と$\psi$は隣接している. 補題 A2.4より,

$$(\varphi \circ \bar{\theta})_{*,i} = \psi_{*,i}, \qquad i = 0, 1, 2$$

が成り立つ. また, $\bar{\theta}, \chi_m, \chi_n$の決め方から, $\chi_{m,i} = \bar{\theta}_{*,i} \circ \chi_{n,i}$が成り立つから,

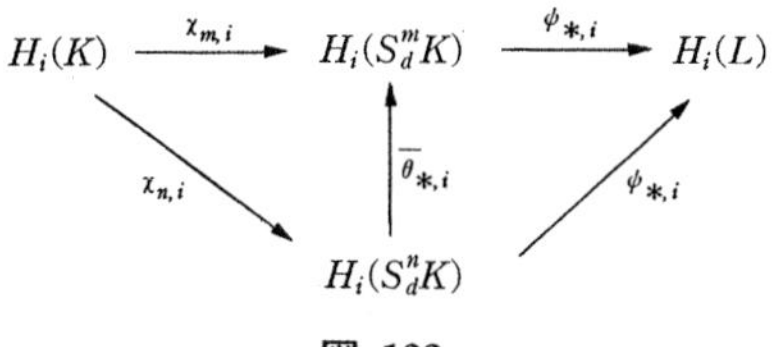

$$\begin{array}{ccccc} H_i(K) & \xrightarrow{\chi_{m,i}} & H_i(S_d^m K) & \xrightarrow{\varphi_{*,i}} & H_i(L) \\ & \searrow^{\chi_{n,i}} & \uparrow \bar{\theta}_{*,i} & \nearrow_{\psi_{*,i}} & \\ & & H_i(S_d^n K) & & \end{array}$$

図 122

$$\psi_{*,i}\circ\chi_{n,i}=(\varphi\circ\bar{\theta})_{*,i}\circ\chi_{n,i}=\varphi_{*,i}\circ\bar{\theta}_{*,i}\circ\chi_{n,i}=\varphi_{*,i}\circ\chi_{m,i}$$

となる(図 122).

§ A3.　ホモトピー不変性

多面体 $|K|$ と $|L|$ が同じホモトピー型をもつとき，K と L のホモロジー群が等しいことを示す．前節で定義した連続写像から導びかれるホモロジー群の準同型写像について次が成り立つ．

定理 A3.1.

（1） 恒等写像 $id_{|K|}:|K|\to|K|$ は恒等写像 $id_{H_i(K)}$ を導びく．すなわち，

$$(id_{|K|})_{*,i}=id_{H_i(K)}:H_i(K)\to H_i(K),\qquad i=0,1,2.$$

（2） 連続写像 $f:|K|\to|L|$, $g:|L|\to|M|$ に対して，

$$(g\circ f)_{*,i}=g_{*,i}\circ f_{*,i}:H_i(K)\to H_i(M),\qquad i=0,1,2$$

が成り立つ．

定理 A3.2.　連続写像 $f,g:|K|\to|L|$ がホモトピックならば，

$$f_{*,i}=g_{*,i}:H_i(K)\to H_i(L),\qquad i=0,1,2$$

が成り立つ．

定理 A3.1, A3.2 より次が導びかれる．

定理 A3.3.（ホモロジー群のホモトピー不変性）　$|K|$ と $|L|$ が同じホモトピー型をもてば，K と L のホモロジー群は等しい．特に，$|K|$ と $|L|$ が同相なら K と L のホモロジー群は等しい．

証明　$|K|$ と $|L|$ のホモトピー型が等しいから，連続写像 $f:|K|\to|L|$ と $g:|L|\to|K|$ が存在して，$g\circ f\simeq id_{|K|}$, $f\circ g\simeq id_{|L|}$ が成り立つ．定理A3.1, A3.2を用いて，

$$g_{*,i}\circ f_{*,i}=(g\circ f)_{*,i}=(id_{|K|})_{*,i}=id_{H_i(K)}$$

が成り立つ．同様にして，$f_{*,i}\circ g_{*,i}=id_{H_i(L)}$ も成り立つから，$f_{*,i}$ と $g_{*,i}$ は互いに逆写像であり，$f_{*,i}$ は $H_i(K)$ から $H_i(L)$ への同型写像である．

（定理 A3.1の）**証明**　（1）　$id_{\hat{K}}:\hat{K}\to\hat{K}$ は $id_{|K|}:|K|\to|K|$ の単体近似であるから当然成り立つ．

（2）　g の単体近似を $\psi:\widehat{Sd^nL}\to\hat{M}$ とし，$f:|K|\to|Sd^nL|$ の単体近似を $\varphi:\widehat{Sd^mK}\to\widehat{Sd^nL}$ とする．$a\in\widehat{Sd^mK}$ に対して，$g\circ f(st(a,Sd^mK))=g(f(st(a,Sd^mK)))\subset g(st(\varphi(a),Sd^nL))\subset st(\psi(\varphi(a)),M)$ が成り立つ．すなわち，$\psi\circ$

φ は $g \circ f$ の単体近似である．前に述べたように，単体写像 $\bar{\theta}: \widehat{Sd^n L} \to \hat{L}$ について，$\bar{\theta} \circ \varphi: \widehat{Sd^m K} \to \hat{L}$ も f の単体近似であり，$\bar{\theta}_{*,i} = \chi_{n,i}^{-1}$ であった．ただし，$\chi_{n,i}: H_i(L) \to H_i(Sd^n L)$ 同型写像である．

したがって，

$$\begin{aligned} g_{*,i} \circ f_{*,i} &= (\psi_{*,i} \circ \chi_{n,i}) \circ (\bar{\theta} \circ \varphi)_{*,i} \circ \chi_{m,i} \\ &= \psi_{*,i} \circ \chi_{n,i} \circ \bar{\theta}_{*,i} \circ \varphi_{*,i} \circ \chi_{m,i} \\ &= \psi_{*,i} \circ \varphi_{*,i} \circ \chi_{m,i} \\ &= (\psi \circ \varphi)_{*,i} \circ \chi_{m,i} \\ &= (g \circ f)_{*,i} \end{aligned}$$

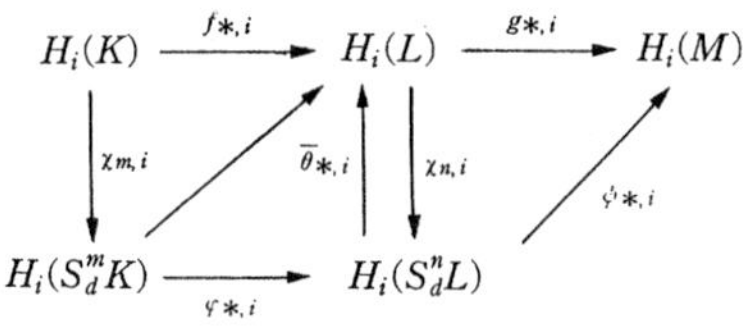

$$\begin{array}{ccccc} H_i(K) & \xrightarrow{f_{*,i}} & H_i(L) & \xrightarrow{g_{*,i}} & H_i(M) \\ \downarrow \chi_{m,i} & \nearrow & \uparrow \bar{\theta}_{*,i} \quad \downarrow \chi_{n,i} & \nearrow \psi_{*,i} & \\ H_i(S_d^m K) & \xrightarrow{\varphi_{*,i}} & H_i(S_d^n L) & & \end{array}$$

図 123

となり，（2）が成り立つ(図 123)．☺

定理 A3.2 の証明のために，次の 2 つの補題を示す．

補題 A3.1.　コンパクト距離空間 $|L|$ において，開被覆 $\{st(v, L) \mid v \in \hat{L}\}$ に対するルベッグ数を δ とする．連続写像 $f, g: |K| \to |L|$ について，

$$\rho(f, g) = \sup_{x \in |K|} d(f(x), g(x)) < \delta/3$$

ならば，f と g の共通の単体近似 $\varphi: \widehat{Sd^m K} \to L$ が存在する．したがって，$f_{*,i} = g_{*,i}: H_i(K) \to H_i(L)$，$i = 0, 1, 2$ である．ただし，d は $|L| \subset \boldsymbol{R}^N$ としたときの $\boldsymbol{R}^N$ での距離を表す．

補題 A3.2.　連続写像 $f, g: |K| \to |L|$ のホモトピーを $F: |K| \times I \to L$ とし，$f_t(x) = F(x, t)$ によって，$f_t: |K| \to |L|$ を決めると，

$$\forall \varepsilon > 0,\ \exists N;\ \rho(f_{l/N}, f_{(l+1)/N}) < \varepsilon, \qquad l = 0, \cdots, N-1$$

が成り立つ．

（補題 A3.1 の）**証明**　$\mathscr{U} = \{B_{\delta/3}(y) \cap |L| \mid y \in |L|\}$ を考えると，$\mathscr{U}$ は $|L|$ の開被覆であり，$f^{-1}(\mathscr{U}) = \{f^{-1}(B_{\delta/3}(y) \cap |L|) \mid y \in |L|\}$ は $|K|$ の開被覆である．$|K|$ における $f^{-1}(\mathscr{U})$ に対するルベッグ数を δ_f とし，同様に，$g^{-1}(\mathscr{U})$ に対するルベッグ数を δ_g とする．十分大きな n をとると次が成り立つ．

$$\forall u \in \widehat{Sd^n K}, \qquad \mathrm{dia}(st(u, Sd^n K)) < \delta_0 = \min\{\delta_f, \delta_g\}$$

このとき，$\mathrm{dia}(f(st(u, Sd^n K)) \cup g(st(u, Sd^n K))) < \delta$ を示す．δ_0 の決め方から，まず，

$$\exists y_1 \in |L|;\ f(st(u, Sd^n K)) \subset B_{\delta/3}(y_1),$$
$$\exists y_2 \in |L|;\ g(st(u, Sd^n K)) \subset B_{\delta/3}(y_2).$$

$\rho(f, g) < \delta/3$ より，$d(f(u), g(u)) < \delta/3$，したがって，$z_1 \in f(st(u, Sd^n K))$，z_2

$\in g(st(u, Sd^nK))$ とすると,

$$d(z_1, z_2) < d(z_1, f(u)) + d(f(u), g(u)) + d(g(u), z_2)$$
$$\leqq \frac{\delta}{3} + \frac{\delta}{3} + \frac{\delta}{3} = \delta.$$

$z_1, z_2 \in f(st(u, Sd^nK))$, または $z_1, z_2 \in g(st(u, Sd^nK))$ なら, $d(z_1, z_2) < \frac{2}{3}\delta$. したがって,

$$\mathrm{dia}(f(st(u, Sd^nK)) \cup g(st(u, Sd^nK))) < \delta.$$

δ は開被覆 $\{st(v, L) \mid v \in \hat{L}\}$ のルベッグ数だったから, 各 $u \in \widehat{Sd^nK}$ に対して, $\exists v$;

$$(\dagger) \qquad f(st(u, Sd^nK)) \cup g(st(u, Sd^nK)) \subset st(v, L).$$

各 $u \in \widehat{Sd^nK}$ に対して, ($\dagger$) を満たす v を1つ決め, $\varphi(u) = v$ によって, φ : $\widehat{Sd^nK} \to \hat{L}$ を定義する. ($\dagger$) より,

$$f(st(u, Sd^nK)) \subset st(\varphi(u), L), \quad g(st(u, Sd^nK)) \subset st(\varphi(u), L)$$

が成り立つから, φ は f と g の共通の単体近似である. 😄

(補題 A3.2の) **証明**　$|K| \times I$ の開被覆 $\{F^{-1}(B_{\varepsilon/2}(y)) \mid y \in |L|\}$ に対するルベッグ数を δ とする. $\frac{1}{N} < \delta$ が成り立つ自然数 N をとる. 任意の $x \in |K|$, $j = 0, 1, 2, \cdots, N-1$, に対して,

$$d\left(\left(x, \frac{j}{N}\right), \left(x, \frac{j+1}{N}\right)\right) = \sqrt{\left(\frac{j+1}{N} - \frac{j}{N}\right)^2} = \frac{1}{N} < \delta.$$

したがって, $\exists y \in |L|$; $\left\{\left(x, \frac{j}{N}\right), \left(x, \frac{j+1}{N}\right)\right\} \subset F^{-1}(B_{\varepsilon/2}(y))$, すなわち, $F\left(\left(x, \frac{j}{N}\right)\right), F\left(x, \frac{j+1}{N}\right) \in B_{\varepsilon/2}(y)$.

結局.

$$\forall x \in |K|, \quad d(f_{j/N}(x), f_{(j+1)/N}(x)) = d\left(F\left(x, \frac{j}{N}\right), F\left(x, \frac{j+1}{N}\right)\right) < \varepsilon$$

となり, $\rho(f_{j/N}, f_{(j+1)/N}) < \varepsilon$, $j = 0, \cdots, N-1$ が成り立つ. 😄

(定理 A3.2の) **証明**　$|L|$ における開被覆 $\{st(v, L) \mid v \in \hat{L}\}$ のルベッグ数 δ に対して, $\varepsilon = \frac{\delta}{3}$ として補題 A3.2を用いて N を定める. $\rho(f_{j/N}, f_{(j+1)/N}) < \frac{\delta}{3}$, $j = 0, \cdots, N-1$ であるから, 補題 A3.1より,

$$f_{*,i} = (f_{0/N})_{*,i} = (f_{1/N})_{*,i} = (f_{2/N})_{*,i} = \cdots = (f_{N/N})_{*,i} = g_{*,i}, \qquad i = 0, 1, 2$$

となる. 😄

これで，定理 A3.1, A3.2 が示されたから定理 A3.3 も完全に証明され，ホモロジー群のホモトピー不変性が示された．その結果，単体分割可能な位相空間Xに対してXのホモロジー群を考えることができる．すなわち，$h: |K| \to X$をあるXの単体分割とし，$H_i(X)=H_i(K)$ と定義すれば$H_i(X)$ はK, hのとり方によらずに決まる．

問題の略解

第1章

1.1.　例題 1.3 にならう.

1.2.　$(A\cap B)\times C=\{(x,y)\mid x\in A\cap B,\ y\in C\}=\{(x,y)\}\mid x\in A$ かつ $x\in B,\ y\in C\}=\{(x,y)\mid x\in A, y\in C\}\cap\{(x,y)\mid x\in B, y\in C\}=A\times C\cap B\times C.$

1.3.　ϕ

1.4.　$(0,1)$

1.5.　例題 1.5 にならう.

1.6.　$A\subset B$ は $x\in A\Rightarrow x\in B$ であり，対偶をとって，$x\notin B\Rightarrow x\notin A$. すなわち，$x\in B^c\Rightarrow x\in A^c$. 逆も同様.

1.7.　$x\in(A\cap B)^c\Leftrightarrow x\notin A\cap B\Leftrightarrow x\notin A$ または $x\notin B\Leftrightarrow x\in A^c\cup B^c$.

1.8.　$x\in(\bigcup_{\alpha\in A}A_\alpha)^c\Leftrightarrow(\exists\alpha\in A;\ x\in A_\alpha)$ ではない $\Leftrightarrow\forall\alpha\in A, x\notin A_\alpha\Leftrightarrow x\in\bigcap_{\alpha\in A}A_\alpha{}^c$.

2.1.　$f(S)=[-1,1]$, $f^{-1}(T)=\{x\mid\sin x=1\}=\left\{\dfrac{\pi}{2}+2n\pi\mid n\in\boldsymbol{Z}\right\}$.

2.2.　$y\in f(A_1\cap A_2)\Rightarrow\exists x\in A_1\cap A_2;\ f(x)=y\Rightarrow f(x)\in f(A_1)\cap f(A_2)$.

2.3.　$x\in f^{-1}(B_1\cap B_2)\Leftrightarrow f(x)\in B_1\cap B_2\Leftrightarrow f(x)\in B_1$ かつ $f(x)\in B_2\Leftrightarrow x\in f^{-1}(B_1)$ かつ $x\in f^{-1}(B_2)\Leftrightarrow x\in f^{-1}(B_1)\cap f^{-1}(B_2)$.

2.4.　定理 2.1 の（2）より，$f(A_1)\cap f(A_2)\subset f(A_1\cap A_2)$ を示せばよい. $y\in f(A_1)\cap f(A_2)\Rightarrow\exists x_1\in A_1;\ g=f(x_1)$, $\exists x_2\in A_2;\ y=f(x_2)$. f：単射より $x_1=x_2\in A_1\cap A_2$. $\therefore\ y\in f(A_1\cap A_2)$.

2.5.　$x\in f^{-1}(\bigcap_{\alpha\in A}A_\alpha)\Leftrightarrow f(x)\in\bigcap_{\alpha\in A}A_\alpha\Leftrightarrow\forall\alpha\in A,\ f(x)\in A_\alpha\Leftrightarrow\forall\alpha,\ x\in f^{-1}(A_\alpha)\Leftrightarrow x\in\bigcap_{\alpha\in A}f^{-1}(A_\alpha)$.

2.6.　g が全射より，$\forall c\in C$. $\exists b\in B;\ g(b)=c$. f が全射より，$\exists a\in A;\ f(a)=b$. したがって，$c=g(f(a))=g\circ f(a)$.

2.7.　$f:(0,1/2)\to(0,1)$ を $f(x)=2x$ と決めると f は全単射となる.

2.8.　$f_1:\boldsymbol{N}\to A_1$, $f_2:\boldsymbol{N}\to A_2$ を全単射としたとき，$f:\boldsymbol{N}\to A_1\cup A_2$ を，$n=2m$ のとき $f(n)=f_1(m)$, $n=2m+1$ のとき $f(n)=f_2(m)$ とすると，f は全単射となる.

3.1. （1） $a-b=k\in \boldsymbol{Z}$, $b-c=l\in \boldsymbol{Z}$ なら，$a-c=k+l\in \boldsymbol{Z}$.

（2） $a=1\cdot a$, $b=ta$ なら $a=t^{-1}b$. $b=ta$, $c=sb$ なら $c=sta$.

3.2. $a\sim a$ だから，$C(a)\subset C(a')$ なら $a\in C(a')$. したがって，$a\sim a'$. $a\sim a'$ なら. $a\in C(a)\cap C(a')$. 定理 5.1(2).

3.3. $pq'=p'q$ かつ $p'q''=p''q'$ なら，両辺をかけて，$pq''=p''q$.

第2章

4.1. $g:f(a)$ で連続より，$\forall\varepsilon>0, \exists\delta>0$; $g(B_\delta(f(a))\subset B_\varepsilon(g(f(a)))$. $f:a$ で連続より，$\exists\gamma>0$; $f(B_\gamma(a))\subset B_\delta(f(a))$. したがって，$g\circ f(B_\gamma(a))\subset B_\varepsilon(g\circ f(a))$.

4.2. 例題 4.1, 4.2 と同様. $|x-a|$ を $d(x,a)$ で置き換える.

4.3. 例題 4.4 の f_i を用いて，$f=af_1\cdot f_1+bf_1\cdot f_2+cf_2\cdot f_2$. f_i が連続だから問題 4.2 より f も連続.

5.1. $\delta=d(x,a)-r>0$ とする. $y\in B_\delta(x)$ なら $d(y,a)\geqq d(a,x)-d(x,y)>d(x,a)-\delta=r$. $\therefore B_\delta(x)\subset\{x\,|\,d(x,a)>r\}$.

5.2. $x=(x_1,\cdots x_n)\in(a_1,b_1)\times\cdots\times(a_n,b_n)$ のとき，δ を b_i-x_i, x_i-a_i, $i=1,2,\cdots,n$ の最小値とすれば，$B_\delta(x)\subset(a_1,b_1)\times\cdots\times(a_n,b_n)$.

5.3. $\forall\varepsilon>0$, $B_\varepsilon(1)\cap A^c\neq\phi$ より A は開集合でない. $\forall\varepsilon>0$, $B_\varepsilon(0)\cap A\neq\phi$ より A は閉集合でない.

5.4. （1） $A_i{}^c$, $i=1,\cdots,n$ は開集合. $\bigcap_{i=0}^{n}A_i{}^c=(\bigcup_{i=1}^{n}A_i)^c$ も開集合.

（2） （1）と同様.

5.5. （1） $x\in\mathrm{Int}(A\cap B)\Leftrightarrow\exists\delta>0$; $B_\delta(x)\subset A\cap B\Leftrightarrow\exists\delta>0$; $B_\delta(x)\subset A$, $B_\delta(x)\subset B\Leftrightarrow\exists\delta_1>0$; $B_{\delta_1}(x)\subset A$, $\exists\delta_2>0$; $B_{\delta_2}(x)\subset B$. $\therefore x\in\mathrm{Int}\,A$, $x\in\mathrm{Int}\,B\Leftrightarrow x\in\mathrm{Int}\,A\cap\mathrm{Int}\,B$.

（2） $A=[0,1]$, $B=[1,2]$.

5.6. （1） $f^{-1}(F^c)=\{x\in\boldsymbol{R}^n\,|\,f(x)\in F^c\}=\{x\in\boldsymbol{R}^n\,|\,f(x)\notin F\}=(f^{-1}(F))^c$. F：閉集合 $\Leftrightarrow F^c$：開集合だから，定理 5.1 より（1）は成り立つ.

（2） $U\subset\boldsymbol{R}^m$：開集合とすると g の連続性より $g^{-1}(U)$ は開集合. f の連続性から $(g\circ f)^{-1}(U)=f^{-1}(g^{-1}(U))$ も開集合.

6.1. $x_i\to x_0$ より $\forall\varepsilon>0, \exists N$; $n\geqq N\Rightarrow d(x_n,x_0)<\varepsilon$. $i(K)\geqq N$ なる K をとると，$k\geqq K\Rightarrow i(k)\geqq i(K)\Rightarrow d(x_{i(k)},x_0)<\varepsilon$.

6.2. $A\subset B$ なら $\bar{A}\subset\bar{B}$. したがって，$\bar{A}_i\subset\overline{A_1\cup\cdots\cup A_k}$. $x\in\overline{A_1\cup\cdots\cup A_k}$ とすると，$\exists x_i\in A_1\cup\cdots\cup A_k$, $i\in\boldsymbol{N}$; $x_i\to x$. A_1, $\cdots$, A_k のどれかは x_i の無限個を含む，それを A_l とする. すなわち，x_i の適当な部分列 $x_{i(n)}\in A_l$, $n\in\boldsymbol{N}$. $x_{i(n)}\to x$ だから，$x\in\bar{A}_l\subset\bar{A}_1\cup\cdots\cup\bar{A}_k$.

6.3. $x\in A$ とすると $bA=\phi$ より $\exists\delta>0$; $B_\delta(x)\subset A$. $x\in A^c$ とすると，$bA=\phi$ より $\exists\delta>0$; $B_\delta(x)\subset A^c$. 逆に，$bA=\phi$ なら例題 6.2 より $\bar{A}=\mathrm{Int}A$.

6.4. $x_i=\sqrt{2}/i$, $i\in\boldsymbol{N}$ とすれば，$x_i\in\boldsymbol{R}-\boldsymbol{Q}$ かつ $x_i\to 0$. $q\in\boldsymbol{Q}$ に対して，$x_i+q\in\boldsymbol{R}-\boldsymbol{Q}$ かつ $(x_i+q)\to q$. $\therefore$ $\overline{\boldsymbol{R}-\boldsymbol{Q}}\supset\boldsymbol{Q}$. したがって，$\overline{\boldsymbol{R}-\boldsymbol{Q}}\supset\boldsymbol{Q}\cup(\boldsymbol{R}-\boldsymbol{Q})=\boldsymbol{R}$.

7.1. (1_0) $x\in A\Rightarrow f(x)\in f(A)\subset U\cup V\Rightarrow x\in f^{-1}(U\cup V)\subset U_0\cup V_0$.

(2_0) $x\in U_0\cap V_0\cap A\Rightarrow f(x)\in f(U_0\cap V_0)\subset f(U_0)\cap f(V_0)\subset U\cap V$.

(3_0) $y\in U\cap f(A)$ とすると，$\exists x\in A$；$y=f(x)\in U$．したがって，$x\in A\cap f^{-1}(U)=A\cap U_0$.

7.2. $f:\bigcup_{\alpha\in\Lambda}A_\alpha\to\{0,1\}$ を連続写像とする．$x_0\in\bigcap_{\alpha\in\Lambda}A_\alpha$ とするとき，$f(x_0)=0$ であるとすると，$\forall\alpha$，$f(A_\alpha)$ も連結だから $f(A_\alpha)=\{0\}$．$\bigcup_{\alpha\in\Lambda}f(A_\alpha)=f(\bigcup_{\alpha\in\Lambda}A_\alpha)=\{0\}$.

7.3. 例題 7.2 の証明で $\bar{A}$ を B に置き換える．

7.4. 仮定より B, B^c は開で，$A_x\subset B\cup B^c$，$B\cap B^c=\phi$．したがって，$A_x\subset B$ か $A_x\subset B^c$．$\therefore\ \bigcup_{x\in B}A_x\subset B$.

8.1. $g(a)=f(a)-a\geqq 0$，$g(b)=f(b)-b\leqq 0$．中間値の定理より $\exists c\in[a,b]$；$g(c)=0$.

9.1. 省略

9.2. 有界でないことより，$\forall n\in\boldsymbol{N}$，$\exists x_n\in A$；$|x_n|\geqq n$．$x_n$ は収束する部分列をもたない．

9.3. 閉集合でないとすると，$\exists x\in A^c$，$\exists x_i\in A$，$i\in\boldsymbol{N}$；$x_i\to x$．x_i の部分列も $x\in A^c$ に収束する．

9.4. $x_i\in B$，$i\in\boldsymbol{N}$ とすると，$x_i\in A$．A：点列コンパクトより，$\exists x_{i(k)}$，$k\in\boldsymbol{N}$；$x_{i(k)}\to x\in A$．B：閉より，$x\in B$.

9.5. （1） $\forall x\in X$，$\beta\leqq x$，（2） $\forall\varepsilon>0$，$\exists x\in X$；$x<\beta+\varepsilon$.

9.6. $A=\{a_i|i\in\boldsymbol{N}\}$ とすれば，M は A の上界．$\alpha=\sup A$ とすると，$\forall\varepsilon>0$，$\exists a_{i(\varepsilon)}$；$\alpha-\varepsilon<a_{i(\varepsilon)}$．$i\geqq i(\varepsilon)$ なら $\alpha\geqq a_i\geqq a_{i(\varepsilon)}>\alpha-\varepsilon$．$\therefore\ a_i\to\alpha$.

10.1. 省略.

10.2. $B_{1/2}(x)=\{x\}$ より $\{x\}$ は開．$A=\bigcup_{x\in A}\{x\}$ も開，$\boldsymbol{R}^n-A=\bigcup_{x\in\boldsymbol{R}^n-A}\{x\}$ も開.

10.3. 省略.

10.4. A が d に関して開集合とする．$\forall x\in A$，$\exists\delta>0$；$B_\delta(x)\subset A$．仮定より $\exists\delta'$；$B_{\delta'}(x)\subset B_\delta(x)\subset A$．したがって，$A$ は d_1 に関しても開集合．逆も同様.

10.5. $d_1(x,y)\leqq d_2(x,y)$．$d_2(x,y)\leqq nd_1(x,y)$ より問題 10.4 の（1），（2）が成り立つ．

10.6. 3 角不等式より $|d(x_0,y)-d(x_0,x)|\leqq d(x,y)$．したがって，$d(x,y)<\varepsilon$ なら $|f(y)-f(x)|\leqq d(x,y)<\varepsilon$.

10.7. 略.

10.8, 10.9. 例 10.1 の証明と同様.

第3章

11.1. （1） $\{a\}\cup\{b\}\notin\mathcal{O}$.　（2） $\{a,b\}\cap\{b,c\}=\{b\}\notin\mathcal{O}$.

11.2. 必要性：$x\in f^{-1}(U)$ とすると $f(x)\in U$．U は x の開近傍だから f の連続性より $\exists V$；x の開近傍，$f(V)\subset U$．$x\in V\subset f^{-1}(U)$．十分性：省略.

11.3. x_0 の開近傍は $\boldsymbol{R}^n$ だけである．

11.4. $\{x_0\}$ は x_0 の開近傍だから，$\exists N$；$n\geqq N\Rightarrow x_n\in\{x_0\}$.

11. 5. 例題 11.1 の証明と同じ.

11. 6. （5）

11. 7. 例 11.4 と同じ.

11. 8. $x\in\bar{A}$ とすると，$\forall U$; x の開近傍，$U\cap A\neq\phi$. $A\subset B$ より $U\cap B\neq\phi$. $x\in\bar{B}$.

11. 9. $x\in\bar{A}$ とする. x の可算個からなる基本近傍系を $\{U_i|i\in\boldsymbol{N}\}$ とし，$U_i\supset U_{i+1}$ も成り立つとする. $x_i\in U_i\cap A$ とすれば，$x_i\to x$. したがって，$x\in\tilde{A}$. 逆に $x\in\tilde{A}$ とする. U; x の開近傍とすれば，$x_i\to x$ より，$\exists N$; $i\geqq N\Rightarrow x_i\in U$. $x_i\in A$ より $U\cap A\neq\phi$.

11. 10. $f: X\to Y$, $g: Y\to Z$ を同相写像とすると，$g\circ f: X\to Z$ も同相写像となる.

12. 1. A の開被覆として $\{B_n(0)|n\in\boldsymbol{N}\}$ をとると，A は有界でないから有限個の $B_n(0)$ では覆えない.

12. 2. $x\in\bar{A}-A$ とすると，$\exists x_i\in A$; $x_i\to x$. $U_n=\{y|d(x,y)>1/n\}$ とすると，$\{U_n|n\in\boldsymbol{N}\}$ は $A\subset\boldsymbol{R}^n-\{x\}$ の開被覆. $d(x_i,x)\to 0$ より，A は U_n の有限個では覆えない.

12. 3. A が有界でない場合，$a_0\in A$ とし，$f(x)=d(a_0,x)$ とする. A が閉集合でない場合，$a_0\in\bar{A}-A$ とし，$f(x)=1/d(a_0,x)$ とする.

13. 1. $U\subset Z$ を開集合とすれば，$\exists U'$; Y の開集合，$U=U'\cap Z$. $f(X)\subset Z$ より $f^{-1}(U')=f^{-1}(U'\cap Z)=(f|^Z)^{-1}(U)$. f の連続性より，$f^{-1}(U')=(f|^Z)^{-1}(U)$ は開集合.

13. 2. $U\subset\boldsymbol{R}^2$ を通常の距離による開集合とする. $p=(a,b)\in U$ とすると，$\exists\delta>0$; $B_\delta(p)\subset U$. $(a-\delta/\sqrt{2},a+\delta/\sqrt{2})\times(b-\delta/\sqrt{2},b+\delta/\sqrt{2})\subset B_\delta(p)\subset U$ だから U の積位相に関しても開集合である. 逆に $U\subset\boldsymbol{R}^2$ を積位相での開集合とすると，$p=(a,b)\in U$ のとき，$\exists\delta_1,\delta_2$; $(a-\delta_1,a+\delta_1)\times(b-\delta_2,b+\delta_2)\subset U$. $\delta=\min\{\delta_1,\delta_2\}$ とすれば，$B_\delta(p)\subset(a-\delta_1,a+\delta_1)\times(b-\delta_2,b+\delta_2)\subset U$.

13. 3. $p^{-1}(\phi)=\phi$, $p^{-1}(Y)=X$ より ϕ と Y は開集合. $U_\alpha\subset Y$, $\alpha\in\Lambda$ とすると，$p^{-1}(\bigcup_{\alpha\in\Lambda}U_\alpha)=\bigcup_{\alpha\in\Lambda}p^{-1}(U_\alpha)$, $p^{-1}(\bigcap_{\alpha\in\Lambda}U_\alpha)=\bigcap_{\alpha\in\Lambda}p^{-1}(U_\alpha)$ が成り立つ. U_α：開集合 $\Leftrightarrow p^{-1}(U_\alpha)$：開集合だから，$X$ で $(O_2),(O_3)$ を満たすことより Y でも $(O_2),(O_3)$ を満たす.

13. 4. $C((x,y))\in T^2$ に対して，例題 13.6 の記号で，$\varphi(C(x,y))=(g(C(x)),g(C(y)))$ として，$\varphi: T^2\to S^1\times S^1$ を決める. $C((x,y))=C((x',y'))$ なら $C(x)=C(x'),C(y)=C(y')$ となるから φ は定義される. $\pi:\boldsymbol{R}^2\to T^2$ を自然な射影とすると $\pi((x,y))=C(x,y)$. $\varphi\circ\pi(x,y)=(g(C(x)),\ g(C(y))=(p\circ f(x),\ p\circ f(y))$ となり，$\varphi\circ\pi$ は連続. したがって φ も連続. 例題 13.6 と同様にして φ は全単射であり，φ^{-1} も連続である.

第 4 章

14. 1. X：完備，$A\subset X$：閉とする. $a_i\in A$, $i\in\boldsymbol{N}$ をコーシー列とすると，$a_i\in X$ より $\exists x_0\in X$; $a_i\to x_0$. A：閉より $x_0\in A$.

15. 1. $x_i\in X$, $i\in\boldsymbol{N}$：コーシー列とする. X：コンパクトだから，x_i は収束する部分列をもつ. 補題 14.1.

17. 1. $\bigcap_{i\in N}(f_1(A_i)\cup f_2(A_i))=(\bigcap_{i\in N}f_1(A_i))\cup(\bigcap_{i\in N}f_2(A_i))$.

17. 2. $x\in N_\alpha(N_\beta(A))$ とする. $\exists y\in N_\beta(A)$; $d(x,y)\leqq\alpha$. $\exists z\in A$; $d(z,y)\leqq\beta$. $d(x,z)$

$\leqq \alpha+\beta$. $x \in N_{\alpha+\beta}(A)$.

17.3. $S_1=\triangle P_1P_2P_3$, $S_{i+1}=f_1(S_i)\cup f_2(S_i)\cup f_3(S_i)$ とすると，$S=\bigcap_{i=1}^{\infty}S_i$ はシェルピンスキー・ガスケットである．$F(S)=\bigcup_{j=1}^{3}f_j(S)=\bigcup_{j=1}^{3}f_j(\bigcap_{i=1}^{\infty}S_i)=\bigcup_{j=1}^{3}(\bigcap_{i=1}^{\infty}f_j(S_i))\subset\bigcap_{i=1}^{\infty}(\bigcup_{j=1}^{3}f_j(S_i))$ $=\bigcap_{i=1}^{\infty}S_{i+1}=S$. $y\in\bigcap_{i=1}^{\infty}(\bigcup_{j=1}^{3}f_j(S_i))$ とする．$\forall i, \exists j(i)$; $y\in f_{j(i)}(S_i)$. $\exists i, i'$; $j(i)\neq j(i')$ とすれば $y\in f_{j(i)}(S)\cap f_{j(i')}(S)$ より，y は P_1P_2, P_2P_3, P_3P_1 のいずれかの中点．したがって，$y\in F(S)$. $j(i)$ が i によらないときは，$k=j(i)$ として，$y\in\bigcap_{i=1}^{\infty}f_k(S_i)\subset\bigcup_{j=1}^{3}(\bigcap_{i=1}^{\infty}f_j(S_i))=F(S)$. 結局，$S\subset F(S)$.

第5章．

18.1. $(a\cdot b)\cdot(b^{-1}\cdot a^{-1})=a\cdot(b\cdot(b^{-1}\cdot a^{-1}))=a\cdot((b\cdot b^{-1})\cdot a^{-1})=a(e\cdot a^{-1})$ $=a\cdot a^{-1}=e$. $(b^{-1}\cdot a^{-1})\cdot(a\cdot b)$ も同様に e となる．

18.2. $a, b\in\bigcap_{\alpha\in A}H_\alpha$ とする．$\forall\alpha$, H_α：部分群より，$\forall\alpha$, $a\cdot b\in H_\alpha$. $a^{-1}\in H_\alpha$. したがって，$a\cdot b\in\bigcap_{\alpha\in A}H_\alpha$, $a^{-1}\in\bigcap_{\alpha\in A}H_\alpha$.

18.3. $[a]\cdot[b]=[a\cdot b]=[b\cdot a]=[b]\cdot[a]$.

18.4. (1) $e\cdot e=e$ より $f(e)\cdot f(e)=f(e\cdot e)=f(e)$. $f(e)^{-1}$ をかけて，$f(e)=f(e)^{-1}\cdot f(e)=e$. $a\cdot a^{-1}=e$ より，$f(a)\cdot f(a^{-1})=f(e)=e$. 同様に $f(a^{-1})\cdot f(a)=e$.

(2) $a, b\in G$, $f(a)=f(b)\Leftrightarrow f(a)\cdot f(b)^{-1}=e\Leftrightarrow f(a)\cdot f(b^{-1})=e\Leftrightarrow f(a\cdot b^{-1})=e\Leftrightarrow$ $a\cdot b^{-1}\in f^{-1}(\{e\})$.

18.5. f は全射な準同型写像である．$f([x])=1$ とすると，$\cos 2\pi x=1$, $\sin 2\pi x=0$, $x\in \boldsymbol{Z}$. $[x]=[0]$. f は単射．

19.1. 例題 10.3 より，$F(x, s)=sx$ は連続．$G(x, s)=(1-s, f(x))$ も連続．$F\circ G=(x, s)=(1-s)f(x)$ も連続．$F_0(x, s)=sx_0$ も連続．したがって，$(1-s)f(x)+sx_0$ も連続．

19.2. 例 19.1 と同じ．

19.3. $t=\dfrac{s+1}{4}$ で，$l_1\left(\dfrac{4}{s+1}t\right)=l_1(1)=x_0$, $l_2(4t-(s+1))=l_2(0)=x_0$. $t=\dfrac{s+2}{4}$ で，$l_2(4t-(s+1))=l_2(1)=x_0$, $l_3\left(\dfrac{4t}{2-s}-\dfrac{s+2}{2-s}\right)=l_3(0)=x_0$. H は連続．$H(t, 0)=(l_1\cdot l_2)\cdot l_3(t)$, $H(t, 1)=l_1\cdot(l_2\cdot l_3)(t)$. $H(0, s)=l_1(0)=x_0$, $H(1, s)=l_3\left(\dfrac{4}{2-s}-\dfrac{s+2}{2-s}\right)=l_3(1)=x_0$.

19.4. 省略（19.3 と同じ考え方でできる．）

20.1. $f\circ H(t, 0)=f\circ l(t)$, $f\circ H(t, 1)=f\circ l'(t)$, $f\circ H(0, s)=f(x_0)=y_0$, $f\circ H(1, s)=f(x_0)=y_0$.

20.2. (1) $id_{X*}([l])=[id_X\circ l]=[l]$, $id_{X*}=id_{\pi_1(X, x_0)}$.

(2) $g_*\circ f_*([l])=g_*(f_*([l]))=g_*([f\circ l])=[g\circ f\circ l]=(g\circ f)_*([l])$.

20.3. $\gamma_1\cdot\gamma_2^{-1}\in\Omega(X, x_0)$. X：単連結より $\gamma_1\cdot\gamma_2^{-1}\simeq c$. $\gamma_1\simeq\gamma_1\cdot(\gamma_2^{-1}\cdot\gamma_2)\simeq(\gamma_1\cdot\gamma_2^{-1})\cdot\gamma_2\simeq c\cdot\gamma_2\simeq\gamma_2$.

20.4. $n=(0, 0, \cdots, 0, 1)\in S^n$, $p\in S^n-\{n\}$ に対して，$(\sigma(p), -1)$ を直線 np と $\{(x_1, \cdots, x_{n+1})\,|\,x_{n+1}=-1\}$ との交点として，$\sigma: S^n-\{n\}\to\boldsymbol{R}^n$ を決める．以下，例 20.2 と同様．

21.1.　$e_0 \in E$, $p(e_0)=b_0$ とする．$\alpha=[l]\in\pi_1(B,b_0)$ に対して，e_0 を始点とする l の持ち上げを $\tilde{l}$ とし，$d(\alpha)=\tilde{l}(1)$．定理 21.1 と同様にして，例題 21.1 より $d:\pi_1(B,b_0)\to p^{-1}(b_0)$ は代表元 l の取り方によらない．$\forall b\in p^{-1}(b_0)$，$\exists\gamma$; 道，$\gamma(0)=e_0$，$\gamma(1)=b$．$d([p\circ\gamma])=\gamma(1)=b$．$d$ は全射．$d([l])=d([l'])$ とすると $\tilde{l}(1)=\tilde{l}'(1)$．$X$：単連結より，問題 20.3. を用いて，$\exists H$；$\tilde{l}$ と $\tilde{l}'$ の端点を固定したホモトピー．$p\circ H$ は $p\circ\tilde{l}$ と $p\circ\tilde{l}'$ のループとしてのホモトピーとなる．d は単射．

第6章

23.1.　例題 23.2 参照.

第7章

25.1.　$f:\underbrace{\boldsymbol{Z}+\cdots+\boldsymbol{Z}}_{(n\text{個})}\to\underbrace{\boldsymbol{Z}+\cdots+\boldsymbol{Z}}_{(n-1)\text{個}}+\boldsymbol{Z}_2$, $f((1,0,\cdots,0))=(1,0,\cdots,0,[0])$, $f(0,1,0,\cdots,0))=(0,1,0,\cdots,[0])$, $\cdots$, $f((0,\cdots,0,1))=(-1,-1,\cdots,-1,[1])$ とせよ.

26.1.　$c\in C'_2$，$\partial_2\circ j_2(c)=\partial_2(c)$，$j_2\circ\partial'_2(c)=j_2(\partial_2(c))=\partial_2(c)$ など.

26.2.　∂_i, ∂'_i の決め方から，$\partial_i'=\partial_i|_{c_i(L)}$．$K=\{|abc|,|ab|,|bc|,|ca|,|a|,|b|,|c|\}$，$L=\{|ab|,|bc|,|ca|,|a|,|b|,|c|\}$

28.1.　例題 28.1 と同様に，$Z_1(K)=\{\sum_{j=1}^{m}n_j(\sum_{i=0}^{k(j)-1}<a_i^j, a_{i+1}^j>+<a_{k(j)}^j,\ a_0^j>)\,|\,n_j\in\boldsymbol{Z}, j=1,\cdots,m\}$.

第8章

29.1.　$i_t:X\to X\times\boldsymbol{R}$，$i_t(x)=(x,t)$ は連続．$\phi_t=\phi\circ i_t$.

29.2.　$\psi_m\circ\psi_{-m}=\psi_0=id_X$.

29.3.　$x=\phi_0(x), y=\phi_t(x)\Rightarrow x=\phi_{-t}(y)$，$y=\phi_t(x), z=\phi_{t'}(y)\Rightarrow z=\phi_{t+t'}(x)$.

29.4.　$\Delta=\{(y,y)\in X\times X|y\in X\}$ は閉．$G_f(x)=(x,f(x))$，$F=G_f^{-1}(\Delta)$.

29.5.　$\phi_\tau=f$ として，29.4.

29.6.　例題 29.2 と同様.

29.7.　F, P_τ は軌道の和集合である．$\phi_\tau(\phi_t(x))=\phi_t(\phi_\tau(x))=\phi_t(x)$.

演習問題の略解

第1章

1.　$x<-1$, $-1\leqq x<0$, $0\leqq x\leqq 1$, $1<x$ のそれぞれの場合について考えよ．$\bigcup_{n\in N}A_n=\{(x,y)\,|\,x<-1\}\cup\{(x,y)\,|\,-1\leqq x<0, y\leqq x^2\}\cup\{(x,y)\,|\,0\leqq x\leqq 1, y\leqq x\}\cup\{(x,y)\,|\,x>1\}$．
$\bigcap_{n\in N}A_n=\{(x,y)\,|\,-1\leqq x<0, y\leqq x\}\cup\{(x,y)\}\,|\,0\leqq x<1, y\leqq 0\}\cup\{(x,y)\,|\,1\leqq x, y\leqq x\}$．

2.　(1)　$a_1, a_2\in A$, $a_1\neq a_2$, $f(a_1)=f(a_2)$ とすると，$g\circ f(a_1)=g\circ f(a_2)$．

(2)　$\forall c\in C$, $\exists a\in A$; $g\circ f(a)=c$. $b=f(a)\in B$ とすれば，$c=g(b)$．

3.　$y\in B_1$ とすると，f：全射より，$\exists x\in A$; $y=f(x)$. $x\in f^{-1}(B_1)$ より，$y\in f(f^{-}{}_{1}(B_1))$．逆に，$y\in f(f^{-1}(B_1))$ なら，$\exists x\in f^{-1}(B_1)$; $y=f(x)$．したがって，$y\in B_1$.

4.　(1)　f が単射の場合．$h(x)=h(x')$ とすると，$(f(x), g(x))=(f(x'), g(x'))$ より $f(x)=f(x')$．f：単射より $x=x'$.

(2)　$A=B=\boldsymbol{R}$, $C=\{1,-1\}$. $f(x)=x^2$, $g(x)=\begin{cases}1, & x\geqq 0\\ -1, & x<0\end{cases}$ とする．

(3)　h：全射より，$\forall (b,c)\in B\times C$; $\exists a\in A$; $(b,c)=(f(a), g(a))$．したがって，$b=f(a)$, $c=g(a)$．

(4)　$A=B=C=\boldsymbol{R}$, $f(x)=x$. $g(x)=x$ とする．

5.　(1)　省略.

(2)　$\tilde{f}(C(a))=f(a)$ によって，$\tilde{f}: A/\sim\to B$ が定義され，$\tilde{f}\circ p=f$ が成り立つ．$\tilde{f}'\circ p=f$ とすれば，$\tilde{f}'(C(a))=\tilde{f}'(p(a))=f(a)$ となり，$\tilde{f}'=\tilde{f}$.

(3)　$\tilde{f}(C(a))=\tilde{f}(C(b))$ とすると，$f(a)=f(b)$．したがって，$a\sim b$ となり $C(a)=C(b)$．

(4)　f：全射より，$\forall b\in B$; $\exists a\in A$; $b=f(a)$．したがって，$b=\tilde{f}(C(a))$．

6.　(1)　$\forall x\in A$, $f(x)\leqq\max f$, $g(x)\leqq\max g$．したがって，$\forall x\in A$, $(f+g)(x)=f(x)+g(x)\leqq\max f+\max g$.

(2)　$A=[0,1]$, $f(x)=x$, $g(x)=-x$ とすると，$\max(f+g)=0$, $\max f=1$, $\max g=0$.

第2章

1. $\{\alpha\}=\bigcap_{k\in N}A_k$. $a_k\to\alpha$, $b_k\to\alpha$ を用いる．

2. (1) A：道連結より，$a, a_0\in A$ に対して，$\exists p_a:[0,1]\to A$; 連続，$p_a(0)=a_0$, $p_a(1)=a$. 定理7.1より $p_a([0,1])$ は連結，問題7.2より $A=\bigcap_{a\in A}p_a([0,1])$ も連結．

(2) "道で結べる"は同値関係である．

3. (1) A：開より，$\forall y\in A_x$, $\exists\delta>0$; $B_\delta(y)\subset A$. $B_\delta(y)$ の任意の点は y と道で結べるから x とも結べて，$B_\delta(y)\subset A_x$.

(2) Aが道連結でないとすると道連結成分が2つ以上存在する．(1)より，A_xと $\bigcup_{y\neq x}A_y$ はAを分離する開集合となる．

4. (1) $x, y, z\in X$, $d(x,y)=\left(\dfrac{1}{2}\right)^k$, $d(y,z)=\left(\dfrac{1}{2}\right)^l$, $k\geqq l$ とする．$i\leqq l$ なら，$z_i=y_i=x_i$, したがって，$d(x,z)\leqq\left(\dfrac{1}{2}\right)^l\leqq d(x,y)+d(y,z)$.

(2) (1)と同様．

(3) $\left(\dfrac{1}{2}\right)^k>r>\left(\dfrac{1}{2}\right)^{k+1}$ とすると，$B_r(x)=D_{(\frac{1}{2})^{k+1}}(x)$, $D_r(x)=B_{(\frac{1}{2})^k}(x)$.

(4) $y\in B_r(x)$ とすると，$d(a,y)\leqq\max\{d(a,x), d(x,y)\}\leqq r$. したがって $B_r(x)\subset B_r(a)$. $B_r(a)\subset B_r(x)$ も同様．

(5) $d(a,b)=\left(\dfrac{1}{2}\right)^k$ のとき，$B_{(\frac{1}{2})^k}(a)\cap B_{(\frac{1}{2})^k}(b)\ni c$ とすると，$d(a,b)\leqq\max\{d(a,c), d(b,c)\}<\left(\dfrac{1}{2}\right)^k$ となるので $B_{(\frac{1}{2})^k}(a)\cap B_{(\frac{1}{2})^k}(b)=\phi$. a の連結成分は $\{a\}$.

5. (1) 4.と同様．

(2) $d(x,x')=\left(\dfrac{1}{2}\right)^k$ とすると，$d(\sigma(x),\sigma(x'))$ は $\left(\dfrac{1}{2}\right)^{k-1}$, $\left(\dfrac{1}{2}\right)^k$, $\left(\dfrac{1}{2}\right)^{k+1}$ のいずれかである．したがってσは連続．σ^{-1} についても同様．

(3) 長さnの1,0のすべての順列をつないで並べたものを A_n とする．例えば，$A_1=01$, $A_2=00011011$, $A_3=000001010011100101110111$. $a_1a_2a_3\cdots$ を $A_1, A_2, A_3, \cdots$ をつないで並べたものとし，$a_i=0$, $i\leqq 0$ として，$a=(a_i)$, $i\in\boldsymbol{Z}$ を決める．$\forall b\in\Sigma$, $\forall k$ に対して，$d(\sigma^n(a),b)\leqq\left(\dfrac{1}{2}\right)^k$ となるnが存在する．

6. $a\in A$ とすると (1) より $a\in U$ または $a\in V$. $a\in U$ のとき $a\in U'$, $a\in V$ のとき $a\in V'$. $x\in U'\cap V'$ とすると，$\exists a\in A\cap U$; $x\in B_{\delta(a)/2}(a)$, $\exists a'\in A\cap V$; $x\in B_{\delta(a')/2}(a')$. $d(a,a')\leqq d(a,x)+d(x,a')<\dfrac{\delta(a)}{2}+\dfrac{\delta(a')}{2}$. $\delta(a)\geqq\delta(a')$ のとき，$a'\in B_{\delta(a)}(a)\subset U$ となり，$U\cap V=\phi$ に反する．$\delta(a')\geqq\delta(a)$ のときも同様．

第3章

1. (1) $p_i=(0,1/i)$ とすると $p_i\in A$, $p_i\to(0,0)\notin A$ だからAはXの中では閉集合でない．$B=\{(x,y)\,|\,0\leqq x\leqq 1, -1\leqq y\leqq 1\}$ とすれば，BはXの中で閉．したがって，$A=$

$Y\cap B$ は Y の中で閉.

（2）　A は Y の中で閉だから $\bar{A}^Y=A$. 一方, $\bar{A}^X=[0,1]\times[0,1]$.

2.　$[0,1]=(-1,3/2)\cap Y$,　$(2,3)=(2,3)\cap Y$ より $[0,1],(2,3)$ は開. $[0,1]=[0,1]\cap Y$,　$(2,3)=[3/2,3]\cap Y$ より, $[0,1],(2,3)$ は閉.

3.　（1）　A が Y の中で開 $\Leftrightarrow \exists B$; X の中で開, $A=B\cap Y$. Y が X の中で開だから, このとき A も X の中で開. A が X の中で開なら, $A=A\cap Y$ より A は Y の中でも開.

（2）（1）と同様.

4.　Δ が閉 $\Leftrightarrow \Delta^c$ が開 $\Leftrightarrow \forall(x,y)\in\Delta^c$, $\exists U:x$ を含む開集合, $\exists V:y$ を含む開集合, $U\times V\subset\Delta^c$. また, $U\times V\subset\Delta^c \Leftrightarrow (x,y)\in U\times V$ なら $x\neq y$. $\Leftrightarrow U\cap V=\phi$.

5.　f^{-1} が連続を示せばよい. $F\subset X$ を閉とする. $(f^{-1})^{-1}(F)=\{y\in Y|f^{-1}(y)\in F\}=\{y\in Y|y\in f(F)\}=f(F)$. X がコンパクトより $f(F)$ もコンパクト. Y が Hausdorff より $f(F)$ は閉. f^{-1} は連続.

6.　$(x,y),(x',y')\in X\times Y$,　$(x,y)\neq(x',y')$ とすると $x\neq x'$ または $y\neq y'$. $x\neq x'$ のとき, X : Hausdorff より $\exists U, U'$; x,x' の開近傍, $U\cap U'=\phi$. このとき, $U\times Y\cap U'\times Y=\phi$. $y\neq y'$ のときも同様.

7.　$f:X\to X\times\{y_0\}$ を $f(x)=(x,y_0)$,　$g:X\times\{y_0\}\to X$ を $g(x,y_0)=x$ とする. g は例題 13.4 の証明より連続. $U\times\{y_0\}$ を $X\times\{y_0\}$ の開集合とすると, $\exists W\subset X\times Y$; 開集合, $U\times\{y_0\}=W\cap X\times\{y_0\}$. $\forall x\in U=f^{-1}(U\times\{y_0\})$,　$(x,y_0)\in W$. $\exists U', V$; x,y_0 の開近傍, $U'\times V\subset W$. $U'\times V\cap X\times\{y_0\}=U'\times\{y_0\}\subset U\times\{y_0\}$. $U'\subset U$. U は開で, f は連続.

8.　（1）　例題 7.1 を用いる.

（2）　$f:X\times Y\to\{0,1\}$ を連続とする. $f|_{X\times\{y_0\}}:X\times\{y_0\}\to\{0,1\}$ は連続より, $f(X\times\{y_0\})=\{0\}$ とする. $\forall x\in X$,　$X\times\{y_0\}\cup\{x\}\times Y$ は連結だから, $f(X\times\{x_0\}\cup\{x\}\times Y)=\{0\}$. $X\times Y=\bigcup_{x\in X}\{x\}\times Y$ より $f(X\times Y)=\{0\}$.

9.　（1）　$\forall(x,y)\in X\times Y$,　$\exists\alpha(x,y)\in\Lambda$; $(x,y)\in O_{\alpha(x,y)}$. $O_{\alpha(x,y)}$: 開集合より, $\exists U(x,y), V(x,y)$; x の X での開近傍, y の Y での開近傍, $U(x,y)\times V(x,y)\subset O_{\alpha(x,y)}$.

（2）　$\{U(x,y)\,|\,x\in X\}$ は $X\times\{y\}$ の開被覆. $\exists x(1),\cdots,x(k)\in X$; $X\times\{y\}\subset\bigcup_{i=1}^{k}U(x(i),y)$. $W(y)=\bigcap_{i=1}^{k}W(x(i),y)$ は y の開近傍. $X\times W(y)\subset\bigcup_{i=1}^{k}U(x(i),y)\times W(x(i),y)\subset\bigcup_{i=1}^{k}O_{\alpha(x(i),y)}$.

（3）　$\{W(y)\,|\,y\in Y\}$ は Y の開被覆. $\exists y(1),\cdots,y(l)\in Y$; $Y=\bigcup_{j=1}^{l}W(y(j))$. （2）より, $X\times Y=\bigcup_{j=1}^{l}X\times W(y(j))$ も有限個の O_α で覆える.

第4章

1.　（1）　X が全有界だから, $\forall\varepsilon>0$, $\exists x_1,x_2,\cdots,x_k\in X$; $X=B_{\varepsilon/2}(x_1)\cup\cdots\cup B_{\varepsilon/2}(x_k)$. $I=\{i|B_{\varepsilon/2}(x_i)\cap Y\neq\phi\}$ とし, $i\in I$ に対して, $y_i\in B_{\varepsilon/2}(x_i)\cap Y$ とすると, $B_\varepsilon(y_i)\supset B_{\varepsilon/2}(x_i)$ より, $Y\subset\bigcup_{i\in I}B_\varepsilon(y_i)$.

（2） Xは全有界だから有限個の$B_\varepsilon(a)$で覆われる．そのどれか1つは無限個のx_iを含む．

（3） $x_i\in X,\ i\in \boldsymbol{N}$とする．（2）より，$\exists a_1\in X;\ B_{2^{-1}}(a_1)$は$x_i$の部分列$x_{i(j)}$を含む．（1）より$B_{2^{-1}}(a_1)$も全有界だから$\exists a_2\in B_{2^{-2}}(a_1)$；$B_{2^{-2}}(a_2)$は$x_{i(j)}$の部分列を含む．この操作を繰り返して次の条件を満すx_iの部分列$x_{i(k)}$と点$a_k\in X$がとれる．$d(a_{k+1},a_k)<2^{-(k+1)}$，$d(x_{i(k)},a_k)<2^{-(k+1)}$，したがって，$d(x_{i(k)},\ x_{i(k+1)})<2^{-k}$．$x_{i(k)}$はコーシー列となる．

（4） （3）より，任意の点列は収束する部分列を含む．

2. （1） $\forall a\in A,\ \exists U;\ a$の開近傍，$U-\{a\}\cap A=\phi$．$\{a\}=U\cap A$は$A$の開集合．

（2） Aを触点コンパクトでないとすると，$\exists B\subset A$；無限集合，Bは触点をもたない．（1）より，$B=\bar{B}$，Bは離散位相をもつ．A：コンパクトなら，Bもコンパクトとなり有限集合となる．

（3） 点列$x_i,\ i\in\boldsymbol{N}$に対して，$\{x_i|i\in\boldsymbol{N}\}$が有限集合なら$x_i$は収束する部分列をもつ．$\{x_i|i\in\boldsymbol{N}\}$が無限集合なら触点$x_0$をもつ．$\{x_i|i\in\boldsymbol{N}\}\cap(B_{2^{-n}}(x_0)-\{x_0\})\neq\phi$．$x_i$の部分列で$x_0$に収束するものが存在する．

3. 全有界でないとすると，$\exists\varepsilon>0$；$B_\varepsilon(x)$の有限個でXを覆えない．$x_1\in X$，$x_2\in X-B_\varepsilon(x_1)$，$x_3\in X-(B_\varepsilon(x_1)\cup B_\varepsilon(x_2)),\cdots,x_{i+1}\in X-\bigcup_{l=1}^{i}B_\varepsilon(x_l),\cdots$とすると，$d(x_i,x_j)\geqq\varepsilon(i\neq j)$．

4. （1） 定理12.9の証明と同様．

（2） $\{U_\alpha|\alpha\in\Lambda\}$を$X$の開被覆とする．（1）より，ルベッグ数$\sigma>0$が存在する．$X$：全有界より，$\exists x_1,\cdots,x_k\in X$；$X\subset\bigcup_{i=1}^{k}B_{\sigma/2}(x_i)$．$\exists\alpha(i)\in\Lambda$；$B_{\sigma/2}(x_i)\subset U_{\alpha(i)}$．$X\subset\bigcup_{i=1}^{k}U_{\alpha(i)}$．

5. コンパクト $\overset{2.(2)}{\Longrightarrow}$ 触点コンパクト $\overset{2.(3)}{\Longrightarrow}$ 点列コンパクト $\overset{4.}{\Longrightarrow}$ コンパクト．コンパクト $\Longrightarrow$ 全有界．点列コンパクト $\Longrightarrow$ 完備．全有界かつ完備 $\overset{1.(4)}{\Longrightarrow}$ 点列コンパクト．

第5章

1. $[l]\in\pi_1(X,x_0)$．$\boldsymbol{F(t,s)=H(l(t),s)}$は$f\circ l$と$g\circ l$のループとしてのホモトピーを与える．

2.

$$F(t,s)=\begin{cases} u(4t), & 0\leqq t\leqq\dfrac{s}{4}, \\ \bar{H}\left(\dfrac{4t-s}{4-3s},s\right), & \dfrac{s}{4}\leqq t\leqq\dfrac{2-s}{2}, \\ u^{-1}(2t-1), & \dfrac{2-s}{2}\leqq t\leqq 1. \end{cases}$$

3. $y_0=f(x_0)$，$x_1=g(y_0)$．$g\circ f\simeq id_X$より，$\exists u$；x_0とx_1を結ぶ道，$u_\#\circ(g\circ f)_*=id\pi_{1(X,x_0)}$．したがって，$u_\#\circ g_*\circ f_*$は全単射，特に，$g_*$は全射．$y_1=f(x_1)$．同様に，$\exists v$；$y_0$と$y_1$を結ぶ道，$v_\#\circ(f\circ g)_*=id_{\pi_1(Y,y_0)}$．特に，$g_*$は単射．$u_\#,g_*$：全単射より$f_*$も全単射．

4.　$H(x, s)=sx_0+(1-s)x$.

5.　$H: S^1\times(-1,1)\to S^1\times\{0\}$，$H((x, y), s)=(x, (1-s)y)$.

6.　(1)　結合律は成り立つ．(e, e) が単位元，$(g_1, g_2)^{-1}=(g_1^{-1}, g_2^{-1})$.

(2)　$i: X\to X\times Y$,　$i(x)=(x, y_0)$,　$j: Y\to X\times Y$,　$j(y)=(x_0, y)$.　$p_1(x, y)=x, p_2(x, y)=y$.　$f: \pi_1(X, y_0)\times\pi_1(Y, y_0)\to\pi_1(X\times Y, (x_0, y_0))$ を $f((\alpha, \beta))=(i_*(\alpha), j_*(\beta))$.　$g: \pi_1(X\times Y, (x_0, y_0))\to\pi_1(X, x_0)\times\pi_1(Y, y_0)$ を $g(\gamma)=(p_{1*}(\gamma), p_{2*}(\gamma))$ とすると，g は f の逆写像.

7.　(1)　$x_0\in S^2$,　$U(x_0)=B_{\frac{1}{3}}(x_0)\cap S^2$.　$V(\pi(x_0))=\pi(U(x_0))$ は $\pi(x_0)$ の開近傍.　$\pi^{-1}(V(\pi(x_0)))=U(x_0)\cup U'(x_0)$,　$U'(x_0)=\{-x\in S^2 \mid x\in U(x_0)\}$.　$\pi|_{\overline{U}(x_0)}: \overline{U}(x_0)\to\overline{V(\pi(x_0))}$ はコンパクト空間から Hausdorff 空間への連続な全単射．演習問題3の5より $\pi|_{\overline{U}(x_0)}$，したがって，$\pi|_{U(x_0)}$ は同相写像.

(2)　問題 21.1 より，P^2 の基本群は2つの要素からなる.

8.　(1)　$x\in E$，均等に被覆された $p(x)$ の開近傍を U とすると，$p^{-1}(U)=\bigcup_{\alpha\in\Lambda}U_\alpha$，$U_\alpha$ は切片となる．$\exists\alpha(0)\in\Lambda$，$x\in U_{\alpha(0)}$．$p|_{U\alpha(0)}: U_{\alpha(0)}\to U$ は同相.

(2)　均等に被覆される $p(0)=1$ の開近傍が存在しない.

第6章

1.　(1)　$\boldsymbol{a}, \boldsymbol{b}, \boldsymbol{c}$：一直線上 $\Leftrightarrow \boldsymbol{a}=\boldsymbol{b}$ または $\boldsymbol{c}=t(\boldsymbol{b}-\boldsymbol{a})+\boldsymbol{a}$.　$\boldsymbol{c}-\boldsymbol{a}$, $\boldsymbol{c}-\boldsymbol{b}$：一次従属 $\Leftrightarrow$ $\boldsymbol{a}=\boldsymbol{b}$ または $(\boldsymbol{c}-\boldsymbol{a})+\dfrac{\lambda_2}{\lambda_1}(\boldsymbol{b}-\boldsymbol{a})=\boldsymbol{0}$.

(2)　$\lambda_1(\boldsymbol{a}_1-\boldsymbol{a}_0)+\lambda_2(\boldsymbol{a}_2-\boldsymbol{a}_0)+\cdots+\lambda_k(\boldsymbol{a}_k-\boldsymbol{a}_0)=\boldsymbol{0} \Leftrightarrow \lambda_0(\boldsymbol{a}_0-\boldsymbol{a}_1)+\lambda_2(\boldsymbol{a}_2-\boldsymbol{a}_1)+\cdots+\lambda_k(\boldsymbol{a}_k-\boldsymbol{a}_1)=\boldsymbol{0}$,　$(\lambda_0=-(\lambda_1+\cdots+\lambda_k))$

(3)　$i(1)=0$ の場合 $\boldsymbol{a}_1-\boldsymbol{a}_0, \boldsymbol{a}_2-\boldsymbol{a}_0, \cdots, \boldsymbol{a}_k-\boldsymbol{a}_0$ が一次独立 $\Rightarrow \boldsymbol{a}_{i(2)}-\boldsymbol{a}_0, \boldsymbol{a}_{i(3)}-\boldsymbol{a}_0, \cdots, \boldsymbol{a}_{i(l)}-\boldsymbol{a}_0$ が一次独立.

2.　$\sigma_1\in K_1$，$\sigma_2\in K_2$ のとき，$\sigma_1\cap\sigma_2=\phi$ または $\sigma_1\cap\sigma_2\in K_1$ かつ $\sigma_1\cap\sigma_2\in K_2$.

3.　(ii) では，同じ3点が2つの2次元単体の頂点となっている.

4.　(1)　(i) -1,　(ii) 2,　(iii) 1,　(iv) 0.

(2)　(i) 2,　(ii) 2,　(iii) 0,　(iv) 0.

5.　$\alpha_i(K_1\cup K_2)=\alpha_i(K_1)+\alpha_i(K_2)-\alpha_i(K_1\cap K_2)$.

第7章

1.　(1)　単体の次元を一般として，§23 と同じ.

(2)　$\langle a_0, \cdots, a_i, \cdots, a_j, \cdots a_n\rangle=-\langle a_0, \cdots, a_j, \cdots, a_i, \cdots, a_n\rangle$ によって頂点の順序を2組に分ける.

(3)　K の i 次元単体を $\sigma_1, \cdots, \sigma_k$ として，$C_i(K)=F(\langle\sigma_1\rangle, \cdots, \langle\sigma_k\rangle)$.

(4)　$\partial_i\circ\partial_{i+1}(\langle a_0, \cdots a_{i+1}\rangle)=\partial_i(\sum_{k=0}^{i+1}(-1)^k\langle a_0, \cdots, \hat{a}_k, \cdots, a_{i+1}\rangle)=\sum_{k=0}^{i+1}(-1)^k(\sum_{l=0}^{k-1}(-1)^l\langle a_0, \cdots, \hat{a}_l, \cdots, \hat{a}_k, \cdots, a_{i+1}\rangle+\sum_{l=k+1}^{i+1}(-1)^{l-1}\langle a_0, \cdots, \hat{a}_k, \cdots, \hat{a}_l, \cdots, a_{i+1}\rangle)=\sum_{k<l}(-1)^{k+l}\langle a_0, \cdots, \hat{a}_l, \cdots,$

$\hat{a}_k, \cdots, a_{i+1}\rangle + \sum_{l<k} (-1)^{k+l-1} \langle a_0, \cdots, \hat{a}_k, \cdots, \hat{a}_l, \cdots, a_{i+1}\rangle = 0.$

（5）　$Z_i(K) = \mathrm{Ker}\, \partial_i$，$B_i(K) = \mathrm{Im}\, \partial_{i+1}$，$H_i(K) = Z_i(K)/B_i(K)$．

2.　（1）　§25 での $F(\alpha_1, \cdots, \alpha_n)$ と同様，$\boldsymbol{Z}$ を G で代えればよい．

（2），（3）　$G = \boldsymbol{Z}$ の場合と同様．

（4）　K の i 次元単体を $\sigma_1, \cdots, \sigma_k$ とすると $C_i(K; \boldsymbol{R})$ は $\langle\sigma_1\rangle, \cdots, \langle\sigma_k\rangle$ を基底とするベクトル空間，∂_i は基底の行き先を決めて定めた線形写像．

（5）　（4）より成り立つ．

（6）　$C_2 \xrightarrow{\partial_2} C_1 \xrightarrow{\partial_1} C_0$．線形写像に関する次元定理より，$\beta_2 - \dim Z_2 = \dim B_1$，$\beta_1 - \dim Z_1 = \dim B_0$，商空間に関する次元定理より，$b_2 = \dim Z_2$，$b_1 = \dim Z_1 - \dim B_1$，$b_0 = \beta_0 - \dim B_0$．

3.　$\dim H_1(K; \boldsymbol{R}) = 0$，$\dim H_1(K_k; \boldsymbol{R}) = 2k$．

4.　$\dim H_1(\tilde{K}; \boldsymbol{R}) = 0$，$\dim H_1(\tilde{K}_k; \boldsymbol{R}) = k-1$．

5.　$H_0(K) = \boldsymbol{Z}$，$H_1(K) = H_2(K) = \{0\}$．

第8章

1.　（1），（2）　$\sqrt{n} = l/k$，既約とする．$k^2 n = l^2$，$l = nl'$，$k^2 = nl'^2$．$k = nk'$．l と k が互いに素に反する．

（3）　$n = p_1^{r_1} p_2^{r_2} \cdots p_k^{r_k}$，素因数分解とする．$r_i$ がすべて偶数のとき $\sqrt{n}$ は自然数．$\sqrt{n} = l/k$，既約とする．$k^2 p_1^{r_1} \cdots p_k^{r_k} = l^2$．（2）と同様に，$k^2 p_1^{r_1-2} \cdots p_k^{r_k-2} = l'^2$．これを繰り返す．

2.　（1）　(DS_1)，(DS_2) を確かめればよい．

（2），（3）　$\varphi(([0], [\gamma]), 1) = ([0], f([\gamma]))$ とし，f に定理 29.2 を用いる．

3.　（1）　$(x_i) \in \Sigma$，$x_i = 0$，$i \in \boldsymbol{Z}$ と $x_i = 1$，$i \in \boldsymbol{Z}$．

（2）　周期2．$x_{2i} = 0$，$x_{2i+1} = 1$ と $x_{2i} = 1$，$x_{2i+1} = 0$．周期3．001 が繰り返す形の 3 点と 011 が繰り返す形の 3 点．

（3）　$(x_i) \in \Sigma$，$\forall \varepsilon > 0$，$\exists N$；$2^{-N} < \varepsilon$．$|i| \leqq N$ に対して，$y_i = x_i$ となる周期 $2k+1$ の周期点 $(y_i) \in \Sigma$ とすれば，$d((x_i), (y_i)) < \varepsilon$．

（4）　$p = (x_i)$，$q = (y_i) \in \Sigma$．$\forall \varepsilon > 0, \exists N$；$2^{-N} < \varepsilon$．$z_i = x_i$，$|i| \leqq N$．$z_{2N+1+i} = y_i$，$|i| \leqq N$ を満たす $r = (z_i) \in \Sigma$ をとる．

（5）　$p = (x_i)$，$q = (y_i) \in \Sigma$，$x_N \neq y_N$ なら $d(\sigma^N(p), \sigma^N(q)) = 1$．

4.　（1）　$\varphi_t(V) \cap V \neq \phi \Leftrightarrow \varphi_{-t}(V) \cap V \neq \phi$．

（2）　$\varphi_\tau(\varphi_t(V) \cap V) = \varphi_t(\varphi_\tau(V)) \cap \varphi_\tau(V)$，$\Omega^c$ は開集合．

（3）　$x \in \bar{P}$ とする．$\forall V$：x の開近傍，$\exists y \in P \cap V$．$\exists t > 0, \varphi_t(y) = y$．$\varphi_{nt}(V) \cap V \ni y$，$n \in \boldsymbol{Z}$．

参 考 書

本書を書くに当たって参考にした主な本と，本書に続けて読むのに良いと思われる本をあげる．

第1章～4章の簡単な集合論と位相空間論を扱った書物はいろいろあるが，読みやすいものを少しだけあげておく．

[1] 内田伏一：集合と位相，裳華房，1986

[2] 松本幸夫：トポロジー入門，岩波書店，1985

[3] J.R. Munkres: Topology, a first course, Prentice-Hall, 1975

[3]は非常に分かりやすいテキストで，基本群と被覆空間の理論までをカバーしている．本書のジョルダンの閉曲線定理の証明は，基本的にこの書物によっている．

第4章のフラクタルに関しては，数学的書物はまだ少ない．[5]はまとまった数学的内容をもった良い本である．

[4] 山口昌哉：カオスとフラクタル入門，(放送大学教材)，放送大学教育振興会，1992

[5] G.A. Edgar: Measure, Topology, and Fractal Geometry, Springer, 1990

第5章～7章は，従来の位相幾何学のテキストで標準的に扱う内容なので，関連する書物は多く，それぞれ特徴をもっている．ここでは，主観的になるが著者のなじみ深いものからいくつか選んでおく．

[6] 田村一郎：トポロジー，岩波全書，1972

[7] I.M. シンガー，J.A. ソープ（赤攝也監訳）：トポロジーと幾何学入門，培風館，1976

[8] 松本幸夫：4次元のトポロジー増補版，日本評論社，1991

[9] M.A. Armstrong : Basic Topology, Springer-Verlag, 1983

[10] J.R. Munkres : Elements of Algebraic Topology, Addison-Wesley, 1984

第8章力学系に関する入門的書物も，まだあまり多くない．

[11] 青木統夫，白岩謙一：力学系とエントロピー，共立出版，1985

[12] S. スメール，M. ハーシュ(田村一郎，水谷忠良，新井紀久子訳)：力学系入門，

岩波書店, 1976
[13] R.L. Devaney: An introduction to Chaotic Dynamical Systems, second edition, Addison-Wesley, 1989
[14] M.C. Irwin: Smooth Dynamical Systems, Academic Press, 1980
[15] 田村一郎：葉層のトポロジー, 岩波書店, 1976

[11] は位相力学系の理論からエルゴード理論までを解説した本格的なもの. [13] は1次元力学系を中心とした入門書. [15] は初めに力学系の話題, 続けて葉層構造の理論を述べた比較的専門的なもの.

最後に, 本書で理論的には扱わなかった微分多様体, 微分トポロジーに関するものをいくつかあげておく.

[16] 中岡　稔：位相数学入門, 朝倉書店, 1971
[17] 服部晶夫：多様体（岩波全書), 岩波書店, 1976
[18] 松本幸夫：多様体入門, 東京大学出版会, 1988
[19] 加藤十吉：位相幾何学, 日本放送出版協会, 1975
[20] 横田一郎：多様体とモース理論, 現代数学社, 1978

索　　引

あ　行

か　行

さ 行

た　行

な　行

は　行

ま　行

や　行

ら　行

わ　行

著者略歴

一樂重雄（いちらくしげお）

1946年　徳島県に生まれる

1968年　東京大学理学部数学科卒業

現　在　横浜市立大学教授・理学博士

朝倉復刊セレクション

位相幾何学

新数学講座 8　　定価はカバーに表示

1993年12月1日　初版第1刷
2019年12月5日　復刊第1刷
2021年5月25日　第2刷

著　者　一　樂　重　雄

発行者　朝　倉　誠　造

発行所　株式会社　朝　倉　書　店

東京都新宿区新小川町 6-29
郵便番号　162-8707
電話　03（3260）0141
FAX　03（3260）0180
http://www.asakura.co.jp

〈検印省略〉

© 1993〈無断複写・転載を禁ず〉

平河工業社・渡辺製本

ISBN 978-4-254-11845-2　C3341　　Printed in Japan

JCOPY <出版者著作権管理機構 委託出版物>

本書の無断複写は著作権法上での例外を除き禁じられています．複写される場合は，そのつど事前に，出版者著作権管理機構（電話 03-5244-5088，FAX 03-5244-5089，e-mail: info@jcopy.or.jp）の許諾を得てください．

朝倉復刊セレクション

定評ある好評書を一括復刊　［2019年11月刊行］

数学解析 上・下（数理解析シリーズ）	溝畑　茂 著 A5判・384/376頁(11841-4/11842-1)
常微分方程式（新数学講座）	高野恭一 著 A5判・216頁(11844-8)
代数学（新数学講座）	永尾　汎 著 A5判・208頁(11843-5)
位相幾何学（新数学講座）	一樂重雄 著 A5判・192頁(11845-2)
非線型数学（新数学講座）	増田久弥 著 A5判・164頁(11846-9)
複素関数（応用数学基礎講座）	山口博史 著 A5判・280頁(11847-6)
確率・統計（応用数学基礎講座）	岡部靖憲 著 A5判・288頁 (11848-3)
微分幾何（応用数学基礎講座）	細野　忍 著 A5判・228頁 (11849-0)
トポロジー（応用数学基礎講座）	杉原厚吉 著 A5判・224頁 (11850-6)
連続群論の基礎（基礎数学シリーズ）	村上信吾 著 A5判・232頁(11851-3)

朝倉書店　〒162-8707 東京都新宿区新小川町 6-29　電話 (03)3260-7631 FAX(03)3260-0180
http://www.asakura.co.jp/　e-mail／eigyo@asakura.co.jp